建筑遗产保护丛书

东南大学城市与建筑遗产保护教育部重点实验室

朱光亚　主编

台湾与闽东南歇山殿堂大木构架之研究

RESEARCH ON WOODEN FRAMEWORKS OF PALACE BUILDINGS WITH XIESHAN STYLE ROOFS IN TAIWAN AND SOUTHEAST FUJIAN PROVINCE

林世超　著

U0242521

东南大学出版社·南京

继往开来,努力建立建筑遗产保护的现代学科体系❶

建筑遗产保护在中国由几乎是绝学转变成显学只不过是二三十年时间。差不多五十年前,刘敦桢先生承担瞻园的修缮时,能参与其中者凤毛麟角,一期修缮就费时六年。三十年前我承担苏州瑞光塔修缮设计时,热心参加者众多而深入核心问题讨论者则十不一二,从开始到修好费时十一载。如今保护文化遗产对民族、地区、国家以至全人类的深远意义日益被众多的人士认识,并已成各级政府的业绩工程。这也是社会的进步。

不过,单单有认识不见得就能保护好。文化遗产是不可再生的,认识其重要性而不知道如何去科学保护或者盲目地决定保护措施是十分危险的,我所见到的因不当修缮而危及文物价值的例子也不在少数。在今后的保护工作中,十分重要的一件事就是要建立起一个科学的保护体系,从过去几十年正反两方面的经验来看,要建立这样一个科学的保护体系并非易事,依我看至少要获得以下的一些认识。

首先,就是要了解遗产。了解遗产就是系统了解自己的保护对象的丰富文化内涵,它的价值以及发展历程,了解其构成的类型和不同的特征。此外,无论在中国还是在外国,保护学科本身也走过了漫长的道路,因而还包括要了解保护学科本身的渊源归属和发展走向。人类步入二十一世纪,科学技术的发展日新月异,CAD 技术、GIS 和 GPS 技术及新的材料技术、分析技术和监控技术等大大拓展了保护的基本手段,但我们在努力学习新技术的同时要懂得,方法不能代替目的,媒介不能代替对象,离开了对对象本体的研究,离开了对保护主体的人的价值观念的关注,就是目的沦丧了。

其次,要开阔视野。信息时代的到来缩小了空间和时间的距离,也为人类获得更多的知识提供了良好的条件,但在这信息爆炸的时代,保护科学的体系构成日益庞大,知识日益精深,因此对学科总体而言,要有一种宏观的开阔的视野,在建立起学科架构的基础上使得学科本身成为开放体系,成为不断吸纳和拓展的系统。

再次,要研究学科特色。任何宏观的认识都代替不了进一步的中观和微观的分析,从大处说,任何对国外的理论的学习都要辅之以对国情的关注;从小处说,任何保护个案都

---

❶　本文是潘谷西教授为城市与建筑遗产保护教育部重点实验室(东南大学)成立写的一篇文章,征得作者同意并经作者修改,作为本丛书的代序。

有着自己的特殊的矛盾性质,类型的规律研究都要辅之以对个案的特殊矛盾的分析,解决个案的独特问题更能显示保护工作的功力。

最后,就是要通过实践验证。我过去多次说过,建筑科学是实践科学,建筑遗产保护科学尤其如此,再动人的保护理论如果在实践中无法获得成功,无法获得社会的认同,无法解决案例中的具体问题,那就不能算成功,就需要调整甚至需要扬弃,经过实践不断调整和扬弃后保留的理论才是保护科学体系需要好好珍惜的部分。

潘谷西

2009 年 11 月于南京

丛书总序

　　建筑遗产保护丛书是酝酿了多年的成果。大约是 1978 年，东南大学通过恢复建筑历史学科的研究生招生开始了新时期的学科发展继往开来的历史。1979 年开始，根据社会上的实际需求东南大学承担了国家一系列重要的建筑遗产保护工程项目，也显示了建筑遗产保护实践与建筑历史学科的学术关系。1987 年后的近十年间，东南大学发起申请并承担国家自然科学基金重点项目中的中国建筑历史多卷集的编写工作，研究和应用相得益彰；又接受国家文物局委托举办古建筑保护干部专修科的任务，将人才的培养提上了工作日程。20 世纪 90 年代，特别是中国加入世界遗产组织后，建筑遗产的保护走上了和世界接轨的进程，人才培养也上升到成规模地培养硕士和博士的层次，在开拓新领域、开设新课程、适应新的扩大了的社会需求和教学需求方面投入了大量的精力，除了取得多卷集的成果和大量横向研究成果外，还完成了教师和研究生的一系列论文。

　　2001 年东南大学建筑历史学科经评估成为中国第一个建筑历史与理论方面的国家重点学科。2009 年城市与建筑遗产保护教育部重点实验室（东南大学）获准成立，并将全面开展建筑遗产保护的研究工作特别是将实践凝练的科学问题的多学科的研究工作承担起来，形势的发展对学术研究的系统性和科学性提出了更为迫切的要求。因此，有必要在前辈奠基及改革开放后几代人工作积累的基础上，专门将建筑遗产保护方面的学术成果结集出版，是为建筑遗产保护研究丛书。

　　这里提到的中国建筑遗产保护的学术成果是由前辈奠基，绝非虚语。今日中国的建筑遗产保护运动已经成为显学且正在接轨国际并日新月异，但其基本原则：将人类文化遗产保护的普世精神和与中国的国情、中国的历史文化特点相结合的原则，早在营造学社时代就已经确立，这些原则经历史检验已显示其长久的生命力。当年学社社长朱启钤先生在学社成立时所表达出的"一切考工之事皆本社所有之事。一切无形之思想背景，属于民俗学家之事亦皆本社所应旁搜远绍者。中国营造学社者，全人类之学术，非吾一民族所私有"的立场，"以科学之眼光，作有系统之研究"，"与世界学术名家公开讨论"的眼光和体系，"沟通儒匠，睿发智巧"的切入点，都是今日建筑遗产保护研究中需要牢记的。

　　当代的国际文化遗产保护运动发端于欧洲并流布于全世界，建立在古希腊文化和希伯来文化及其衍生的基督教文化的基础上，又经文艺复兴弘扬的欧洲文化精神是其立足点；注重真实性，注重理性，注重实证是这一运动的特点，但这一运动又在其流布的过程中不断吸纳东方的智慧,1994 年的《奈良文告》以及 2007 年的《北京文件》等都反映了这种多元的微妙变化。《奈良文告》将原真性同地区与民族的历史文化传统相联系可谓明证。同样,在这一文件的附录中,将遗产研究工作纳入保护工作系统也是一种远见卓识。因此本丛书也就十分重视涉及保护的东方特点以及基础研究的成果了。又因为建筑遗产保护涉及多种学科的多种层次的研究,丛书既包括了基础研究也包括了应用基础的研究以及应用性的研究,为了取得多学科的学术成果,一如遗产实验室的研究项目是开放性的一样,本丛书也是向全社会开放的,欢迎致力于建筑遗产保护的研究者向本丛书投稿。

遗产保护在欧洲延续着西方学术的不断分野的传统,按照科学和人文的不同学科领域不断在精致化的道路上拓展;中国的传统优势则是整体思维和辩证思维。20 世纪 30 年代的营造学社在接受了欧洲的学科分野的先进的方法论后却又经朱启钤的运筹和擘画在整体上延续了东方的特色。鉴于中国直到当前的经济发展和文化发展的不均衡性,这种东方的特色是符合中国多数遗产保护任务,尤其是不发达地区的保护任务的需求的,我们相信,中国的建筑遗产保护领域的学术研究也会向学科的精致化方向发展,但是关注传统的延续,关注适应性技术在未来的传承依然是本丛书的一个侧重点。

面对着当代人类的重重危机,保护构成人类文明的多元的文化生态已经成为经济全球化大趋势下的有识之士的另一种强烈的追求,因而保护中国传统建筑遗产不仅对于华夏子孙,也对整个人类文明的延续有着重大的意义,正是在认识文明的特殊性及其贡献方面,本丛书的出版也许将会显示另一种价值。

朱光亚

2009 年 12 月 20 日于南京

序

　　当代的建筑学科的体系是建立在欧洲文艺复兴以后的学院科学知识分类框架上的，就建筑而言，设计和制作、施工分野，建筑学和结构工程分野，且渐行渐远，这虽使学术发展日渐深入，但受此分工教育的学者反过来研究古代遗产时却不得不解决两个问题：一是不得不重回古人的语境去体会古人的思绪，否则无法认识古人的庐山真面目；二是不得不将古代的知识纳入现代的学术规范下剖析，否则现代教育造就的受众无从理解。这就像是一位好的翻译，既需要懂得建筑的古文，又要懂得今人的话语，这翻译才有作用。而当代学者对传统大木作的深度了解和研究者日渐稀少，传统匠师技艺日渐凋零，这些都使得古代建筑技艺的传承工作日渐困难却也日渐珍贵。

　　本书是建筑遗产保护丛书中继张玉瑜的《福建传统大木匠师技艺研究》后又一本涉及大木作，也涉及闽南建筑文化的著作，但切入点是大式的地方建筑，且集中讨论歇山之建构，又立足台湾，将闽台两地歇山做法从源流到做法作一清理，这对于建筑技术发展史研究及当代建筑遗产保护实践必会发挥作用。

　　不同地域的建筑的不同做法反映了建筑文化的地域性，中国古代建筑文化的地域性如同语言的地域性一样，其共时性差异常常大于原地域建筑文化本身的历时性差异，即地域变化引起的差异远远大于时代更迭引起的差异。在汉民族作为主体民族生活的地区，闽台地区建筑文化是这种文化特征体现的典型。正是从这一特征出发，闽台地区建筑的大木做法印记着中国多个时期的南北各地的文化基因，值得深入探讨和挖掘。

　　本书作者林君世超长期在台湾高校执教，又投身台湾建筑遗产保护的实践工程，对台湾各类建筑修缮经验积累颇丰，这种经历激发了他对台湾大式建筑中歇山做法深入研究的热情，并在东南大学攻读博士学位期间以之作为博士论文选题，多次深入闽越等地调查访问，又北上华北考察唐宋元明诸朝歇山建筑，检阅前人文献，旁及东瀛，涉猎欧美，追根溯源，登高望远，另出新意，并在论文的基础上删繁就简，终于完成此书稿，这对于海峡两岸关注台湾建筑源流及其在地变化的学人来说，无疑提供了一份重要的学术成果，作为见证了十年来林君的研究工作的一位建筑史学者，我由衷地感到高兴，故为之序。

朱光亚

2013 年 4 月于南京

目　录

0　引言

0.1　歇山殿堂释义

"殿"字的使用长久以来与皇室建筑密切相关。在《宋史·舆服志》中有:"皇帝之居曰殿"。宋《营造法式》引徐坚注,称"殿"为:"商周以前其名不载,秦本记始曰作前殿"。《营造法式》提到商周之前与"殿"意义类同的空间,夏朝称"世室",商朝称"重屋",周朝称"明堂"。而"世室"、"重屋"、"明堂",郑玄注曰:"世室者,宗庙也。……堂上为五室,象五行也。……重屋者,王宫正堂,若大寝也。明堂者,明政教之堂。此三者或举宗庙,或举王寝,或举明堂,互言之,以明其制同也"。又蔡邕在《明堂月令章句》有:"明堂者,天子大庙,所以祭祀。夏后氏世室,殷人重屋,周人明堂,飨功养老,教学选士,皆在其中。"指的都是后世称为"殿"的皇室建筑。

秦李斯《苍颉篇》称"殿为大堂"。对"堂"的解释,《辞海》为:"堂,正室也,凡正室之有基者则谓之堂"。在传统单体建筑配置成整体建筑的作法中,所谓"正"指的是"中",即建筑群中轴线。"正室"即是位于中轴线上的建筑,其有基者被称为"堂"。反映在皇室建筑群中,"殿"是中轴上的主体空间。《辞海》称:"大殿无室",意即殿不仅为中轴线上的大体量空间,且室内亦不作隔间,其目的是借外观的雄伟与内部的宽阔以壮气势。"殿"原为尊称皇室建筑之名而用,然其后亦被引申使用在宗教建筑,用以称呼寺庙中轴线上奉祀具尊贵地位神佛之大堂空间。

在中国传统建筑中,屋顶是反映建筑重要性的主要表征,"某种屋顶标示着某种的意义,老百姓有老百姓的屋顶,鬼神有鬼神的屋顶,特别尊贵建筑有特别尊贵建筑的屋顶"(刘致平,1989:128)。而"殿"作为尊贵建筑中轴上的大堂,由历史发展进程观之,其系以"庑殿"及"歇山"作为彰显其地位的屋顶形式。

宋《营造法式》中,庑殿名之为"四阿殿"、"吴殿"或"五脊殿",三者均以"殿"字结尾,反映其主用于殿阁之特质。由文献及实体史料来看,"殿"(殿堂)使用庑殿顶已有久远的历史。《周礼·考工记·匠人》"殷人重屋,堂修七寻,堂崇三尺,四阿重屋"。其中所称的"四阿",依郑玄注:"若今四注屋。""四注"为四面屋坡顶,日本今日仍有"四注造"一词(同"寄栋式造"),其所指屋顶即中国所称的庑殿顶。在殷墟出土,属三千多年前商王武丁之妻妇好陪葬品的青铜器"偶方彝"与"爰方彝",其造型以上中下三段组合,上段的彝盖,即作成庑殿顶的形式。为何将庑殿顶的形式应用在尊贵的青铜彝盖上?当是借其造型来表现彝之尊贵,以符合妇好的地位。也就是说,庑殿顶极可能是当时皇室宫殿建筑习见之屋顶形式(图0.1、图0.2)。战国及汉代时,由出土的战国铜器与汉代画像石上对宫殿的刻画,屋顶多绘以庑殿顶来看,庑殿顶应仍是当时宫殿建筑屋顶的主要形式。唐以后,在文献与实物中清楚呈现庑殿顶是皇家殿堂最尊贵建筑的屋顶形式。

图 0.1 殷墟出土顶盖造型为庑殿顶的偶方彝

图 0.2 殷墟出土顶盖造型为庑殿顶的爰方彝

资料来源：http://big5. cri. cn/gate/big5/gb. cri. cn/3601/
2005/08/09/1266@654047. htm

资料来源：http://www. ayyx. com/vouch/gallery_
view. asp? types=paste&id=73

因此可知，至少从殷商开始，庑殿顶便持续作为华夏文明宫殿建筑的屋顶形式，直至清末。这种长久延续的传统，不仅是历史文化的传承与依循，也反映出庑殿顶之形体所蕴含之美学特质符合中国传统文化的底蕴。朱光亚认为庑殿顶"屋脊线的延线指向苍穹不仅合中国文化之意，且按完形理论，它已构成等腰或等边三角形"（潘谷西，2009：254）❶。而庑殿顶屋面上接天，四方下斜覆盖大地，下方基座立于大地，呈现纯粹"天覆地载"意象造型，呼应中国传统小宇宙观念，借此形塑令人崇敬之感。这作法与埃及金字塔所使用的角锥造型，或源自埃及人所崇敬的太阳，其光线从云层中透射而出的意象，有着相通的美学意涵。

宋《营造法式》中，除"曹殿"、"汉殿"、"九脊殿"以"殿"字结尾之名称歇山顶外，亦有"厦两头造"的称呼，传达其除用于殿阁外，亦使用于地位低于殿堂的厅堂建筑之中。"歇山"在传统屋顶使用规制中，其等级虽次于"庑殿"，然亦为殿堂建筑屋顶形式的选项。目前所发现的考古遗物中，最早的歇山顶形象案例出现在四川与云南出土的汉代遗物。而在华夏文明核心之中原地区，则一直至魏晋时期才在石窟壁画中出现。这种出土遗物之区域与时间的落差，提供学者建立歇山顶源起于中国南方文化说法的凭证。王其亨在《歇山沿革试析——探骊折扎之一》一文中，就提出歇山顶是"北朝对南朝文化的模仿与交流"（王其亨，1991：32）。而在日本，以关野贞为首的诸多学者均认为，日本法隆寺金堂使用歇山顶，系其受到中国南朝文化影响的证据。此两种说法，均指向歇山顶在南朝文化中，是尊贵殿堂建筑使用的屋顶形式。

若歇山顶确实是在魏晋南北朝以后传入中原，由其后的历史发展来看，其虽未取代庑殿顶成为最尊贵建筑屋顶的表征，但也被应用在皇室殿堂的建筑中，加上其使用未如庑殿顶那般严格，故亦见用于民间建筑中。此在魏晋时期石窟壁画中，歇山顶用于城中宫殿、城墙角楼、民宅厅堂中可得验证(图 0.3、图 0.4)。北朝产生这种流行，或诚如王其亨所说的，是北魏孝文帝汉化行动的驱动，然此时却也正是中国北方屋面由平直朝向往上反翘追求开展的时间点。由现存遗物来看，北朝时期初开始的屋面反翘并不很大，具体实例为北魏开凿之诸佛国世界意象的

❶ 参自潘谷西主编《中国建筑史》，朱光亚撰写之第七章建筑意匠。

石窟中的殿堂屋顶(图0.5),其后到了唐代,屋面反翘作法已趋成熟,并成常态,唐代大雁塔西门门楣佛殿图即是具体案例(图0.6)。

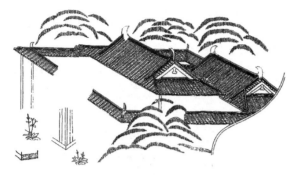

**图0.3 天水麦积山石窟140窟
西壁北魏绘庭院图(摹本)**

资料来源:傅熹年,2004:142

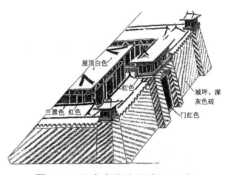

**图0.4 天水麦积山石窟027窟
窟顶北周绘城楼图(摹本)**

资料来源:傅熹年,2004:146

**图0.5 云冈石窟第九窟前室西壁上层
一殿三龛造像的曲面屋顶**

资料来源:王建舜,2003:15

图0.6 西安唐大雁塔门楣石画佛像

资料来源:梁思成,2001a:132

将屋面屋脊反翘的目的,或诚如朱光亚所云:"与当时因社会苦难而对宗教中的彼岸世界向往的现实有关"(潘谷西,2009:256)。往上反翘的扬起屋脊连接了天际,增加建筑神圣的意味。而或许就是因为歇山顶"一经透视,会产生庑殿顶天际线的类似效果"(潘谷西,2009:254),且反翘屋面的施作又比庑殿顶来得简单,礼制规范上也赋予歇山顶地位,故其遂成北方殿堂建筑广泛使用的屋顶形式。而在南方,歇山顶本已具有长久使用的历史,在文化传统、情感及匠艺的承传上,自然还是殿堂建筑的主要屋顶形式,其使用甚至较庑殿顶更为普遍。

0.2 台闽传统建筑歇山顶木构的价值

就传统建筑的主要结构之木构架而言,歇山顶之组成较两坡的"悬山顶"与"硬山顶"多了山面屋架的位置变化与左右屋面及翼角的构成,有时再加上重檐,木构架自是复杂且多变化。

而使用歇山顶的殿堂,通常是地区或区域之重要建筑,营建工匠绝大多数均为一时之选,木作技术表现自是时代之精华。因此,在传统建筑木构史的研究上,歇山顶的木构架遂为重要的研究对象。

福建旧称闽,秦已置闽中郡,汉初有闽越国的设立,然旋遭灭之。汉末,北方战乱迭起,随着中原世族与百姓纷纷南迁避难移居,有更多中原文化被带入闽地。斗之斗敬下有斜棱线脚❶(图0.7),单栱素枋交替重叠的扶壁栱❷(图0.8)作法,在北方中原地区盛唐以后便不复见,然其至今仍被完好保存在闽地传统建筑木构形式与技艺中。中原木构形式进入闽地后,与闽地原有的穿斗文化之传统相互融合,产生新的样貌。"叠斗式"构架即是其例,其混合着北方中原官式层叠的手法与南方穿斗构架的技艺,且随着整体时代潮流而发展改变,形成本区特有木构架形式传统。这些现象不仅是地方建筑史料的研究范畴,对整体木构技术史发展的形貌勾勒,亦至为重要。

图0.7　福州怡山西禅寺山门斗底斜棱

图0.8　福州华林寺大殿扶壁栱(襻间)

台湾位于福建外海,岛上主要居住原住民及来自闽粤之移民,闽粤移民又以闽南人居多。台湾传统汉移民建筑之形式、作法,甚至营建用语,虽有类似中国大陆的表现,然仍有些许差异与特殊表现。类似中国大陆自是来自中国大陆文化的影响,差异与特殊表现则是因应台湾气候、环境、物产等条件与中国大陆有异,以及人文状况不同所作的调整与变化。要了解此段传承与发展脉络,其形式源于中国大陆发展历程中哪一段落,来到台湾后又经过怎样的调适,以及为何调适与改变,此乃台湾传统建筑的研究中,不可避免的"源起"与"发展"课题。

台湾在传统殿堂建筑大木构架的研究上,无论形式、作法、技艺调查、名称用语等范畴,在诸多学者的努力下,已取得相当丰硕的成果。但面对形式源流与发展的问题,仍存在着诸多未厘清的空白。其不仅影响台湾殿堂建筑大木构架形式在中国大陆甚至东亚地区木构史上的角色定位,也使得台湾殿堂建筑大木构架形式之源起与"在地化"适应的问题显得模糊难解。究其缘由,主要因缺乏对中国大陆形式发展的了解,以及欠缺同时代不同地区案例的对照所致。也就是说,想要解答台湾殿堂建筑大木构架形式源流与发展的问题,不是单仅研究台湾案例就能够解决的,尚需厘清中国大陆(闽东南)殿堂建筑大木构架形式与发展脉络,并透过同时代的

❶　此源于秦汉时期斗下皿板作法的退化,其于魏晋时期仍存在,盛唐以后北方便不复见。
❷　其在盛唐前敦煌石窟中仍可见到,盛唐以后在北方被素枋隐刻栱身所取代。

形式比较,方得竟功。

　　过去,在政治问题的藩篱阻隔下,海峡两岸间往来困难,且资讯交流不易,很难进行中国大陆传统建筑形式的研究。但近年来,随着祖国大陆的改革开放,以及对文化资产的重新重视,两岸诸多学者投入了中国大陆大木构架形式的研究,有更多传统殿堂因保存而被调查测绘,建构了诸多珍贵史料。

　　由于歇山殿堂木构架具有时代的代表性,在台湾,歇山殿堂更因其重要性,营建主事者通常直接由中国大陆聘请技术与经验较纯熟的匠师(台湾称"唐山师傅")渡海来台施作❶。故而,早期台湾歇山殿堂遂以当时中国大陆风貌直接呈现。其后,中国大陆风貌又因来台匠师继续留台执业,或在台期间授徒传艺,或其所使用之形式影响其他本地匠师,进而继续在台保存、流传、调整与发展。由此可见,歇山殿堂在台湾与中国大陆间传统建筑形式传承与发展的研究上有其重要的角色与地位。

　　本书即在此基础上,透过对歇山顶源起与其在中国历代发展历程的讨论,以及中国大陆与台湾歇山殿堂大木构架的调查与比较研究,整理闽东南与台湾歇山殿堂大木构架自身的发展脉络,以及台湾承传于中国大陆与不同于中国大陆的表现,呈现台湾的形式渊源与"在地化"的调整,借以为台湾歇山殿堂大木构架形式寻求定位。

---

　　❶　在清末至日本殖民统治时期诸多歇山殿堂营建过程中所留下的历史记录中均得见这种现象之相关记载。而清初或清中期所建的歇山殿堂,虽未留下史料验证,但依当时歇山殿堂地位之尊贵,数量之稀少,本土匠师尚未成气候的条件,其大抵亦应是"唐山师傅"的作品或与"唐山师傅"有直接的关连。

1　歇山源流考

在云南傣族的古歌谣中,有一段关于"桑木底造屋说"的故事。

"被傣族称为智慧神的桑木底,看到人们没有房子住,在冷森林山洞里过着苦难的日子,于是投胎人间,决心教会傣家盖房子。开始时,先用树枝、山草盖了一间平顶房,可是一到下雨便屋顶漏雨,地面流水,简直无法住人。一天,他看到一条狗前腿立地坐在雨地里,只见那雨水顺着狗倾斜的脊背,流到身后的地上,而狗身下面仍然是干的,看不见雨水的痕迹。于是人们依照狗的这种姿势,对平顶草房进行了修正,重新建造了一种前高后低两面坡的新房子,称作'杜玛些',汉语的意思是'狗头窝'。因为它的形象仿雨中坐立的狗那样。这种'杜玛些'对防后面来的雨效果不错,但是对于前面来的'飘脚雨',还是防不了。每逢大雨,屋里照样无法安身。

人们在苦恼之际,上天的神灵又派遣了一只凤凰飞临人间来启示人们。那凤凰在雨中先扬扬双翅,暗示人们屋顶要盖成两面坡'人'字形的;又低头拖尾,暗示人们要在两端加上披檐;最后凤凰落到地面上,双脚站立,托住它的身躯,尽管雨水在地面上流淌,却浸浸不到它的身躯上。这暗示人们要立柱子,把房屋高高架在柱子上。看到这一切,人们领悟了,于是砍来竹子、木料,割来山草,按照凤凰所作的种种暗示,盖成了崭新的竹楼,上能防雨,下能避水防潮。不会建房的苦难日子结束了。傣家人无限喜爱这种新竹楼,把它称为'烘哼',并一代一代传了下来,直到如今。"(蒋高宸,1997:75)

歌词借桑木底造屋神话,勾勒出傣家先祖脱离洞穴开始营屋,形式由平顶到前高后低两面坡的"杜玛些",再进展到干阑式歇山顶住屋"烘哼"的历程。在"烘哼"之出现的描绘中,以凤凰使者的先后姿态,暗示着歇山顶系由两坡顶加披檐而形成的过程。

歇山顶的源起问题,过往的研究中,学界主要有"悬山加披檐产生歇山顶"与"四阿庑殿顶下开洞通风产生歇山顶"两种看法。其立论前提均基于建筑已存在屋盖、屋身,故而需"加披檐以保护墙身"或"屋面开洞增加通风"。然而建筑发生之初,部分区域历经半穴居阶段,当时建筑屋身与屋盖尚未完成分化,建筑是屋盖直接立于地面的窝棚。此时,是否可能已存在着发展成后来歇山顶形式的原始歇山顶的形态?这些成为后来歇山顶原型的窝棚屋盖其形成的驱动力又为何?这些疑问是本章企图研究探讨的重点。

1.1　关于歇山顶源起之过往学者论点

1.1.1　"悬山加披檐"之说

"歇山顶的产生源于两坡的悬山顶加披檐或四周围以披檐"的说法,很早就已提出且很快受学界认同。鲍鼎、刘敦桢、梁思成在《汉代的建筑式样与装饰》(梁思成,2001b:251-289)

一文中,根据四川汉代高颐石阙、纽约博物馆藏的汉代明器、日本法隆寺的玉虫厨子以及山西霍县东福寺大殿几个不同时代案例所共有的两重屋顶形态,提出"歇山顶是由悬山顶与四阿屋顶组合而生"的论点(梁思成,2001b:251-289)。梁思成因此在其著作中,每每遇到歇山顶(九脊殿、厦两头)的释名,均以"悬山顶套在庑殿顶之上"或"'不厦两头'与四阿联合而成者❶"定义之(梁思成,2001c:147)。王其亨则提出加披檐之举是源于对南方炎热多雨之气候条件的适应下,较优的选项,因而成为普遍的流行。他认为,歇山顶起源于南方,原始的两坡悬山顶因适应地理条件而演变成歇山顶。其发展是基于原始的悬山顶在针对建筑高度、进深加大后山面结构的防护,以及增加外檐活动空间等目的的驱动下,产生"加大两山出际"、"左右增加夹屋"、"建筑叠合成上大下小的形式"以及"两山加披厦(檐)形成原始歇山顶"四种形式发展;其中,两山加披厦(檐)之原始歇山顶在技术、材料及经济实用上的权衡最具优势,因而充分发展而成为完善的歇山顶形式(王其亨,1991:32)(图1.1)。杨昌鸣亦认为歇山顶是悬山顶在山面防雨需求下,加披檐而产生,并更进一步以逻辑性的推理,将歇山顶系由两坡顶经"长脊短檐"顶的阶段,发展到歇山顶的过程作了清楚的交代。"'长脊短檐'形式的原型是悬山屋顶,为了满足山面入口的防雨要求,起初采用了延展悬山屋面的作法;后来出于节省用料的考虑,改用脊长檐短的处理手法;但屋脊过长时需要在脊端立柱支撑,而雨水的侵蚀易使这外露立柱槽杇,只好内移;这时脊端容易下垂,除采用斜撑外,同时还采用了将脊端翘起的措施……与此同时,在山面加设披檐的现象开始出现,'长脊短檐'的遮蔽作用逐渐渐弱,最后为歇山顶所取代。"(杨昌鸣,2004:97)(图1.2)。

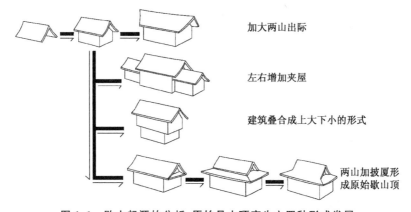

图1.1　歇山起源的分析:原始悬山顶产生之四种形式发展

资料来源:王其亨,1991:32,笔者重绘

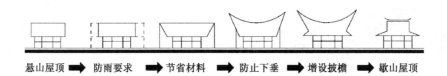

图1.2　"长脊短檐"的衍化过程示意

资料来源:杨昌鸣,2004:97,笔者重绘

---

❶　"不厦两头"指的是两坡的悬山屋顶,"四阿"指的是四坡庑殿顶。

悬山顶透过两山加披檐的手法,一方面增加悬山山面受屋檐保护的范围,一方面具备创造有顶盖半户外空间的可能性,是适合南方炎热多雨的气候条件之作法。惟加披檐的前提是建筑物屋顶已离开地面,有墙体或柱列,能借以附加披檐。然在半穴居窝棚中,屋顶盖仍立于地面上,不存在加披檐的条件。面对潲雨的问题,人字窝棚需以加长前后檐,或改变成其他形状来因应,庑殿式窝棚盖、方攒尖式窝棚盖、圆攒尖式窝棚盖等均是其例。

1.1.2 "在四阿庑殿顶脊下两端开洞通风"之说

"在四阿庑殿顶脊下两端开洞通风"的说法系王其亨所提出。他认为如仰韶文化出土之四坡攒尖顶或圆攒尖顶类型的建筑,在朝向更大规模发展中,或向左右延伸,或多个屋顶附加,在需要解决屋顶"热死角"所造成的脊部木构材湿热腐坏的问题上,产生在脊下两端开孔通风的作法,而为避免潲雨由此开孔飘入,因此孔洞上方屋脊及屋面遂向左右两端延伸,逐渐衍化而成歇山顶的形式(图1.3)。王其亨的"由庑殿顶开孔发展到歇山顶山面开口"的推理是具有一定启发性,但仅是为了避免脊部木构材因湿热而腐坏,在过去茅草屋顶亦有一定通风效果下,是否有足够动力推动一种新的屋顶形式(歇山顶)之产生,仍待更多证据之证明。

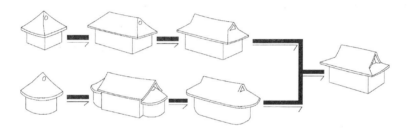

图1.3　在四注及圆攒尖顶脊下两端开洞通风向歇山顶建筑衍化的过程

资料来源:王其亨,1991:32,笔者重绘

1.2　源于人字与四注组合式窝棚顶盖之衍化

当原始人们离开洞穴,为了遮风避雨创造出建筑,在技术与工具贫乏的初始,建筑曾是置于地面或架于树梢,以屋盖同时扮演壁体的围蔽与屋顶防雨功能的窝棚。在世界各地有诸多形式不同的窝棚,这些窝棚对其后所发展之屋盖被柱、板壁、墙体顶起,分化成为有屋身与屋顶的建筑之形式,有着极大的影响。

图1.4　枫德·哥姆洞窟壁画中的可移动式帐篷的形象

资料来源:后藤久,2009:47

若从旧石器时代来看,当时的人类一面追逐动物,一面对抗外敌及恶劣自然环境,天然的洞窟与可移动式帐篷是当时主要住居。至今在世界各地仍陆续发现曾有原始人类居住的天然洞窟,枫德·哥姆洞窟旧石器时代尾声所绘制壁画(图1.4),以及世界各地出土旧石器时代遗址的复原方案中,也记录着可移动式帐篷的形象。由乌克兰科学院动物学研究所复原的乌克兰梅兹利奇遗址,呈现出由追逐长毛象的猎人,以长毛象骨和松木所支起的长毛象骨之屋(图1.5),由捷克

莫拉维亚地区旧石器时代后期格拉维特文化猎人以兽骨及毛皮组立的兽皮帐篷(图1.6)均是其例。这些帐篷,因受限于搭设技术,故而形式以简单锥形或两坡人字形为主,并未出现复杂之类似或可能成为歇山顶原型的形式。

图1.5　乌克兰梅兹利奇遗址复原之长毛象骨之屋

资料来源:后藤久,2009:48

图1.6　捷克旧石器时代格拉维特文化帐篷式住屋

资料来源:后藤久,2009:49

　　随着人类开始掌握农耕与畜牧文化,学会将森林改变成田地耕作,用磨制石器取代打制石器,烧制陶器以置物。在一万年前左右,人们搬出洞窟,开始建造住屋定居,并形成聚落,人类历史进入了新石器时代。

　　为了躲避禽兽虫蛇以及敌人的侵害,新石器时代建屋,或延续洞窟生活经验,出现在地面挖洞上覆以屋顶盖之"半穴居"形式;或构屋于树上,形成"巢居"的形式;其并各自开展出不同的衍化道路。根据欧亚各地出土的新石器时代遗址所复原的建筑来看❶,这时期窝棚或地面建筑顶盖的形式,包括平顶、拱顶(圆拱、尖拱、穹隆)、人字顶、四注顶、攒尖顶以及人字、四注、攒尖组合之复合屋顶形式等类型(表1.1)。

表1.1　新石器时代遗址复原之建筑形式

建筑形式		半　穴　居	巢　　居	地面或高床居
平　顶		未发现案例	未发现案例	1
拱顶	圆拱穹隆顶	2	未发现案例	未发现案例
	尖拱穹隆顶	3	4	未发现案例

---

　　❶　欧亚新石器时代文化遗址复原主要参考维基百科网站、杨鸿勋《仰韶文化居住建筑发展问题的探讨》、《日本文化史》以及后藤久的《西洋住居史》等书的介绍。

建筑形式		半穴居	巢居	地面或高床居
人字顶		5	6	7
攒尖顶	四坡	8	未发现案例	9
	圆	10	未发现案例	11
四注顶(庑殿形)		12	未发现案例	13
组合式	人字与方攒尖组合顶	14	未发现案例	15
	人字与圆攒尖组合顶	16	未发现案例	17
	人字与四注组合顶	18	未发现案例	19

资料来源:1 土耳其南安那托利亚的萨塔·胡伊克(Catal Hǔyúk)遗址所复原的平顶住屋

　　　2 后藤久,2009:30　　　3 杨鸿勋,1984:24　　　4、6 Marc-Antoine Laugier,1977:封面

　　　5 http://blog.goo.ne.jp/karakurikonkuri/m/200808/1　8 杨鸿勋,1984:16　　9 笔者自绘

　　　7 http://trip.elong.com/home/space-499096-do-blog-id-21046.html

　　　10 参英国佛拉格沼泽遗址复原　　　　　11 John Julius Norwich,1984:79

　　　12 http://www.pref.nagasaki.jp/sima/island/iki/profile/haranotuji.jpg.JPG

　　　13 http://www.iki-haku.jp/harunotuji/pho02-10.html

　　　14 http://www.sroko.com/toro/kazoku.html　　　15 笔者绘自 14

　　　16 http://blog.goo.ne.jp/chobi107/e/425087a1c370cf734f9b5b4e127743ed

　　　17 John Julius Norwich,1984:136　　　18 http://blogs.yahoo.co.jp/taketake5295/folder/906968.html

　　　19 绘自笔者拍摄之福州华林寺

　　平顶系以水平梁(通常是木梁)架在砖石叠砌或木骨泥墙的壁体上,其上铺设屋面覆材。该形式流行于雨水稀少且没有森林的近东地区,土耳其南安那托利亚的萨塔·胡伊克(Catal Höyük)遗址即其著名的案例。依考古研究,当时住屋以泥砖为墙,木料作屋顶横梁,房屋群围绕着庭院四周而建。为防御考量,外围壁面均不设门,进入住屋需由木梯上屋顶,再由屋顶顶盖

或高低屋顶交接处内垂直壁面开口进入。万一遇有威胁,便将木梯撤走,形成无路径可进入的状况。室内设有炊煮与保暖用的"火塘"❶,利用屋顶或壁面开口作为室内换气与排烟之用(图1.7)。

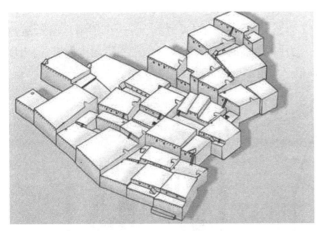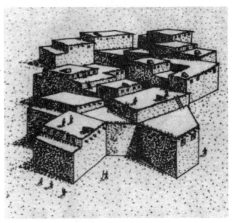

图1.7　土耳其南安那托利亚的萨塔·胡伊克遗址所复原的平顶住屋

资料来源:http://www.atthalin.fr/louvre/histoire_art/proche_orient/proche_orient1.html(左)后藤久,2009:49(右)

　　拱形顶有圆拱形与尖拱形两种。依使用材料与施作方式的不同,有以砖石叠砌者;有以曲木交搭编制骨架,表面覆以草叶、兽皮或涂以泥土者。砖石叠砌者,可见于近东的新石器时代遗址,著名的杰里科(Jericho)遗址建于公元前数千年❷,即是以泥砖堆砌圆拱形穹隆的半穴居建筑(图1.8)。曲木交搭骨架之拱顶,有较广泛案例分布。在中国,南方早期巢居形式中的尖穹式窝棚❸(图1.9),以及北方仰韶文化半坡编号6号遗址复原图中表面涂以泥土的尖穹式窝

**图1.8　杰里科遗址复原之剖面
呈拱状的圆拱穹隆顶盖**

资料来源:后藤久,2009:30

**图1.9　南方早期巢居的
尖拱穹隆顶窝棚**

资料来源:杨昌鸣,2004:61

---

　　❶　本书中所指的火塘在半穴居或地面居的建筑中,主要是指地上挖掘的浅土坑,在高床干阑居则是指内部填土,架于楼板,作为室内生火坑之用的木箱。
　　❷　位于巴勒斯坦约旦河西岸,据考古调查发现在一万一千年前即已形成聚落。
　　❸　学者叶大松在其《中国建筑史》中所推测的原始巢居形式。

棚均是其例(图1.10)。在欧洲,希腊 Thessaly 的 Crannon 市附近出土之八千五百多年前的住屋模型,其外表覆以动物毛皮之拱形顶亦是(图1.11);北欧新石器时代中期,也出现以木料及芦苇编成的圆拱形穹隆窝棚等。拱形顶之排烟口位置,或设在屋顶中央处(杰里科、Thessaly 之圆拱穹隆顶),或置于非中央的屋面其他部位(仰韶文化半坡编号6号遗址)。在防雨雪落入室内的考量上,开在屋面中央的排烟口,设有可手动开关覆盖的物件;置于非中央的屋面排烟口,则出现顶边及两侧加上防水突棱的作法。然拱形顶似乎与歇山顶的产生无直接关系。

图1.10　仰韶文化半坡遗址编号
6号复原图

资料来源:杨鸿勋,1984:24

图1.11　希腊 Thessaly 的 Crannon 市附近出
土的八千五百多年前的住屋模型

资料来源:John Julius Norwich,1984:132

人字顶、四注顶、攒尖顶及复合式之窝棚顶盖,主要构材以木料为主。人字顶窝棚常被视为是人类建筑最原始的形式。在18世纪建筑理论家洛及尔(Abbe Marc-Antoine Laugier)的《建筑论丛》(*Essai sur l'architecture*)一书中,将构筑于四根仍然成长之树干上,以交叉细树枝(斜梁)构成之人字顶,定义为人类最原始质朴的建筑(Marc-Antoine Laugier,1977:封面)(图1.12)。在日本,立在地面的人字顶窝棚被称为“天地根元造”,意为“最原始的建筑形式”(图1.13),与前者有着相同看法。人字顶窝棚是利用山面局部留空作为排烟孔的手法,来处理室内通风排气及火塘排烟问题。在窝棚进化之地面或干阑建筑中,此手法仍见

图1.12　洛及尔定义之人类最原始质朴
的建筑:人字顶的三角形篷架

资料来源:Laugier,Marc-Antoine,1977:封面

图1.13　日本人字顶:“天地根元造”

资料来源:http://blog.goo.ne.jp/karakurikonkuri/m/200808/1

延续。仰韶文化半坡编号 F24 的复原案例(图 1.14)、郑州大河村编号 F1-4 的复原案例(图 1.15)均是实例。然在多雨地区,此种作法会有淋雨由山面开口飘入屋内,使屋架木料受潮腐朽之问题。

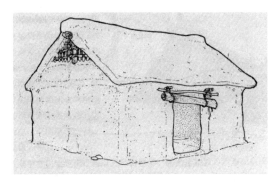

图 1.14　仰韶文化半坡编号 F24 的复原图

资料来源:杨鸿勋,1984:13

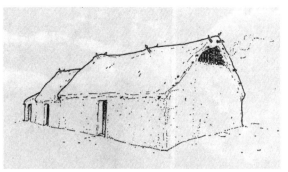

图 1.15　郑州大河村编号 F1-4 的复原图

资料来源:杨鸿勋,1984:18

　　方攒尖与圆攒尖顶在窝棚发展历史中出现甚早,并被持续应用。在仰韶文化之早、中、晚期遗址中就有诸多实例。最鲜明的案例是半坡 1 号遗址,其为室内面积超过百米平方以上的方攒尖顶窝棚(杨鸿勋,1984:16)(图 1.16)。距今四千三百年前青铜器时期之英国佛拉格沼泽(Flag Fen)遗址,则是圆攒尖型的窝棚(图 1.17)。针对排烟问题,前述两种窝棚系以攒尖尖端或屋面开孔作为室内火塘的排烟。在解决雨雪落入室内的问题上,仰韶文化半坡建筑是以排烟口旁设突棱,以防止屋面水流进排烟口,英国佛拉格沼泽遗址据推测应是利用可开闭之兽皮覆盖在圆锥顶尖端的排烟口来解决,与今日所见蒙古包的天顶作法类似。

图 1.16　仰韶文化半坡遗址编号 1 号复原图

资料来源:杨鸿勋,1984:16

图 1.17　英国佛拉格沼泽距今四千三百年前青铜器时期遗址复原的住屋

资料来源:http://en. wikipedia. org/wiki/File. Flag_fen_roundhouse.jpg

　　德国费德尔湖畔沼地上的新石器时代单房小屋则是四注顶形的窝棚,其建在沼泽地上,以木料铺底,再以木料及树枝草叶搭盖。由复原外观来看,其已开始出现屋盖与屋身之区分(图 1.18),交角为弧线,平面呈马蹄形(图 1.19)。弧线而非直角的转角作法,在窝棚中经常出现,在以石块围砌的早期建筑中亦是如此。其主要肇因于以树枝草叶搭盖窝棚,或以未加工或少加工石材围砌墙体,在工具及技术的限制下,弧线转角较易施作,防水性亦较佳。

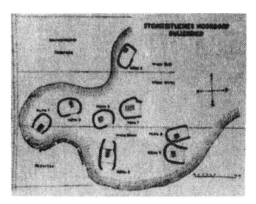

图 1.18　德国费德尔湖畔沼地上的新石器
　　　　时代四注形顶盖之单房小屋

资料来源:后藤久,2009:51

图 1.19　德国费德尔湖畔沼地上的新石器
　　　　时代马蹄形平面之住屋

资料来源:后藤久,2009:51

　　四注顶由于四面落水的特性,无山面受潮的问题,以简单的人字斜梁即可搭盖,故成为窝棚及有屋身及屋顶的地面居建筑常用形式。具体案例有八千两百年前欧洲马其顿新尼科门迪亚(Nea Nikomedia)地区泥墙、四注顶的地面居住屋(图1.20),以及仰韶文化中期遗址半坡25号四注顶的地面居住屋(图1.21);这两栋建筑因为地面居型,且使用泥砖或木骨泥墙,因此平面转角已趋近直角。

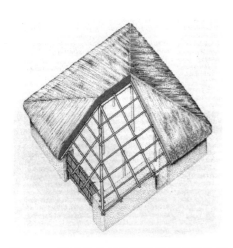

图 1.20　欧洲马其顿的新尼科门迪亚地区
　　　　早期新石器时代遗址复原之四注
　　　　顶住屋

资料来源:John Julius Norwich,1984:132

图 1.21　仰韶文化半坡遗址 25 号
　　　　复原之四注顶住屋

资料来源:杨鸿勋,1984:11

　　前述攒尖顶与四注顶为解决室内排烟问题而在攒尖处或屋面上所留的排烟口,即便如英国佛拉格沼泽遗址住屋以兽皮覆盖,或仰韶文化半坡遗址住屋之防水突棱,对于长时间大雨及避免溅雨,仍非恰当解决方式。因此,在气候多雨地区的窝棚,必须寻找一种能真正解决排烟口防雨问题的顶盖形式设计。其中,在攒尖顶与四注顶上开口增加人字顶覆盖,所产生之人字结合攒尖、四注的组合式顶盖,便是一种解决排烟口防雨问题,适合多雨地区使用的窝棚顶盖形式(表1.1)。

　　日本关野克在公元1951年《登吕の住居址による原始住家の想象复原》一文中,针对形成于2世纪至3世纪间,日本弥生时代中期登吕遗址之竖穴住居(半穴居)窝棚形式的复原推测中,参考古坟时代出土的明器与刻有住屋形象的"家屋文镜"❶,并以江户时期的冶铁技术书《铁山秘书》中所绘制的"高殿"图为本,提出一种人字与四注组合之组合型顶盖,作为当时半穴居窝棚顶盖之复原方案(关野克,1951:7-11)。

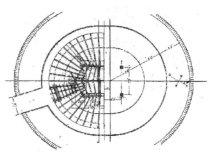

　　登吕遗址平面范围约为60平方米,四个转角非直角,而是作圆弧转角,使平面乍看之下,近似长椭圆形;中央区域有相距2.5米至2.7米宽的四个柱洞(图1.22)。关野克以此柱洞复原柱梁框架,并由其向四周地面架设斜梁,较特别的是,其在中央柱梁框架前后中段处立承脊柱,支撑中脊桁木,再由中脊桁木向两侧布设斜梁,如此便形成人字与四注组合之顶盖形式。以人字顶下方山面镂空处作为室内对外排烟出口,同时,为避免溯雨,人字顶中脊向外突出,形成长脊短檐的形式(图1.23、图1.24)。

图1.22　登吕竖穴家屋复原平面图
资料来源:关野克,1951:10

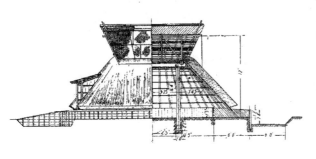

图1.23　登吕竖穴家屋复原立面图
资料来源:关野克,1951:11

图1.24　登吕竖穴家屋复原木构架
资料来源:http://www.sroko.com/toro/iseki3.html

　　这种针对弥生时期(约公元前400年至公元250年)住屋遗址的复原方式,经过学界的多次辩证与讨论,以及考古遗物的支持,目前成为日本共同认可的竖穴住居(半穴居)遗址复原形式。其后,不仅弥生时代诸多竖穴住居遗址以此为本作复原,甚至年代更早的绳文时代(日本石器时代后期,约一万年前到公元前1世纪前后的时期)竖穴住居遗址的复原,亦得见之。具体实例如距今约五千年前后的三内丸山竖穴住居遗址,其在昭和二十八年(1953年)便由庆应义塾大学等学校开始进行学术挖掘调查,部分初期遗址复原的窝棚顶盖形貌,即为此组合型屋盖(图1.25、图1.26)。也就是说,在日本,此种组合型顶盖的窝棚,

❶　奈良县、佐味田宝塚出土的公元4世纪铜镜。

有长久使用的历史,系从绳文时代(公元前 14000 年前至公元前 400 年)一直沿用到平安时期(794 年至 1185 年)。

图 1.25 登吕竖穴家屋复原外观

资料来源:http://www.sroko.com/toro/kazoku.html

图 1.26 三内丸山竖穴住居复原之人字顶 置于四注顶的组合式窝棚

资料来源:http://tabisuke.arukikata.co.jp/ds/r/202/r/20002/n/n/9/DomesticSpot/3613/p/1/

图 1.27 阿斯品公元前 600 年哈修塔特期 竖穴住居遗址复原

资料来源:后藤久,2009:55

在中国仰韶文化半坡遗址复原讨论中,也曾有学者提出此组合型顶盖窝棚的复原方案。奥地利维也纳近郊阿斯品(Aspern),公元前 600 年的哈修塔特期竖穴住居遗址的复原中,其形态也是上方人字,下方四注之组合型顶盖的窝棚,其人字顶之中脊处,略向前延伸,以保护下方留空排烟口(图 1.27)。整体来说,这种组合型顶盖,在世界各地半穴居时期窝棚顶盖的复原形式中,经常得见,其对排烟口有较佳防雨雪保护。

这种组合型的顶盖,构法较人字顶、攒尖顶或四注顶来得复杂,大费周章的将人字顶与四注顶两种顶盖作结合,根本目的无非是借此使开在顶盖面的排烟口,有较好的覆盖,以避免或减少雨雪借由排烟口进入室内,对室内空间的使用造成影响。日本是多雨多雪之海岛型气候,此屋盖是适应气候的窝棚顶盖形式。

日本五千年前之三内丸山遗址及古坟时代出土的"家屋文镜"中,存在着此形式顶盖发展成为歇山顶的线索。三内丸山初期遗址为小型竖穴住居,根据柱洞位置,其窝棚顶盖系以人字与四注组合型复原;其后遗址为大型地面居,依柱洞位置,屋顶为人字与四注组合型被柱架高远离地面的形象,也就是后来所说的"歇山顶"(图 1.28)。此外,在日本古坟时代出土的青铜制"家屋文镜"上所刻画的四栋建筑中,有三栋人字与四注组合型顶盖之建筑;其中一栋为窝棚,另两栋为地面及干阑建筑,三栋并现于铜镜,暗示着住屋由窝棚到干阑的发展过程(图 1.29)。

图 1.28　三内丸山遗址大型住居遗址复原方案中之歇山顶

资料来源:http://www.panoramio.com/photo/10602141(左)

http://plaza.rakuten.co.jp/akaifusen/diary/200607310000/(右)

图 1.29　日本古坟时代出土的"家屋文镜"

资料来源:http://blog.ryukozi.com/?page=2

　　根据日本建筑师龙光寺真人的研究❶,"家屋文镜"中所刻画的三栋人字与四注组合顶建筑中,顶盖贴近地面的窝棚是"产房",地面建筑是"住屋",高床干阑式建筑则是"祭司小屋"。就其使用功能与顶盖位置的对应,存在着以顶盖离地高低来反映使用者地位高低之暗喻。顶盖贴近地面的窝棚作为产房,使用者为刚出生的婴儿;顶盖由柱顶起,柱立在台基上者为住屋,使用者为有社会角色与地位的成人;住屋立在柱梁构成的高床上,室内地板高度较住屋更高者为祭司小屋,使用者为社会地位崇高,扮演着神与人之间桥梁角色的祭司;另一个两坡人字顶的建筑则是仓库。"家屋文镜"中三种人字与四注组合顶盖,使用者恰为人出生到成人到神圣的三个阶段,其以半穴居窝棚到地面居与干阑居三阶段建筑对应之(图 1.29)。也就是说,在日本(甚至有可能在其他类似文化区域),源于对排烟口的保护,在半穴居时代出现人字与四注组合顶的窝棚顶盖,而在半穴居向地面居与高床干阑居发展过程中,窝棚顶盖为柱或板壁举起,成为我们所认知的歇山形式的屋顶(图 1.30)。

　　目前学界对日本文化起源,有一种说法是可能源于云南的早期文明。因为有许多针对日本古老的文化传统溯源的研究,反映出其与现存云南部分少数民族文化间有着极为近似

---

❶　参 http://blog.ryukozi.com/?page=3。

应具渊源的关系。在《云南民族住屋文化》一书中,记载云南民居的发展进程(蒋高宸,1997:167),系由前文化的洞居、林居,到第一文化的半穴居、地面居、树居,再到第二文化的木楞房、土掌房、干阑建筑(图1.31),此也呼应傣族古歌谣中,由平顶到"杜玛些"到"烘哼"的发展。也就是说,云南在早期建筑的发展上,确实可能存在着由半穴居到地面居及干阑居的进程。

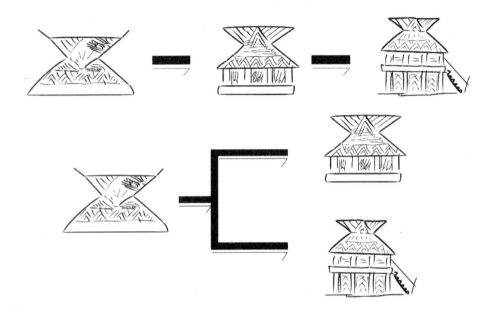

图1.30 "家屋文镜"中人字与四注组合型顶盖可能的发展过程

资料来源:依"家屋文镜"图纹重新描绘

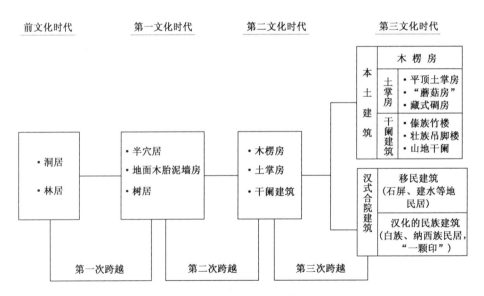

图1.31 云南民居演变的基本图式

资料来源:蒋高宸,1997:68

　　而在云南少数民族住屋文化中,现存着与日本"家屋文镜"之刻画相似,以建筑屋盖离地面的距离,来反映人生不同阶段与地位的传统。例如:在傣族的孟连型歇山顶竹楼流行的区域中,男女新婚时,必须搬出原有家庭所居住的高床干阑的歇山顶住屋"很绍付",居住在称为"很都"的住屋中。"很都"是立在地面,檐口低矮的歇山顶住屋(蒋高宸,1997:167)。云南佤族居住在一种称之为"鸡罩棚"的拉长屋坡、檐口低矮接近地面的歇山顶建筑,其屋顶两山披檐呈弧形,与日本竖穴住居遗址所复原的人字与四注组合形屋顶类似,而柱梁框架上架大叉手与脊柱承桁的构架关系,也同于日本复原方案。其与一般高床干阑的歇山顶住屋同时存在,似乎暗示着其为人字与四注组合形顶盖由窝棚到地面及干阑建筑发展历程中的过渡形式(图1.32)。

图 1.32　云南佤族"鸡罩棚"住屋

资料来源:蒋高宸,1997:322

　　若对日本"人字与四注组合顶盖的窝棚"由半穴居到地面居再到干阑居过程进行构架发展推理模拟;在垂直向度上,随着栽柱技术的进步与空间高度需求,使得原屋盖开始被柱向上撑起,以加高室内空间;在水平向度上,面宽方向单一柱梁框架向多个并列柱梁框架衍化,进深方向加大柱梁框架跨度,或加内柱,扩大室内空间。一楼楼板也由地面向离开地面的高床发展,形成高床式歇山顶建筑。这过程都有对应实例存在,日本古坟时代后期住居抬高两尺,反映出"歇山式顶盖的窝棚"的提高;三内丸山大型竖穴住居遗址的复原方案,呈现出"歇山式顶盖的窝棚"由单一柱梁框架向多个并列柱梁框架衍化的初期形式;而云南的"鸡罩棚",则是进一步由地面抬高成高床的过渡案例(图1.33)。

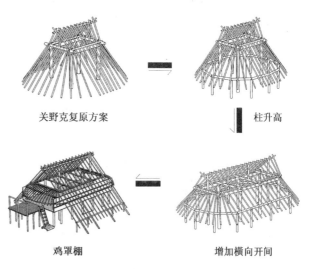

关野克复原方案

柱升高

鸡罩棚

增加横向开间

图 1.33　云南佤族"鸡罩棚"与关野克复原之人字与四注组合式顶盖构架之比较及衍化过程推测

　　因此,歇山顶的产生存在着如下的可能性:一开始是源自对排烟口保护的需求,在屋顶端设置的排烟口上加上两坡顶盖,形成人字形与四注形(或攒尖形)窝棚;其后,随着栽柱技术的提升,建筑由半穴居提升到地面居,甚至高床干阑居,此种组合顶盖遂成为歇山顶。其并在面宽增加与规模加大的过程中,区划出两山披檐与主体空间的概念。

云南地区所流行的高床干阑式歇山顶建筑,其产生的原因究竟是源于对山面的保护加披檐而逐渐成为歇山顶的形式?抑或如同日本出土遗址及文物所示,由保护排烟口而产生的组合形屋顶盖发展而来?若再向更广泛的中国南方地区看去,在中国南方干阑式建筑系统下所发展的歇山屋顶,是否亦有可能源自半穴居时代对排烟口的保护需求所发展出的组合形顶盖的窝棚呢?此虽仍需要有足够考古遗址的出现与更多研究支持,但从现有相关资料来看,此说法亦有一定的可能性。

早期建筑发展过程中的某些特征,或因实用性的维持,或源于相同架构逻辑,或文化价值观上的特别偏爱,在建筑的发展过程中被保存下来,成为某种特定的形式。排烟口的保护促使歇山顶原始形态窝棚的形成,虽然因开窗或烟道的改良,使排烟口不再需要罩以两坡屋盖保护,但已形成的特征,或仍有功能优势(例:对墙面的保护),或为文化价值观偏爱,故仍被保存下来,甚至成为一种主流的屋顶形式。相对于"悬山顶加披檐"、"在四阿庑殿顶脊下两端开洞通风"的说法,歇山顶来自"对排烟口保护"的说法,或为某些区域,或为更加原始的歇山顶产生与衍化的可能途径。

1.3　小结

本书系将歇山顶源起的问题,置于文化人类学的范畴,透过日本绳文、弥生、甚至古坟时期遗址复原的形式发展脉络,提出"歇山顶源于对排烟口保护所产生的人字形与四注形组合窝棚顶盖,在半穴居到地面居及干阑居的发展过程中形成歇山顶"的说法。透过早期文化习俗与出土文物的比对,云南与日本早期文化有其渊源关系,此一现象在文化人类学中有二者均属于"照叶树林文化区"的理论。中国云南地区虽尚未出现半穴居阶段遗址复原的案例,但若二者有同属一文化区的条件,加上云南部分少数民族住屋的应用关系与构架形式确实与日本绳文、弥生、甚至古坟时期遗址复原的形式有相当的类同性,那么,云南地区,甚至更广泛的照叶树林文化区,其歇山顶的源起,其实也存在"由人字与四注组合形窝棚顶盖到歇山顶"的可能性。

2 歇山顶构架

2.1 歇山顶构架类型

前述人字与四注组合形的窝棚,有两种不同架构方式之复原推测。一为由学者多门宁 (Domenig)提出,全由"斜木交搭"方式所形成的构架(图2.1);另一为日本学者关野克提出,由平面中心处立柱梁形成框架,框架上立短柱以承人字顶之桁木,框架四周架以斜木,所形成之构架(图2.2)。这种同一外形却有两种截然不同的架构方式之推测,反映出歇山顶并非单由某特种大木构架方式所生成,也不仅适用于某单一类型架构系统渊源。由现况来看,歇山顶确实同时存在于诸多不同构架系统源流的地区,因而有着多种不同构架形貌。

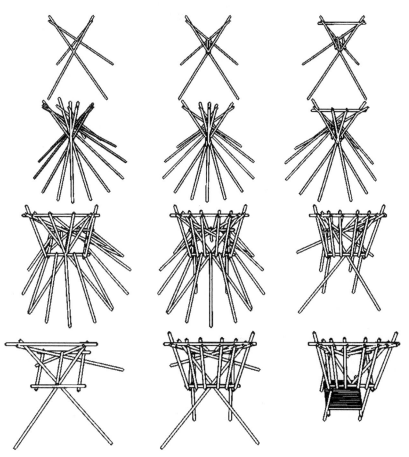

图 2.1　人字与四注组合式顶盖构架复原推测方案一:"斜木交搭"

资料来源:重绘多门宁所作长脊短檐过程图示

就形式来说,歇山顶较人字顶多了山面位置与转角的变化。就柱网关系来看,歇山顶两山出披檐的方式,有仅在两山加披檐(即所谓"厦两头")及建筑四周均加出檐两种方式。因之,对歇山顶构架形式的分析,除主体构架外,实需要关注披檐与转角的作法。故而下文透过"主体构架"、"两山与披檐"、"转角"的分析说明,交织勾勒不同架构方式之歇山顶构架的整体形貌。

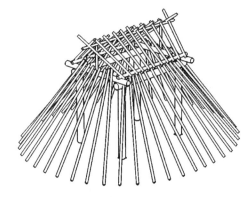

图 2.2　人字与四注组合式顶盖构架复原推测方案二:"斜木交搭"及"承脊柱"

2.1.1　主体构架

由于源流与发展的不同,大木构架形式多样且富变化。若根据屋面下主要支承方式的不同,大抵可分为"斜梁"及"桁"两种体系。"斜梁"系以与屋坡同向的斜木,将屋面重量传至柱或板壁;根据斜木构成的形式可分为大叉手、人字架以及桁架等。"桁"则以与屋坡方向垂直的木料,将屋面重量传至柱或板壁;根据其柱的位置、柱与梁的关系,可分为柱承桁、穿斗式、抬梁式、插梁式等类型(表 2.1)。

表 2.1　木构架类型

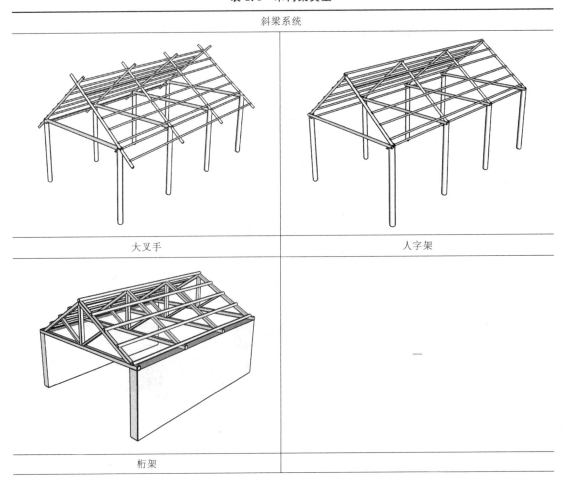

斜梁系统

大叉手　　　人字架

桁架

桁系统

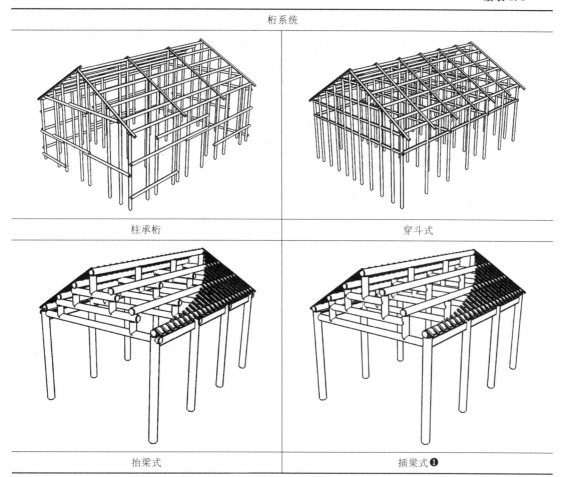

| 柱承桁 | 穿斗式 |

| 抬梁式 | 插梁式❶ |

1）斜梁系统

（1）大叉手

"大叉手"是以交叉斜梁承屋面的构架,由于斜梁组合的外观如叉手状,故称为"大叉手"(杨昌鸣,2004:73)。大叉手出现的历史甚早且流传区域甚广;在东方,六千年前中国仰韶文化半坡遗址的复原方案中即见其使用,商周时期重要宫殿建筑遗址的复原方案中亦见之❷(图 2.3)。在西方,公元前 8 世纪罗马小屋遗址(hut on the palatine, Rome)构架复原方案中,亦见大叉手的使用(图 2.4)。

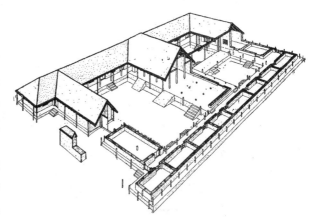

图 2.3 陕西西周凤雏甲组建筑复原图

资料来源:杨鸿勋,1984:97

❶ 插梁式为后期出现的作法,非文明之初的原始形式。

❷ 参杨鸿勋所著《初论二里头宫室的复原问题》、《从盘龙城商代宫殿遗址谈中国宫廷建筑发展的几个问题》、《西周岐邑建筑遗址初步考察》等文。

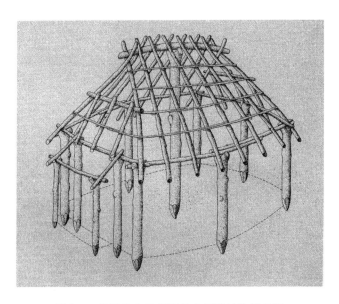

图 2.4　公元前 8 世纪罗马小屋遗址构架复原

资料来源:John Julius Norwich,1984:156

　　"大叉手"以交叉斜梁构成支承屋面的屋架,就结构行为来说,为避免斜梁交叉角度改变,造成屋面的下陷损坏,斜梁间需有良好的横向连系。在半穴居阶段,窝棚屋盖置于地面,因有地面摩擦力的协助且屋面不大,故而缺乏横向连系的问题并不明显。但当屋盖被柱或板壁顶起离开地面,加上室内深度及屋面加大,便迫切需要加强大叉手间的横向连系力。而随着屋面加大,横向连系作法亦不断衍化,形成多样屋架形式。杨昌鸣根据西双版纳傣族住宅各种形式屋架,提出大叉手屋架如何增加水平系梁的演变,以及最终如何形成人字架屋架的过程(图 2.5)。而云南傣族竹楼中的大叉手屋架(图 2.6),以及日本传统"和小屋"的"系梁式屋架"(つなぎばり)(图 2.7)则是横向连系已发展成熟的大叉手作法,其不仅在两叉手间有横向连系,下方支撑立柱亦加上横梁连系,以提高整体构架的稳定性。

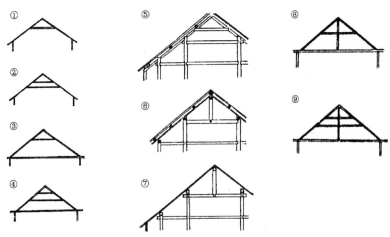

图 2.5　云南西双版纳傣族住宅水平系梁发展历程

资料来源:杨昌鸣,2004:75

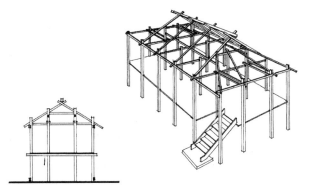

图 2.6　云南傣族竹楼住屋中,在叉手所立的
柱上增加水平系梁

资料来源:蒋高宸,1997:202

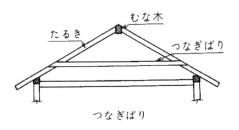

图 2.7　日本传统"和小屋"构架中的
系梁式屋架

资料来源:桥场信雄,1970:65

(2) 人字架

"人字架"为大叉手下端内缩直接搁置在水平系梁上。杨昌鸣根据结构逻辑与西双版纳傣族住宅各种形式屋架推测,其应系大叉手在增加横向连系材过程中所衍化出的成果。在中国魏晋南北朝以前,人字架在传统木构架之屋架中即占有一席之地。

北朝孝子棺线刻画,以及北朝麦积山石窟 015 窟内壁面石刻,均有平梁上置叉手承脊桁之人字架的形象(图 2.8、2.9)。到了唐代,桁系统逐渐取代斜梁系统,梁上置桁,梁与梁间立短柱的案例日益增加,这应与屋面开始曲线化有极大关系。此时,人字架遂渐渐失去构架主体之地位。南禅寺大殿(782年)与佛光寺大殿(857 年)的屋架中,虽于平梁以上使用人字架(图 2.10),然人字架的斜梁已不直接负担屋面重。五代以后,出现在平梁以上的人字架添加中柱协助支撑脊桁的作法,此时,虽有人字架形,但已无人字架结构特质(图2.11)。元代,斜梁承重虽曾短暂复甦与流行(图 2.12),但明以后又再度消失在木构架发展的主流舞台。这种坚持"以桁作为屋面主要支撑材"的结构概念,使得中国传统木构架虽曾经历过大叉手、人字

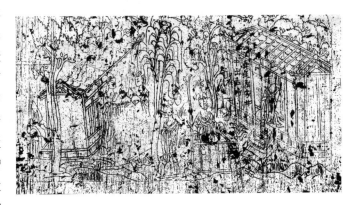

图 2.8　北朝孝子棺线刻画中的人字架

资料来源:陈明达,1987:81

图 2.9　麦积山石窟 015 窟内壁面雕平梁上立叉手以承脊桁

资料来源:傅熹年,2004:136

架的阶段,但终究未走上向桁架衍化的道路。

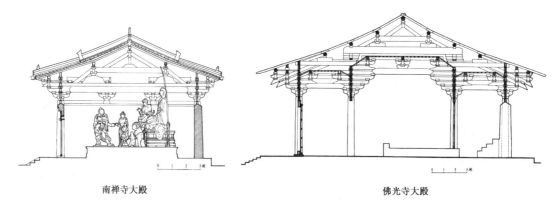

南禅寺大殿　　　　　　　　　　　　佛光寺大殿

图 2.10　唐代南禅寺大殿与佛光寺大殿屋架上段立叉手以承脊桁

资料来源:北京科学出版社主编,1993:120(左)、124(右)

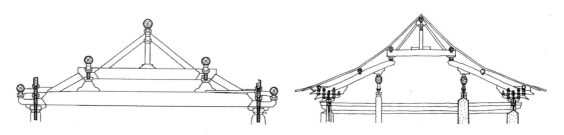

图 2.11　五代平顺龙门寺西配殿屋架　　　　图 2.12　元代洪洞广胜上寺弥陀殿屋架

资料来源:贺大龙,2008:31　　　　　　　　资料来源:北京科学出版社主编,1993:188

　　在日本,传统"和小屋"屋架中的"叉首组"就是人字架的表现(图 2.13)。而在西方,人字架出现得很早,并据以发展出各种不同形式的桁架。

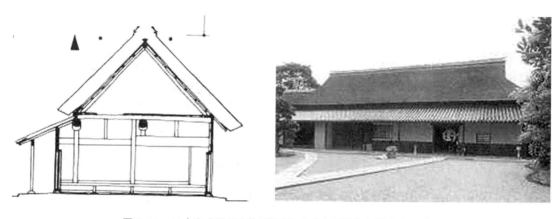

图 2.13　日本和小屋"叉首组"屋架住宅(大阪府大阪市奥田家)

资料来源:平山育男,1994:26

　　(3) 桁架

　　桁架(timber roof truss)是以三角形木框架为单元组合而成的屋架,其主要类型包括三角形人字架(simple)、中柱式桁架(king post truss)、偶柱式桁架(queen post truss)、曲木桁架

(cruck truss)以及悬挑式拱型支撑桁架(hammer-beam truss)等等(表2.2)。

表 2.2　桁架类型

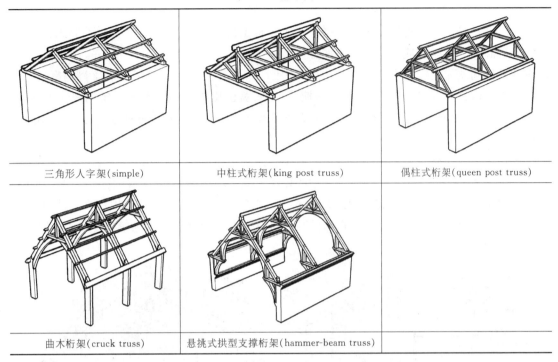

三角形人字架(simple)	中柱式桁架(king post truss)	偶柱式桁架(queen post truss)
曲木桁架(cruck truss)	悬挑式拱型支撑桁架(hammer-beam truss)	

　　在西方,桁架的使用源起于何时已难得知,但在两千多年前希腊、罗马时期的遗址复原研究,与当时所建现今仍留存的建筑遗物中,均得见之。例如:公元前2世纪希腊普莱安(Priene)市的聚会厅(assembly hall)遗址复原方案中(Norwich J J,1984),即以跨度达14米的中柱式桁架(king post truss)作为屋架(图2.14);公元初兴建的罗马万神殿(pantheon)入口门廊,则使用中柱式桁架(king post truss)与偶柱式桁架(queen post truss)结合的屋架(图2.15)。

图 2.14　希腊普莱安市的聚会厅遗址复原方案

图 2.15　罗马万神殿入口门廊屋架

资料来源:John Julius Norwich,1984:147

　　中世纪以后,除中柱式桁架与偶柱式桁架仍继续被沿用外,亦有新桁架形式的出现,曲木桁架、悬挑式拱型支撑桁架等即是其例。其中,悬挑式拱型支撑桁架是在现代材料(如钢、铁、积层材等)开始应用产生新形式现代桁架之前,纯木桁架演变形成的最终形式❶。

2) 桁系统

(1) 柱承桁

"柱承桁"是以立柱直接顶桁承接屋面载重。根据柱网安排的不同,计有两种形式:一是柱网纵向(面阔方向)排列成线,横向(进深方向)不一定成线,其乃柱承桁较原始的作法;二是柱网纵向及横向均排列成线者。后者作法构成中国建筑"间"的单元。"间"在施工性与抵抗水平力的能力上较好,在中国仰韶文化半坡后期遗址中,就已出现柱洞位置纵横排列成线的案例。学者杨鸿勋称"它标志中国以间架为单元的'墙倒屋不塌'的古典木构框架体系已趋形成"。(杨鸿勋,1984:12)。

依柱之落地或架于水平梁(或挑梁)上,有不同的柱承桁屋架形式变化。日本传统"小屋组"是前后柱间之承桁柱立在横梁上,均不落地的作法,此不落地短柱称为"立束"(图2.16)。中国四川凉山彝族所使用之称为"栱架"及"桁架"的屋架,则是以立在挑梁上的不落地柱来支撑屋桁(图2.17)。出现不落地柱的初始动机应在借由减少室内落柱,以增加空间的通畅与使用的灵活性。

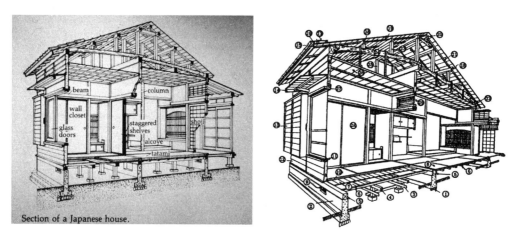

图 2.16　日本传统"小屋组"屋架

资料来源:http://arch-tour.blogspot.tw/2009/03/building-construction.html(左)吴卓夫、叶基栋,1978:270(右)

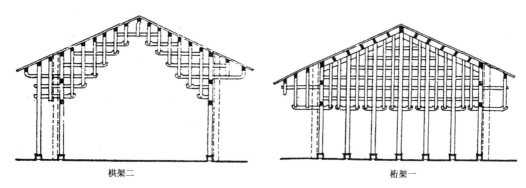

图 2.17　中国四川凉山彝族的"栱架"及"桁架"

资料来源:陈明达,1987:73

---

❶　参 http://www.builderbill-diy-help.com/hammer-beam-truss.html。

（2）穿斗式

"穿斗式"又称为"立帖架"，是柱承桁且柱网排列成线的一种构架类型。每根桁木下均以柱子承托，柱与柱间则用穿过柱身的穿枋相连系，组成单元缝架，缝架再以桁木及梁枋相连。依柱落地与否、不落地短柱所立的位置以及穿枋穿过柱的数目与层数的变化，"穿斗式"有着多样丰富的面貌（图2.18）。

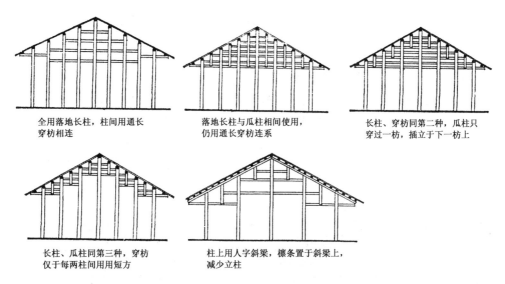

全用落地长柱，柱间用通长   落地长柱与瓜柱相间使用，   长柱、穿枋同第二种，瓜柱只
穿枋相连   仍用通长穿枋连系   穿过一枋，插立于下一枋上

长柱、瓜柱同第三种，穿枋   柱上用人字斜梁，檩条置于斜梁上，
仅于每两柱间用用短方   减少立柱

图2.18 各种类型穿斗式构架

资料来源：陈明达，1987：69

在中国，穿斗式出现甚早，其系经巢居、栅居、半干阑、早期穿斗式的过程发展而来（刘杰，2009：42），最终成为南方传统木构文化的发展主流。在广东广州出土的东汉汉墓建筑形象的明器中所出现的中柱顶桁，立柱由穿枋相连，山面中柱与边柱以穿枋连接，即是穿斗构架的特征（图2.19）。穿斗式作为南方传统木构文化的发展主流，在南北建筑文化交流过程中，其不仅吸收北方抬梁之层叠构架的诸多特色（例：前述汉墓明器山面的叠木承桁与柱头两端出替木的作法），其特征也被北方吸收，在南方与北方产生出兼具穿斗式与抬梁式特色的构架，汉墓明器屋架即是二者相互影响的实例。

图2.19 广东广州出土的东汉汉墓明器

资料来源：潘谷西，1994：191

（3）抬梁式

"抬梁式"又称为"梁柱式"，是以梁承桁、以柱或铺作承梁的构架形式。其屋架作法是沿建筑进深方向叠架数层梁，梁逐层缩短，层梁间架短柱或垫木块，脊桁立于最上层梁中央的蜀柱上，其余桁木架在各层梁两端，最下层的梁则置于柱顶或柱网上的水平铺作层。依照柱网、叠梁层数以及层梁间架短柱或垫木块的作法之不同，抬梁式有着多样富变化的形貌。抬梁式是中国北方木构文化的发展主流，其产生的年代，根据学者的推测，最晚至东汉，抬梁结构即已具规模(杨鸿勋，1984:275)，四川成都东汉画像砖中已描绘出当时抬梁式屋架的具体形象(图2.20)。

除中国外，位于印度尼西亚之尼亚斯岛上的住屋，亦出现与抬梁式极为近似的屋架构成。其作法是沿建筑进深方向叠架数层梁，层梁间架以短柱，惟短柱不似抬梁式屋架顶住上层梁两端，其在上层梁中段亦顶有多根柱子，且各层梁叠组屋架与屋架间，除以桁木及梁枋连接外，亦添加交叉斜木连接，这是抬梁式所没有的。因此，在对纵向水平力的抵抗上，遂有较佳的表现。此外，由于梁下安排多根短柱或板壁协助支撑，故相对于中国的抬梁式而言，其梁的断面遂较小(图2.21)。

图2.20　四川东汉画像砖刻画的抬梁构架

资料来源:潘谷西，1994:192

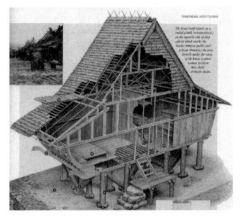

图2.21　印度尼西亚尼亚斯岛住屋中
类似抬梁的屋架

资料来源:Gunawan Tjahjono，1998:31

（4）插梁式

"插梁式"是沿建筑进深方向叠架数层梁，梁的一端或两端插在落地柱或梁上短柱上，桁木直接置于柱头上的屋架形式(图2.22)。就形式来说，其以柱承桁，短柱骑在穿梁上，两侧山墙屋架常以落地中柱直接顶桁，是穿斗式的作法。但在力的传递上，其以梁承重，传递应力，则是抬梁式的表现。且就施工程序来说，其由下而上分件组装的方式，又与抬梁式相似，可谓兼具抬梁式与穿斗式两种构架特点。而由现存使用插梁式实例的年代均晚于抬梁式与穿斗式来看，其应是源于两者相互交流影响下的结果。

（5）组合式

组合式是由不同木构系统组合成人字顶屋架的形式。其中，大叉手、人字架与柱承桁之承脊柱的组合式，是出现时间甚早且被广泛使用的组合式屋架。依进深方向横向系梁的有无与承脊柱是否落地分类，大叉手与承脊柱之组合式屋架有三种类型(表2.3)。一为无

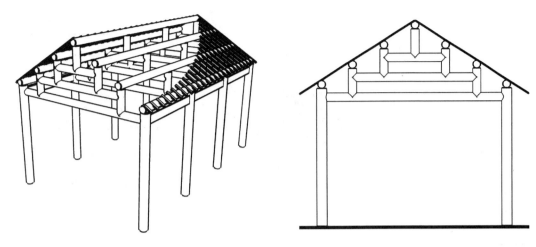

图 2.22　插梁式

进深方向横向系梁之屋架,此类型对横向水平力的抵抗不佳,故一般使用于跨距较小的次
要建筑中;二为有横向系梁者,系梁有加在叉手上或下方柱头之间两种不同的作法,实例如
云南佤族的干阑住屋;三为承脊柱不落地,成为梁上蜀柱,实例如日本"栋束"与"叉首"并用
的小屋组屋架形式。人字架与承脊柱之组合式屋架则可分为承脊柱落地或不落地两种类
型(表 2.4)。

表 2.3　大叉手与承脊柱的组合式屋架

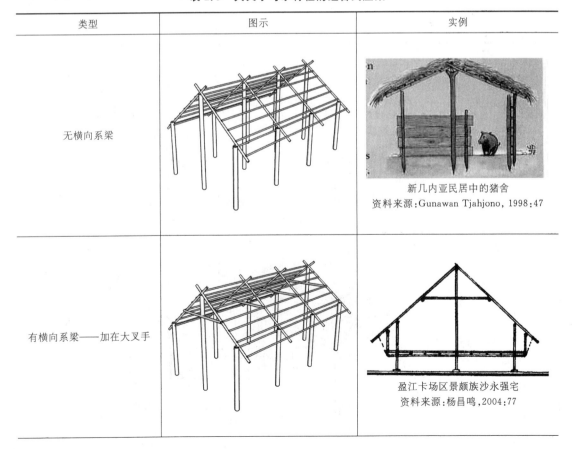

类型	图示	实例
无横向系梁		新几内亚民居中的猪舍 资料来源:Gunawan Tjahjono, 1998:47
有横向系梁——加在大叉手		盈江卡场区景颇族沙永强宅 资料来源:杨昌鸣,2004:77

类型	图示	实例
有横向系梁——加在柱头	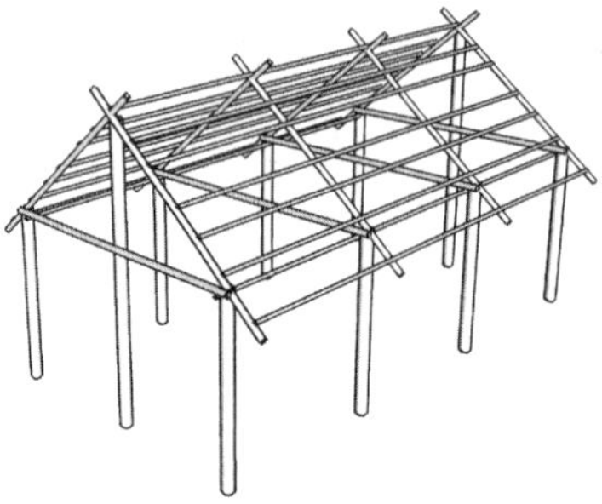	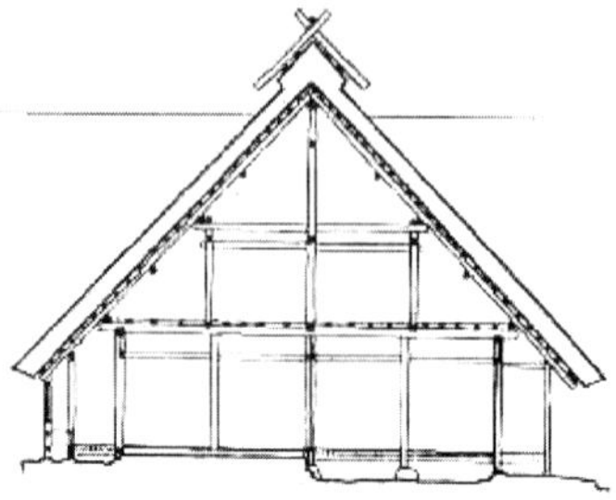 日本京都府北桑田市石田家 资料来源：平山育男，1994：18
承脊为蜀柱	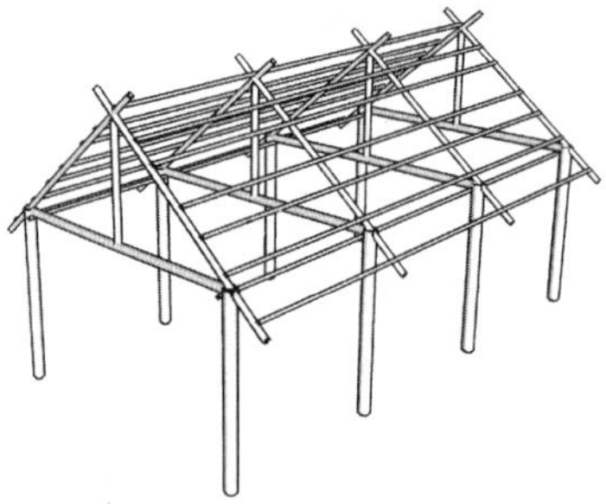	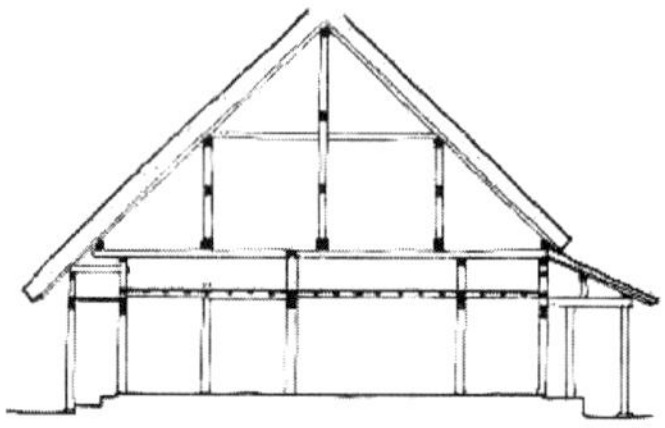 日本奈良县添上郡堀家 资料来源：平山育男，1994：9

表 2.4　人字架与承脊柱之组合式

类型	实例	图示
承脊柱落地	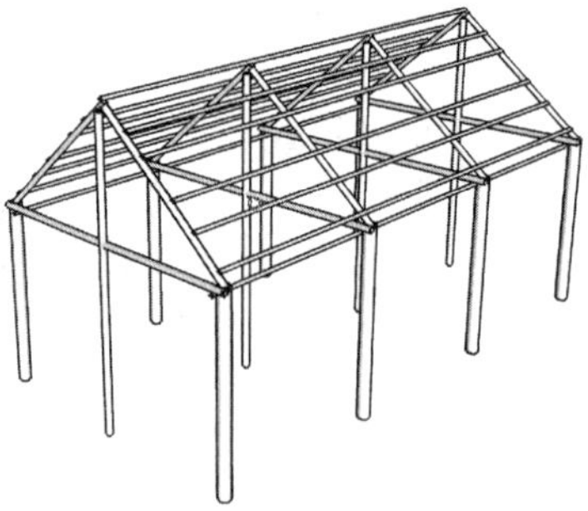	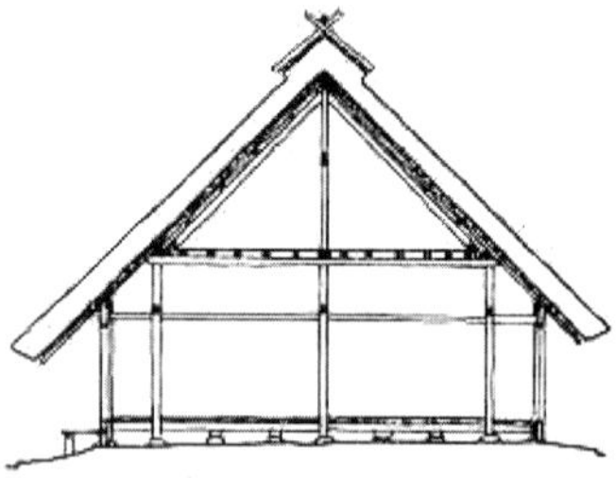 日本兵库县穴栗郡古井家 资料来源：平山育男，1994：8
承脊柱不落地		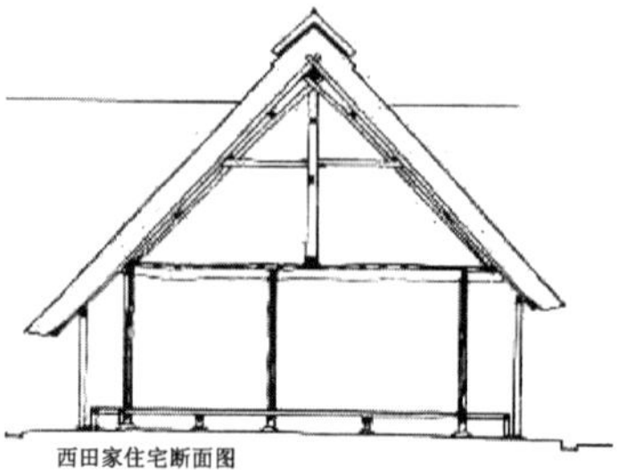 西田家住宅断面图 日本奈良县吉野郡西田家 资料来源：平山育男，1994：10

2.1.2　两山与披檐

歇山顶主构架构成前后坡与披檐之关系,在外观上有两种作法:一为两者相连续,绝大多数传统歇山顶案例均为此作法;二为两者不连续,在高度上有落差,形成人字顶在上,披檐在下的两段式外观。在中国与日本目前出土的最早期的歇山顶文物都是两段式屋面,中国四川成都牧马山出土的东汉明器(图2.23)、日本法隆寺所藏飞鸟时期(7世纪)的玉虫厨子(图2.24)即是其例。此现象为梁思成等学者所注意,并将其视为"歇山顶是源于悬山加披檐"的最佳例证。日本称此种歇山顶为"锬屋根"❶,是歇山顶(日本称"入母屋根")早期的形态。

图2.23　四川成都牧马山崖墓出土的东汉明器
资料来源:潘谷西,1994:194

图2.24　日本法隆寺所藏之飞鸟时期的玉虫厨子
资料来源:法隆寺,1998:120

然两段式屋面是否真为歇山顶最原始的形貌?就年代而言,在中原地区歇山顶案例最早仅可推至东汉,此时诸多地区(例如日本三内丸山遗址复原)可能已有歇山顶的出现。且上述两案例均有斗栱,反映其与层叠架构系统地区有较密切的关系,不能以它来概括非层叠架构,特别是穿斗式流行的南方地区,而此区域正是歇山顶主要源起与广泛流行的地区。那为何层叠架构系统地区会出现此形式?若以案例的年代东汉与南北朝时期来看,当时北方建筑正流行屋面向上反翘的"反宇"作法,两段式屋面歇山顶,不仅可使屋面瓦平顺铺排,避免转折处因铺排不顺造成漏水,同时可在出檐处作较大的"反宇"表现,以迎入更多阳光,并使雨水排流能远离建物屋身,减少对基础的冲刷。这种作法由于有诸多优点,至今仍流行在马来西亚、泰国等地的传统建筑之中。因此,此种屋面或许可视为源于对"反宇"追求的结果,不必然就是歇山顶初现时的原始形貌。

人字顶加披檐构成歇山顶的作法有二:一为仅人字顶之两山出披,即所谓"厦两头"(图2.25);二为建筑四周均加披(图2.26)。就构架关系来说,大叉手、人字架及桁架,出披檐方式是在交叉斜梁间添加水平系梁,以出挑或增加立柱作为披檐斜梁两端架设点。而柱承桁、穿斗式、抬梁式、插梁式等,出披檐方式则是出挑或落柱架桁梁,与支撑屋面的桁木相搭,供架设披

---

❶　因此屋顶的四坡顶部分状似日本武士头盔下方护颈盔甲"锬",故称之。

檐斜梁或橡木。

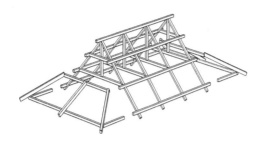

图 2.25   "厦两头"为两山面出披檐

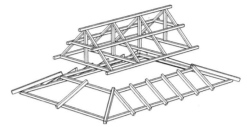

图 2.26   本体四周加披檐

两山面以斜梁承披檐屋面多见于大叉手、人字架以及桁架构架类型,承披檐斜梁常与主屋面斜率不同,借以形成"反宇"。具体案例如马来西亚传统民宅(图 2.27)。架桁承披檐屋面多用于柱承桁、穿斗式、抬梁式、插梁式等类型构架,其可利用承桁柱的高低,调整桁的位置,借以形成符合排水与美观的曲面屋顶,构成中国传统建筑优美的屋顶曲面所用的"举折"、"举架",即是典型的实例(图 2.28)(表 2.5)。而四川成都牧马山崖墓出土的东汉明器,其两段式屋面的作法,以及在正面斗顶突出斜梁头,反映出使用大叉手(或人字架)作为屋架的可能性极高。此除符合构架类型的结构逻辑外,也点出两段式屋面式微的原因或与中国传统构架中桁系统逐渐取代斜梁系统成为抬梁式构架有关。

图 2.27   马来西亚传统住屋

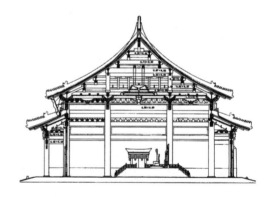

图 2.28   中国传统建筑中优美的屋顶曲面

资料来源:北京科学出版社,1993:217

表 2.5   各种不同类型的歇山顶构架

类型	人 字 顶	厦 两 头	四 周 加 披
大叉手			
		斜梁承屋面	斜梁承屋面

类型	人 字 顶	厦 两 头	四 周 加 披
大叉手	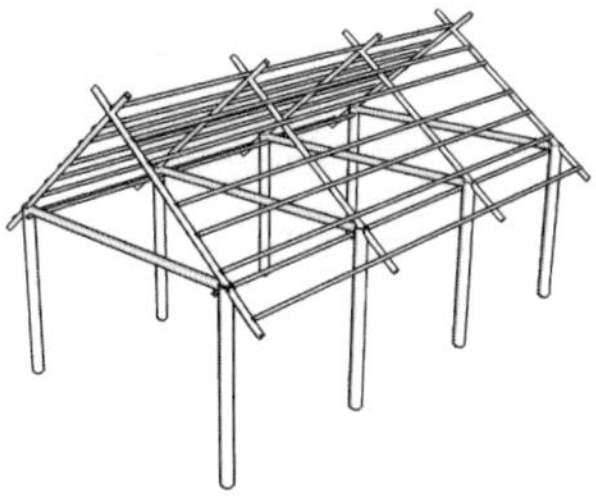	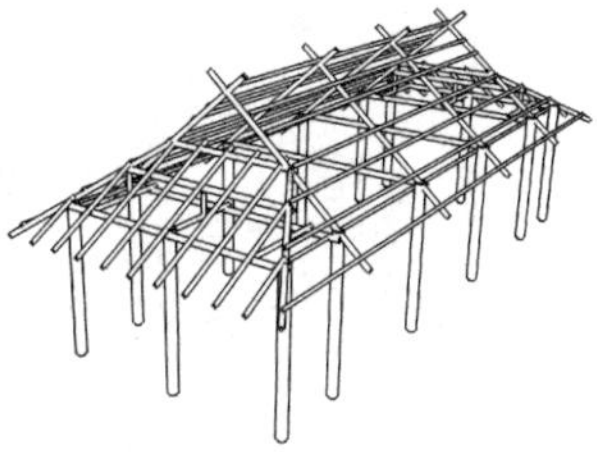	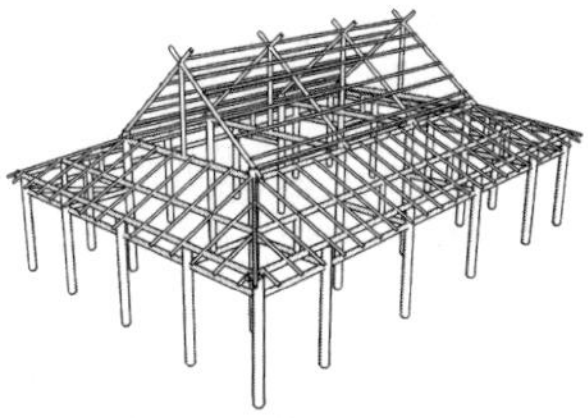
		以桁及椽木承屋面	以桁及椽木承屋面
人字架		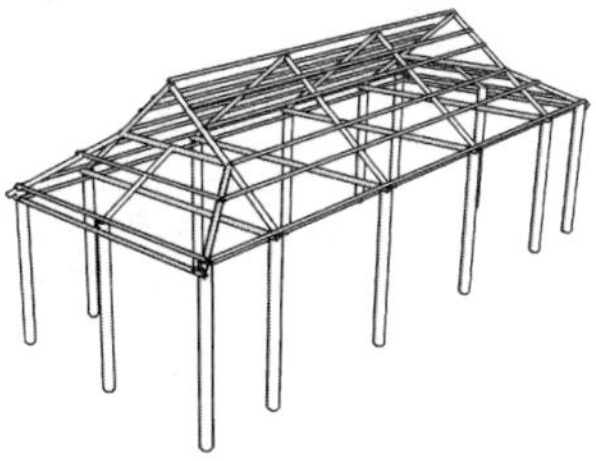	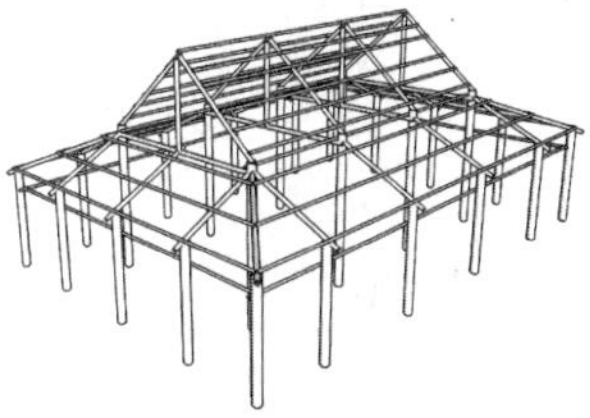
		斜梁承屋面	斜梁承屋面
		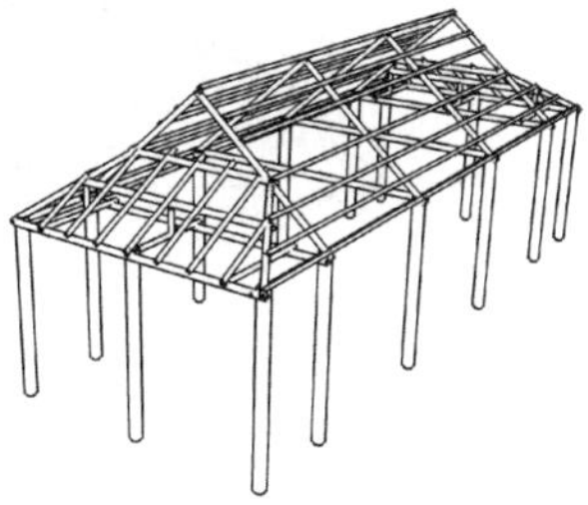	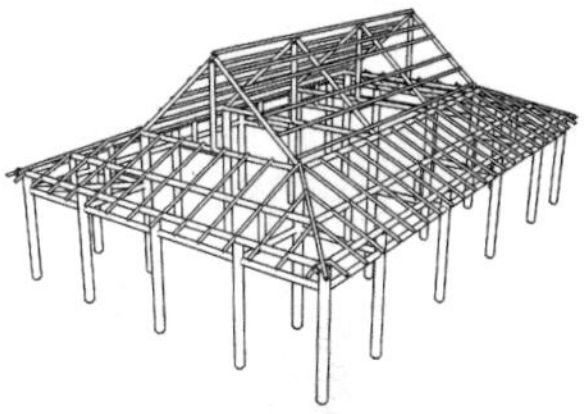
		以桁及椽木承屋面	以桁及椽木承屋面
桁架	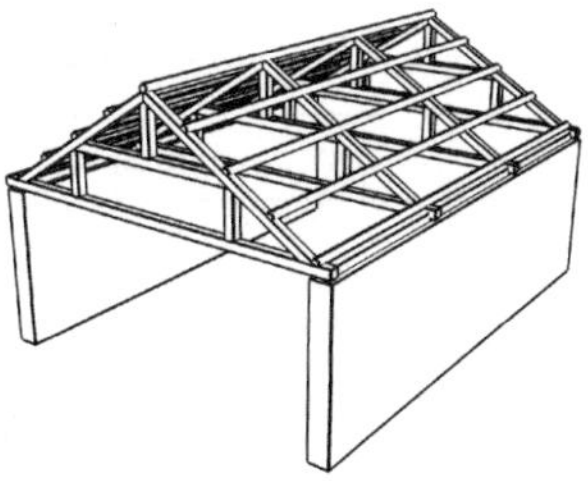	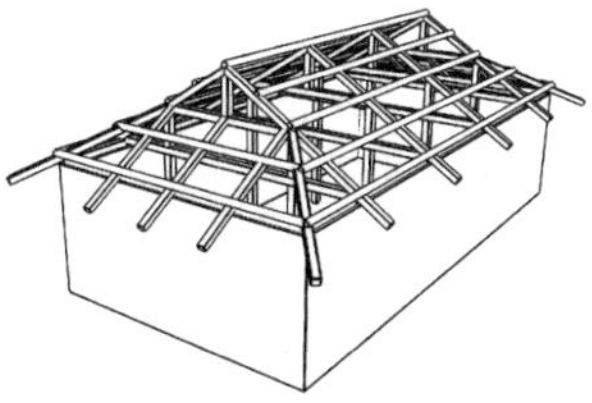	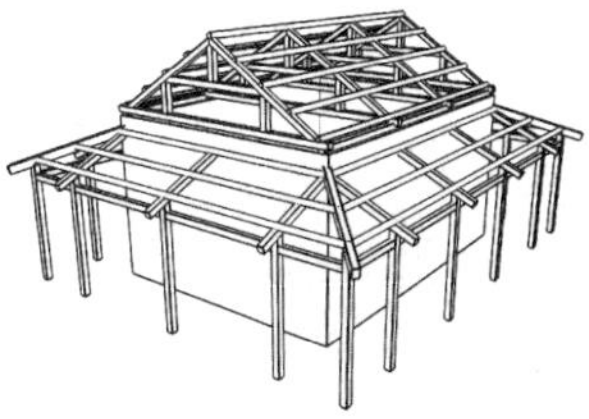
		斜梁承屋面	斜梁承屋面
		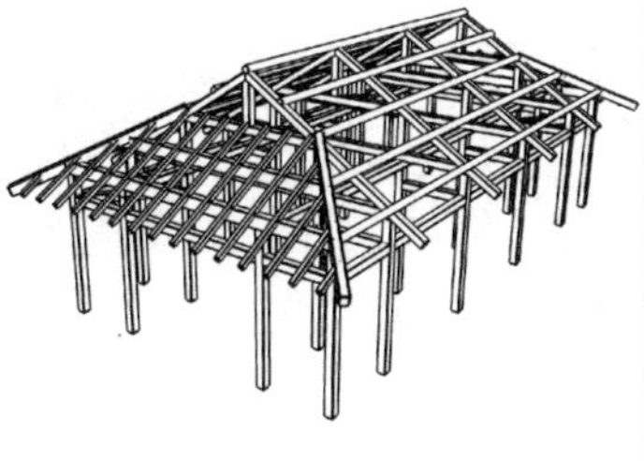	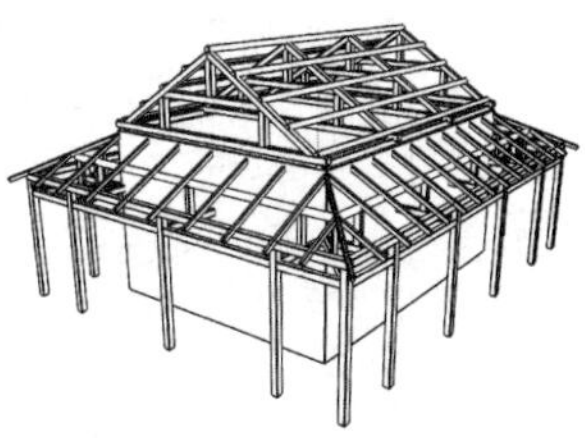
		以桁及椽木承屋面	以桁及椽木承屋面

类型	人 字 顶	厦 两 头	四 周 加 披
柱承桁		斜梁承屋面 以桁及椽木承屋面	斜梁承屋面 以桁及椽木承屋面
穿斗式		斜梁承屋面 以桁及椽木承屋面	斜梁承屋面 以桁及椽木承屋面
抬梁式		尚未有案例 斜梁承屋面 以桁及椽木承屋面	尚未有案例 斜梁承屋面 以桁及椽木承屋面

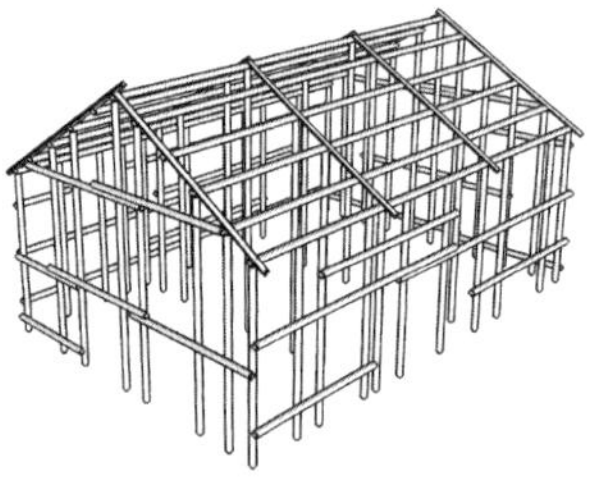

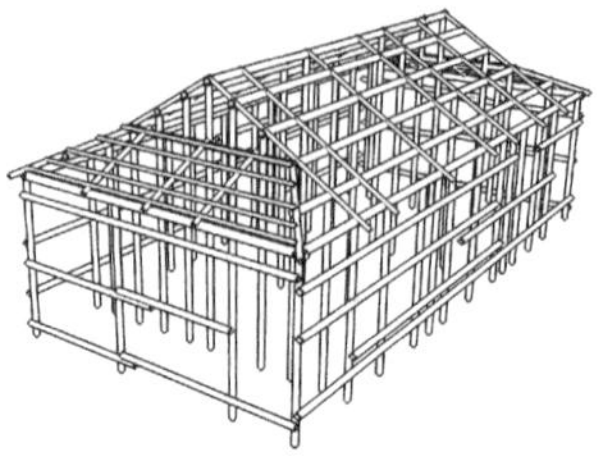

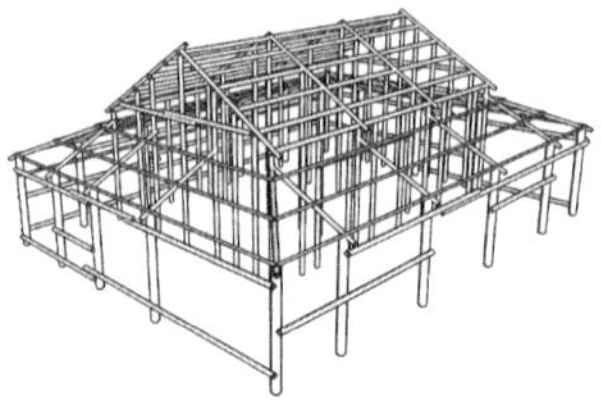

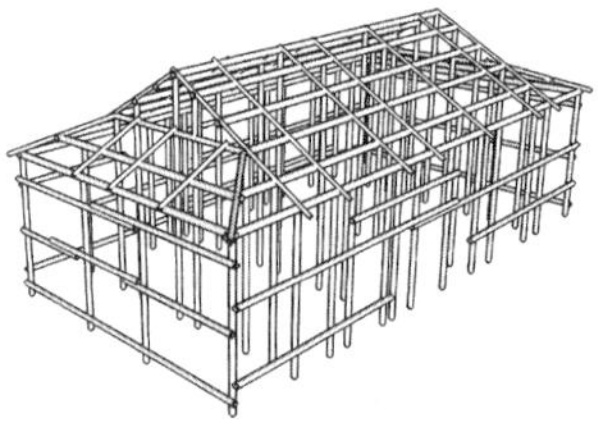

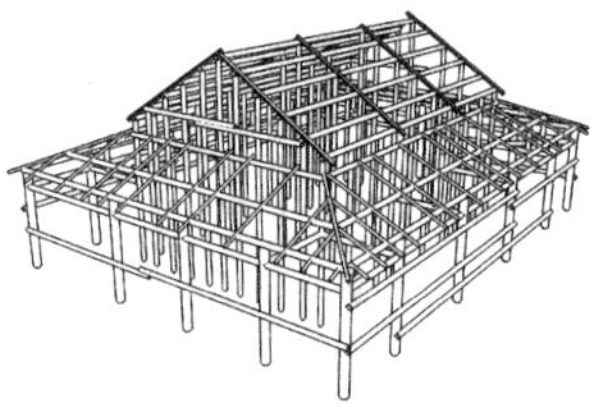

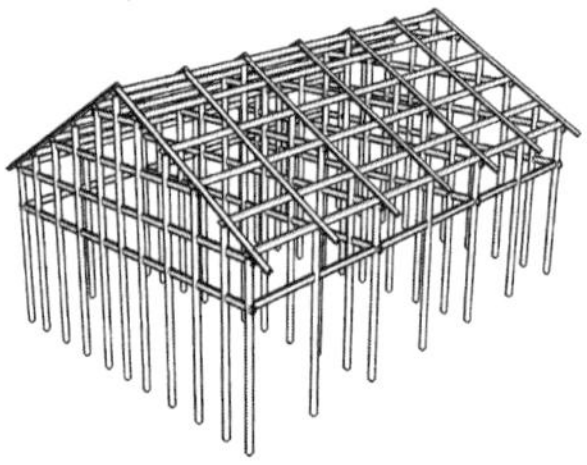

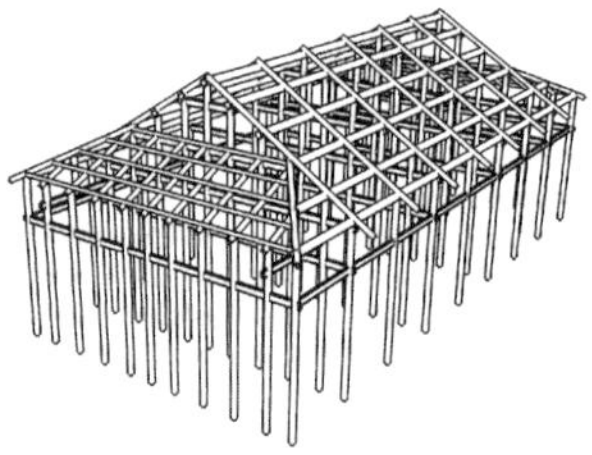

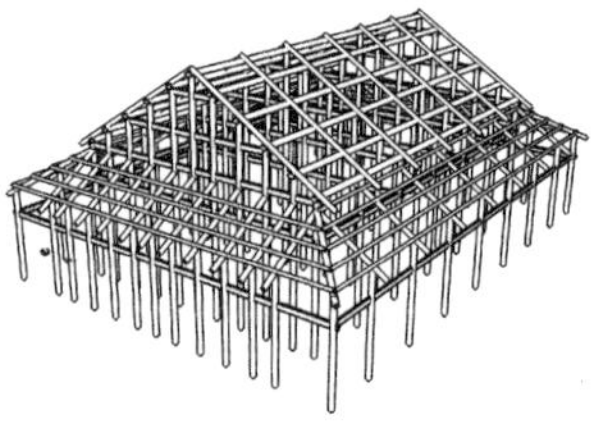

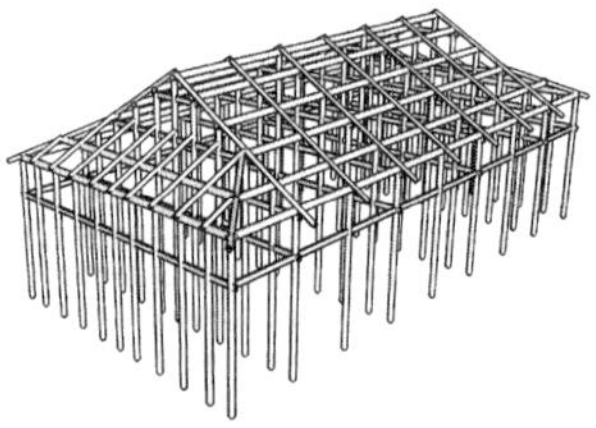

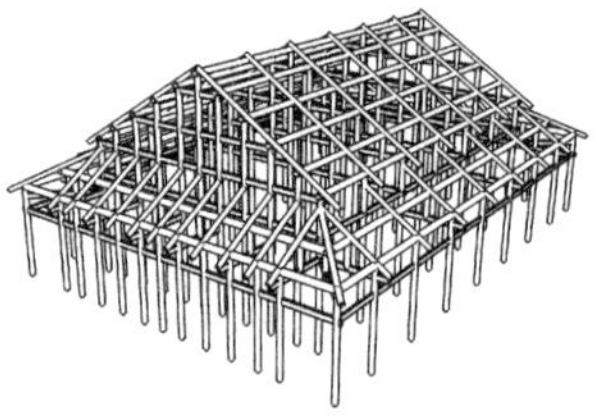

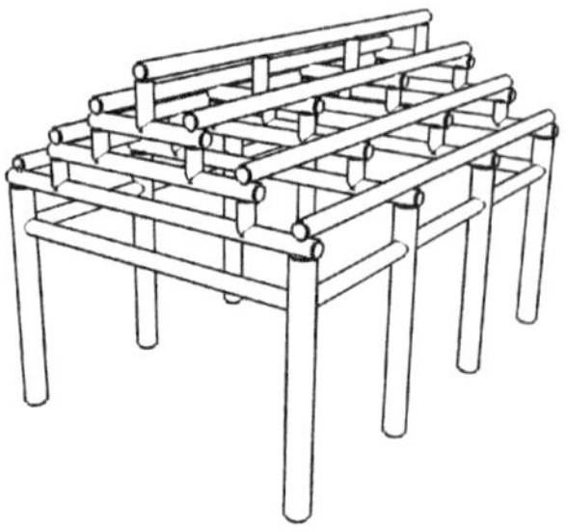

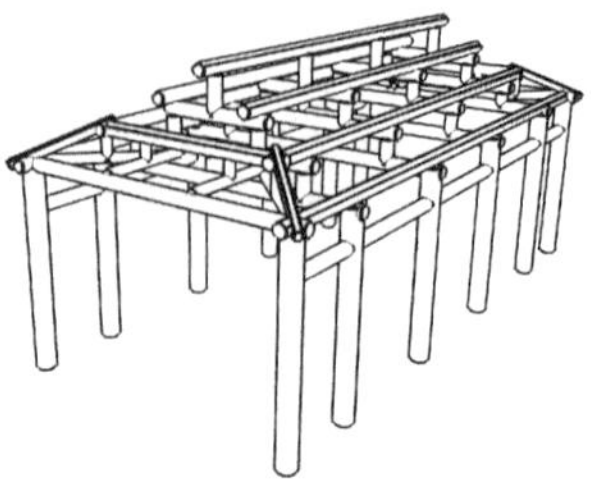

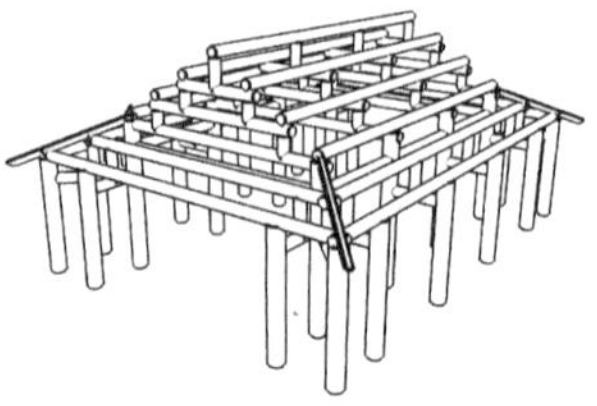

续表 2.5

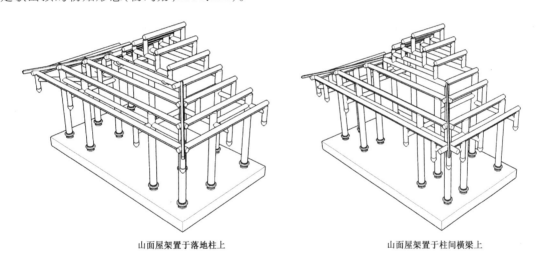

类型	人 字 顶	厦 两 头	四 周 加 披
插梁式		无案例	无案例
		斜梁承屋面	斜梁承屋面
		以桁及椽木承屋面	以桁及椽木承屋面

　　山面屋架的位置或立在落地柱上,或向内移立在柱与柱间纵向横梁上(图 2.29)。后者产生的原因是借由山面位置的调整,以控制中脊与转角角脊长的适当比例,并使山面披檐的椽木或斜梁有足够支撑长度。就结构逻辑与出土的考古遗物来看,山面屋架立在落地柱作法较早,是歇山顶的初始形态(杨鸿勋,1984:220)。

山面屋架置于落地柱上　　　　　　　　　　山面屋架置于柱间横梁上

图 2.29　歇山顶山面屋架的安置方式

　　在中国,内移的山面屋架以架在纵向柱列之间连系横梁上为主,早期亦有架在由内柱伸出至檐墙的丁栿作法。此纵向柱列之间连系横梁,在清代,因应其与主屋架横梁搭接位置与作法的不同而有"顺梁"及"趴梁"两种类型(图 2.30)。"顺梁"是外一端作梁头,落在山面檐柱的柱头上,梁头上承接山面檐桁,内一端作榫交在金柱上。"趴梁"是外端头扣在山面檐桁上,梁底略平于山面檐桁的立面中线,内一端作燕尾榫与金柱柱头结合(马炳坚,2003:32-33)。在日本,此纵向横梁称为"中引",其外一端作法与"趴梁"作法相同,是搭在山面"檐桁"(即"轩桁")上,内一端则架在小屋梁上。此外,有极少数案例是架在转角的"斜角梁"(即"递角梁")上,实例如唐代南禅寺大殿。此或反映出北方在歇山顶山面内推之作法上的尝试,其后则普遍架在丁栿或乳栿之上。

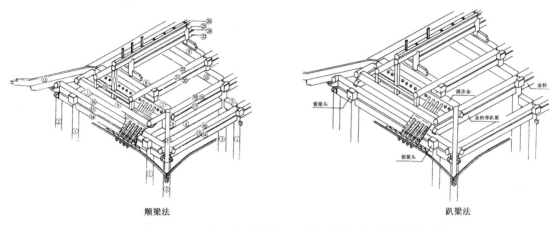

顺梁法　　　　　　　　　　　　　　　　　　　趴梁法

图2.30　山面屋架置于柱间横梁上两种作法:"顺梁法"及"趴梁法"

资料来源:马炳坚,2003:32(左)、33(右)

2.1.3　转角

不论是何种架构类型,歇山顶披檐转角处,均设有45度方向的斜梁,以承接两向屋面重量。大叉手、人字架、桁架的45度方向的斜梁一端或架在水平系梁上,或搭于斜梁上,或插在柱上,另一端则由柱或壁体支撑。柱承桁、穿斗架、抬梁架、插梁架的45度方向的斜梁,或置于桁木上,或插于柱上。置于桁木上之作法,其角梁尾端与桁木位置的关系有四种:一为角梁尾端置于桁木上,以榫与桁木扣接;二为角梁尾端由置于桁木上再向后延伸,抵接或插榫接上一架桁木上;三为角梁尾端压在桁木下方;四为角梁尾端远低于桁木的位置(表2.6)。

表2.6　角梁尾端与桁木位置的相对关系

角梁尾端置于桁木上	角梁尾端与桁木等高	角梁尾端压在桁木下	角梁尾端远低于桁木

在中国传统木构建筑中,角梁又有老角梁与子角梁之分,因而在转角角梁的作法上更为多样。在北方清式建筑角梁作法有"压金"、"插金"、"扣金"三种(马炳坚,2003:190):"压金"是角梁尾端压在桁木上(表2.6所示第一种);"插金"是将角梁插在柱上,其使用于重檐建筑下檐;"扣金"是于角梁上加一层子角梁,角梁由桁木压住,其上的子角梁则扣住桁木(表2.6所示第三种)。另外,中国北方元代以后出现之"虚柱法",则是将角梁尾端插在由桁木垂下的吊柱上(表2.6所示第四种)。

在日本特有之"两重式屋顶"的传统中,角梁尾端远低于桁木的第四种作法,经常得见于传统寺院建筑之歇山顶。在飞鸟时期(592—710年),日本透过朝鲜的百济,就已间接与中国建筑文化有所接触。到了奈良时期(710—794年),日本大力唐化,派遣唐使至中国,除学习当时各种典章制度外,隋唐时期的建筑技术与风格亦在工匠与僧侣的交流过程中,被带到日本,对当时与后来的建筑产生极大的影响。然在屋顶坡度的问题上,中国华北地区干冷气候条件下所发展出之"茸屋三分,瓦屋三分"之传统屋坡法则,对多雨与多雪的日本来说,并不适合。故而从平安时期(794—1184 年)中叶以后,日本便逐渐发展出"两重式屋顶"的传统。所谓"两重式屋顶"系指一重是外观看到的屋顶,坡度较陡,借以加速屋面雨雪的排除,减少漏水问题,并增加立面雄伟的效果。一重是室内看到的屋顶,坡度较外观为缓,借此以避免屋架与屋盖过高的比例,影响观瞻(图 2.31)。两重屋顶之间设有斜梁,称为"桔木"及"角梁"(又称"隅梁"),其作为由立柱及桁构成的上层屋顶(日本称为"野屋顶")之主要支撑(图 2.32),外观所见之屋顶坡度与屋面曲线的变化,是透过立在桔木及角梁上,支撑屋面桁木之立柱的高低变化来达到。桔木及角梁下方置以天花,作为室内所看到的屋顶面。因此,在两重屋顶的作法下,日本角梁(隅木、隅桔木)便出现尾端远低于屋面桁木("野母屋")的情形。

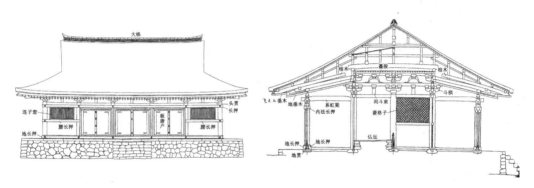

图 2.31　日本平安时代后期醍醐寺药师堂之立面及横剖图

资料来源:鹩功,1993:118

桔木　　　　　　　　　　　　隅梁

图 2.32　桔木及隅梁

资料来源:http://www.kuonji.jp/kuonji/50-10/pdf/08.pdf#search='桔木'(左)

2.2　桁架歇山顶的讨论

西方屋架系以桁架为传统,在其发展过程中,产生之屋顶形式主要有人字顶(gable roof)、四注顶(hip roof)、攒尖顶(pavilion roof)、半四坡顶(half hip roof)、马萨顶(mansard roof)、舵形顶(helm roof)、多角形屋顶(polygonal roof)等类型(表2.7),在现存传统案例中,极少出现歇山顶者。一直到近代,才有被称为"小山墙顶"(gablet roof),又称为荷式山墙(douch gable)❶,外观与歇山顶相同的屋顶之出现。这种屋顶被视为"现代风格屋顶"(a modern style roof)❷,而非传统屋顶形式。根据维基百科对"小山墙顶"(gablet roof)之描述为:"外观是在四注顶(hip roof)两端上方设置小山墙。此屋顶若在同一屋高上与两坡式屋顶相比,因两山面的降低而减少了阁楼空间可使用的面积,但其向建筑四周的出檐,在夏天,出檐形成的阴影可降低墙面的温度,在雨天,出檐所形成的披覆除可阻挡雨水对墙体的泼溅,也可避免基础附近地面因潮湿产生过大湿度,引来白蚁的危害。故而,成为夏天长、冬天温暖、湿度高的地中海气候区适用的屋顶形式"❸。

表 2.7　西方桁架形成的屋顶类型

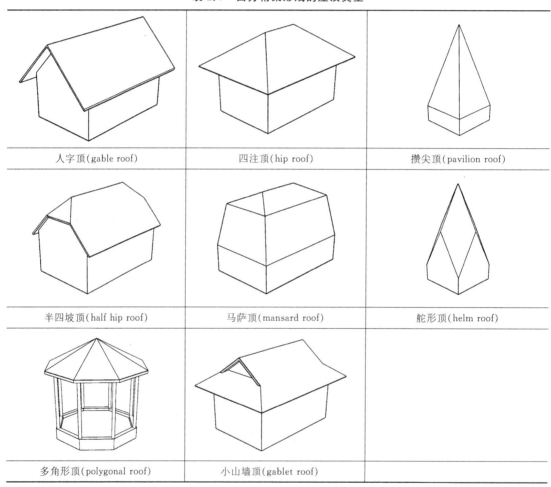

人字顶(gable roof)	四注顶(hip roof)	攒尖顶(pavilion roof)
半四坡顶(half hip roof)	马萨顶(mansard roof)	舵形顶(helm roof)
多角形顶(polygonal roof)	小山墙顶(gablet roof)	

　　为何在西方桁架屋架传统下,歇山顶一直到近代才见使用。其可能原因推测有四:一为西方建筑山墙面美学的传统。从希腊建筑开始,矩形平面斜顶建筑便一直以山墙(gable)侧作为

---

❶　根据维基百科所述:"小山墙顶"(gablet roof)是英国对此种屋顶的称谓,荷式山墙(douch gable)则是北美或澳洲的称谓。而荷式山墙(douch gable)亦指在山墙加阳台或栏杆之建筑形式的名称。

❷　参 http://www.builderbill-diy-help.com/dutch-gable.html

❸　翻译自维基百科 http://en.wikipedia.org/wiki/gablet roof.

入口,为了凸显入口的意象,山墙面上除有突出于外的三角形檐口线脚的表现外,山面内并以雕刻、泥塑或彩绘等手法装饰之。举例言之,希腊、罗马的长方形神庙,入口上方山面内置以希腊与罗马诸神的雕像以装饰之;中世纪仿罗马与哥特教堂,长方形巴西里卡式正面山墙上,以拱圈、雕像、玫瑰窗、马赛克等手法,增加立面的丰富性;文艺复兴与巴洛克的宫殿中,入口上方山墙置以花草人物雕像、勋章饰等装饰,借以增加建筑的庄严性,存在着强调山面装饰凸显入口的传统。而歇山顶在山面处有披檐,会影响山面的装饰表现,故而不被以山墙面为建筑外观表现主体的西方建筑所重用。

二为西方以砖石构造为主流的传统。在东方,建筑主要构材为木料及土料,特别是土料,极易遭雨水的泼溅而损坏。歇山顶四面出挑的屋檐,对于壁面及墙基提供极佳的保护,故而东方建筑常有较宽广的出檐,高层建筑也分段设有屋檐保护,呈现多层屋檐的外观。甚至一些多雨地区的少数民族建筑,歇山顶仍保持着早期檐口极为低矮的作法,以对壁体提供更大的保护。西方在半穴居时期虽曾经短暂出现木构歇山顶形式,但很早就进入了砖石构造的主流,即便是歇山顶容易生存之温暖多湿的地中海气候区的希腊、罗马等,其建筑墙体很早就舍弃木构架,而改以砖石叠砌或保护(例:罗马建筑三合土壁体外嵌以石或砖护面以保护之)。由于砖石的抗水性高,故而对建筑四周进行出檐披护的需求不高,故而无论是低层或高层建筑,其或出檐甚小,或甚至不出檐,歇山顶因此遂无用武之地。

三为中欧地区虽曾有木桁架建筑的传统,但歇山顶两山处较低缓的屋顶,会影响阁楼空间使用的面积。

四为结构上的因素,以西方桁架系统建构歇山顶屋架,在山面披檐的角梁及斜梁,以及支撑二者的水平系梁上,均发生"梁承重"的结构行为,而非桁架系统所追求的构件单纯仅受轴力行为的理想。而以人字顶(gable roof)或四坡顶(hip roof)屋架形式构件大抵均为受轴力的结构行为来说,面对沉重的雪载重,歇山顶桁架屋架两山水平系梁与斜梁构件的结构行为复杂难测,遂成为其较少被使用的原因。

"小山墙顶"(gablet roof)这种与西方传统有异的现代风格屋顶产生的时间,是在东西文化密切交流以后,而其产生之前,歇山顶已是东亚地区的主流屋顶形式。因此,其产生有极高的可能性系受到东亚地区歇山顶的影响。

3　中国古代歇山殿堂大木构架之发展

　　南方穿斗与北方抬梁是中国传统建筑木构架两大主要体系,在长久历史进程中,两者自身的进化与彼此的交流,发展出多样的构架形式,并成就中国传统建筑木构架的独特风貌。对于屋顶外观形式及其衍化来说,虽然形式的变化牵动木构架的调整,但木构架的调整亦成为促使形式加速改变的基石,这段形式与构架的互动,是殿堂大木构架发展研究上的主要课题。

　　针对中国建筑大木构架发展的研究,在诸多前辈学者的著作与专书中,实有充足丰富的讨论,并为未来研究奠定良好基础。其中,对中国木构技术漫长发展与演变历程的讨论,多以分期方式说明之。梁思成在《图像中国建筑史》一书中,将中国建筑木构技术发展阶段概括分为:"孕育并发祥于遥远的史前时期,'发育'于汉代(约在公元开始的时候),成熟并逞其豪劲于唐代(9—11世纪);臻于完美醇和于宋代(11—14世纪);然后于明代初叶(15—19世纪末)开始显出衰老羁直之象"(梁思成,1991:5)。而陈明达在《中国古代木结构建筑技术:战国到北宋》以及其未完成的遗稿《中国古代木结构建筑技术:南宋—明清》中,将木构技术发展划分为战国到西汉末(公元前475年至公元25年)、东汉初至南北朝末(25年至581年)、隋初到北宋末(581年至1127年)、南宋初到元末(1127年至1368年)、明初到鸦片战争(1368年至1840年)五个阶段。文中针对分期准则述明如下:"历史上朝代的改变,常常是社会政治经济大变革的集中表现,当然也带来了文化与科学技术的变革,因此按朝代划分阶段,是基本的方式。然而也有些改朝换代,只不过是统治者的更换,而并没有对社会政治、经济发展起什么变革作用,加以在漫长的封建社会中也曾出现过几次分裂,这时往往几个政权各据一方,在时间上则相互交叉。就文化、科学技术看,往往表现地方性的差异较显著,实质的差别、时代的差别较小。在这种状况下,就不能机械地按朝代划分,必须参照技术发展的实际情况作适当的调整"(陈明达,1987:18)。

　　1999年出版的《中国古代建筑史》❶,是集合当代重要中国建筑史家与学者编撰,其以建筑木构技术发展的阶段性高峰作为断代分卷。第一卷涵盖原始社会、三代、春秋、战国、秦汉,综述原始社会以来诸多文化与文明木构技术的发展,并以技术达阶段性高峰的汉代建筑作为讨论段落点;第二卷涵盖三国、晋十六国、南北朝以及隋唐,综述此阶段木构技术发展,并以总结汉代以来技术发展,技术发展到高峰的唐代建筑作为讨论段落点;第三卷涵盖宋、辽、金,以总结唐代以来木构技术发展,形成规范化、模数化的宋、辽、金建筑为讨论段落点;第四卷涵盖元、明,为自汉唐以后的第三次技术发展高点阶段;第五卷自元明以后向近代建筑过渡之间的清代建筑。

　　陈明达对木构发展的讨论文章与《中国古代建筑史》均将中国木构发展分为五期,唯二者不同处有三:一为陈明达特强调东汉众多出土文物的意义及北宋《营造法式》的刊行,故

---

❶　中国国家自然科学基金委员会与建设部科学技术司联合资助,由建筑工业出版社出版。

分期点落在西汉末与北宋末,《中国古代建筑史》则强调朝代完整性,分期点落在东汉末与南宋末。二为陈明达将明清视为同一风格延续,故两朝代一并讨论,但《中国古代建筑史》强调明代作为建筑发展高峰点,将其与元代合并讨论。三为陈明达由技术发展高峰点之朝代开始讨论,《中国古代建筑史》则大抵以其作为阶段末之讨论点。此两种分期实各有其依据与特色(表 3.1)。

表 3.1　《中国古代木结构建筑技术:战国到北宋》与《中国古代建筑史》分期比较

《中国古代木结构建筑技术:战国到北宋》的分期	分期断代的依据	《中国古代建筑史》的分期	分期断代的依据
战国到西汉末 (公元前 475 年—公元25 年)	西汉承袭战国以来高台建筑土木混构的技术,并在中央集权制主导下,改变工商业的生产关系,为新的技术时代开启奠基	战国到汉末 (475 年—220 年)	东汉木构建筑技术取得突飞猛进的发展,使得土木混构技术朝向纯木构技术发展
东汉初至南北朝末 (25 年—581 年)	魏晋南北朝虽无突出的改革,但其为下一阶段的技术高潮累积能量之酝酿期	三国到五代 (220 年—960 年)	隋唐为木构技术发展的第二次高潮。使用斗栱的巧妙结构方法,在初唐与盛唐时取得飞跃的发展
隋初到北宋末 (581 年—1127 年)	北宋元符三年(公元 1100 年)《营造法式》总结了隋唐以来木构技术发展高潮,又推动南宋进入技术发展新阶段	宋、辽、金 (960 年—1279 年)	宋、辽、金的建筑在隋唐建筑基础上进一步规范化、模数化与成熟。同时,由于南北文化的密切交流,南北方原有木构传统开始产生质变,带来更多规模更大的纯木构建筑
南宋初到元末 (1127 年—1368 年)	元代为新的结构形式的探索期,殿堂构架产生巨大的变化,朝向新的方向发展,但尚未定型	元、明 (1279 年—1644 年)	明代建筑是木构技术为第三次发展高潮,以简化但更有效率的木构架方式营建,砖材的大量应用,减小出檐,斗栱也开始走向装饰化的表现
明初至鸦片战争 (1368 年—1840 年)	明代在木构技术上的发展,在16世纪以后,便出现逐渐停滞状况,仅在装饰表现上有更多进展。鸦片战争后,在西方文化的强势入侵下,木构建筑逐渐没落	清代至近代建筑 (1644 年—1840 年)	清代在建筑上承袭明代,建筑形式或木构技术上,只是保持着原来的状况,极少新的改进,仅装饰表现上有更多进展。鸦片战争后,西方文化的强势入侵下,木构建筑遂逐渐没落

　　本书针对歇山殿堂大木构架及歇山顶特色发展的讨论,主要参照《中国古代建筑史》的分期,由技术酝酿转变到发展高峰的历程作为阶段分期。惟五代时期的案例中,歇山转角出现很大的变化,并为后世南北不同表现奠定基础,故将其纳入宋、辽、金阶段作讨论。因此,文中分战国到汉代、三国到隋唐、五代与宋辽金、元明、清代等五个时期,关注于木构技术发展与歇山顶形式的衍化。行文上,先概述该时期木构技术发展的整体轮廓与时代特征,再进一步探讨歇山顶殿堂的发展与构架特色。

3.1　战国到汉代(公元前 475 年至公元 220 年)

3.1.1　木构技术的时代特征

1)从土木混构向独立木结构过渡

有关战国到秦的建筑形象之研究,由于缺乏建筑实物的留存,素材焦点主要集中在一些出土的建筑遗址之考古发现(例如:战国中山王陵遗址、秦咸阳宫遗址),以及当时制作之铜器上所刻划与塑造的建筑形貌。此时期最具特色的建筑莫若高台建筑。根据考古研究,高台建筑结构方式系透过垒土,将若干单体建筑聚合组织在一个夯土台上,以取得较大体量,为了解决中心部分的结构及通风采光问题,将夯土台构筑成阶梯形,外侧搭以木构,形成多层的外观立面。战国时期魏的文台,韩的鸿台,楚的强台、章华之台,齐的路寝之台等都是史上著名的高台建筑实例。到了西汉时期,殿阁建筑营建仍采用土木混合结构,由现存遗址来看,汉长安的未央宫与南郊的礼制建筑遗址均为土木混构形式(图 3.1、图 3.2)。

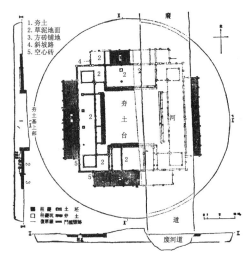

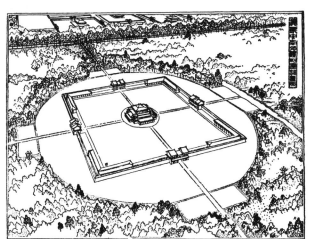

图 3.1　西汉"辟雍"遗址平面图

资料来源:刘敦桢,1987:48

图 3.2　汉长安南郊礼制建筑中心建筑复原图

资料来源:刘敦桢,1987:49

　　土木混构的作法大抵是将横梁架在泥墙顶的枋木上,枋木下泥墙内埋有木柱列。依考古遗址观之,其柱洞为面宽方向成列,进深方向不一定成列的状况,显示其并非完全独立之木结构。

　　根据陈明达的研究(陈明达,1987:26),西汉纯木构殿阁建筑的案例包括:汉武帝时兴建的井干楼,未央宫中的天禄阁、麒麟阁、石渠阁等。这些建筑是在木柱头上以横梁纵横叠架的井干为单元,所形构之多层楼或高层阁道。东汉时,木构殿阁已普遍。从现存东汉制作的三十多处石阙,以及大量画像砖石上所刻画的阙来看,绝大多数都忠实地表现出以木组构的方式。在明器陶楼与画像砖中所刻画的多层楼阁建筑,其细部描绘也说明其使用与石阙柱头上层叠枋木相同的井干手法(图 3.3、图 3.4)。江苏睢宁画像石中所描绘之殿堂柱间以横枋相连的作法(图 3.5),则说明当时针对规模体量较大的单体建筑结构稳定性确保已有技术的提升。四川宜宾黄伞溪崖墓正面繁复石雕木构,不仅呈现当时殿堂建筑形象,其外檐柱头斗栱上方,枋木层间外突的梁头,也说明当时木构架中纵架与横架间的组合关系(图 3.6)。这些现象反映出在当时较大型殿阁建筑营建中,木构已扮演着更为重要的角色。也暗示在东汉时期殿堂建筑中,独立木结构已逐渐替代先前流行之土木混合结构,成为技术发展主流。

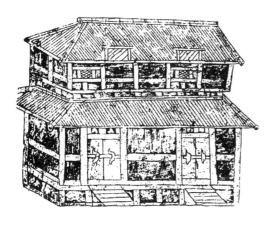

图 3.3 沂南汉墓画像石刻画之楼房

资料来源:陈明达,1987:88,图 23

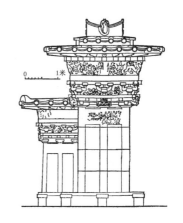

图 3.4 四川高颐墓阙西阙立面图

资料来源:潘谷西等,1994:26

图 3.5 江苏睢宁画像石刻画之殿堂

资料来源:陈明达,1987:83,图 18

图 3.6 四川宜宾黄伞溪崖墓

资料来源:陈明达,1987:83,图 18

2)纵横向成列柱网逐渐普及

土木混构的结构中,以夯土墙为主要承重,夯土墙内木壁柱的作用旨在加固夯土墙,故楼层大梁或屋盖梁架,不一定安置在木壁柱头上,而是置于柱头的枋木上,壁柱因而无需布置成纵横成列的柱网。此在战国与秦代时的宫殿遗址中,均可见柱洞安排经常是纵向(面宽方向)成列,横向(进深方向)未必成行的情形。这种形式构成渊源或可追溯至仰韶文化中的木骨泥墙体系。到了东汉,随着独立木结构逐渐取代土木混合结构的发展,土木混合结构的夯土墙逐渐被木构架取代,为使楼层大梁或屋盖梁架能置于柱头上以获得稳定的支撑,纵横向成列的柱网因而逐渐普及,也为中国"开间"的传统奠定基础。

3)木构架类型多元发展脉络

由东汉遗留下来的文物来看,当时木构架有多样形式,并有地域特色的表现。广东广州出土的明器中,木构形式有浓厚穿斗特征(图 3.7);河南荥阳汉墓明器与四川德阳出土的"庭院"画像砖中,可见抬梁式早期形貌(图 3.8);山东沂南汉墓画像石与四川汉阙中则有叠梁结构(井干)的形象。而杨鸿勋提出的汉长安明堂辟雍遗址的复原方案中,可见到纵架(柱承桁)与大叉手及人字架并用的木构架形式(杨鸿勋,1984:182)(图 3.9)。也就是说,此时期在不同地区存在着不同构架形式(包括:穿斗、抬梁、井干、大叉手等),彼此之间也有相互影响,可说是木构技术多元发展的阶段。

图 3.7　广东广州东汉明器的穿斗构架
资料来源:潘谷西等,1994:193

图 3.8　四川德阳东汉画像砖的抬梁构架
资料来源:潘谷西等,1994:193

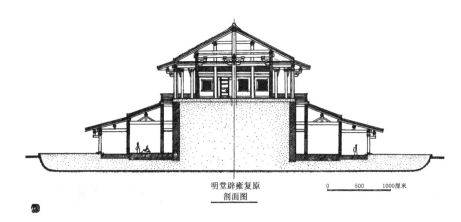

图 3.9　汉明堂辟雍复原图
资料来源:杨鸿勋,1984:182

　　屋顶出檐上,亦有多样作法。河南出土的汉明器中所使用的出檐方式包括:挑梁出檐(图3.10)、斜撑出檐(图3.11)、櫼(即昂)出檐(图3.12),四川德阳"庭院"画像砖中则有曲木(栱)硬挑出檐的刻画(图3.8),反映此时期木构作法的灵活与多样。

图 3.10　汉明器中的挑梁出檐
资料来源:潘谷西等,1994:193

图 3.11　汉明器中的斜撑出檐
资料来源:杨鸿勋,1984:265

图 3.12　汉明器中的櫼出檐
资料来源:杨鸿勋,1984:263

3.1.2　歇山顶的发展与构架特色

1)歇山顶源自南方的线索

　　属此时期出土,刻画或形塑歇山顶形象的文物有:四川牧马山崖墓出土东汉明器(图

3.13)、四川成都东汉"市井"画像砖(图 3.14)、美国纽约博物馆馆藏汉陶楼(图 3.15)以及云南
普宁石寨山出土的编号 M12：26 储贝器❶等(图 3.16)，分布区域在四川、云南一带，此二区域
在当时虽归汉统治，但不属中原文化核心区。而被视为中原文化核心区内的地区，出土汉代及
汉以前之具有建筑形象的文物，无一是歇山顶的形象。此现象或有两种可能的解释：一为中原
地区原普遍应用歇山顶，并随文化传播到文化圈外围的四川、云南等地，其后中原地区渐不采
用歇山顶，而核心区外围仍保存下来。惟这种解释无法说明为何秦汉以前中原地区的文物与
文献中，无任何歇山顶的记录。另一种解释为歇山顶根本不是中原地区的产物，而是中原文化
圈外之南方地区的普遍作法。此种说法确实符合中原地区汉代文物无歇山顶形象的现象，以
及普宁石寨山出土的歇山顶储贝器(M12：26)使用与中原文化木构源流完全无关的脊柱承桁
与大叉手组合的大木构架形式。也就是说，歇山顶是中国南方地区的产物。

图 3.13 四川牧马山崖墓出土东汉明器

资料来源：潘谷西等，1994：194

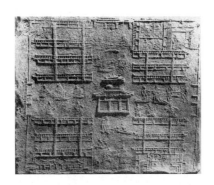

图 3.14 四川成都东汉画像砖刻画的歇山顶

资料来源：中国民族建筑编委会，1999：352

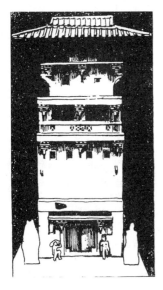

图 3.15 美国纽约博物馆馆藏汉陶楼

资料来源：杨鸿勋，1984：274

图 3.16 云南普宁石寨山出土编号 M12:26 的储贝器

资料来源：http://www.yinxiangcn.com/News/200712/6259.html

---

❶ 编号 M12：26 储贝器于以下行文中标记为储贝器(M12：26)。

四川牧马山崖墓出土歇山顶明器(图 3.13)所呈现的木骨泥墙、斗栱承枋、挑梁支撑斗栱出檐等作法,与云南普宁石寨山出土的歇山顶储贝器之大叉手木构架完全不同,反倒类同于中原地区(河南)出土的汉明器的构法。若歇山顶源于南方的说法成立,而明器本身意义与所呈现的构法又与中原文化有渊源,这反映出四川地区在当时是南方文化与北方中原文化交融的区域,这可由汉代四川扮演着中原通往西南地区中继站的角色获得印证。

四川虽然很早就出现以三星堆为代表之高度发达的古蜀文明,但秦王朝统一四川后,四川便逐渐融入中原文化,并因其地理位置,成为中原通往云南交通上必经之地。秦代就曾开通四川宜宾至云南曲靖附近的"五尺道",作为中原进出云南必经要道。西汉元封二年(公元前 109年),汉武帝派将军郭昌率巴蜀之兵临滇,设益州郡,下属二十四县,并开辟"博南古道",打通了汉代所称"蜀(四川)—身毒(印度)道"。到了东汉永平十二年(69 年),汉王朝又在云南建立了哀牢、博南二县。至此,一条始于四川,分"朱提道"和"灵光道"两路进入云南,在楚雄汇合后并入"博南古道",跨过澜沧江,再经"永昌道"、"腾冲道"出缅甸、印度等国的国际性道路完全打开❶。四川因位于交通要道上,因此成为中原文化、滇文化与诸多文化间相互交流的重要地区。因此,在四川出土未见于中原却使用中原大木结构手法的歇山顶,正是此文化交流下的结果。

细观四川牧马山崖墓出土东汉明器之歇山顶结构形式外观(图 3.13),其主体为土木混构的作法,正面添加一纵架承檐,主体左右两侧为土墙,正面中央立单柱,披檐正面立双柱,柱头纵架与主体间柱未成列,系以中原流行的手法来呈现歇山顶,而主体与披檐非一体的结构关系,反映成熟歇山顶结构关系尚未形成,清楚呈现模仿的是歇山顶的外观形式而非构架方式,也暗示其以"悬山四周加披檐"作为模仿歇山顶形象原始概念。也就是说,在受到来自中国南方歇山顶形式影响时,与中原文化交融之初始的歇山顶,确实存在着"加披檐"构成歇山顶的概念。其目的除原有地域文化形式的模仿外,歇山顶提供"反宇"追求的条件,成为另一衍化驱动力。

2)"反宇"屋面的表现

在四川牧马山崖墓出土之歇山顶东汉明器(图 3.13),以及美国纽约博物馆馆藏汉陶楼中(图 3.15),其歇山顶均呈现上下两段阶梯形式,且上下段屋坡斜度不同,上段较陡,下段平缓,此即为汉代所称"反宇"屋面。东汉班固《西都赋》中,描写西汉首都长安宫殿时有"**上反宇以盖载,激日景而纳光**"的描述,点出"反宇"是借由抬高檐口、降低檐口处屋坡斜度,以利室内的采光。另《考工记·轮人》中阐述当时车盖的特点:"**上欲尊而宇欲卑,上尊而宇卑,吐水疾而霤远。**"意即车盖借上尊宇卑的"反宇"屋面使排水加速流向离车较远处。东汉阶梯形屋顶与"反宇"屋面,杨鸿勋认为其系源自于"重檐"、"重屋"的传统(杨鸿勋,1984:268)。

汉代文献上称为"副笮"、"重檐"的形制,周时称为"重屋"。春秋晚期文献记载,殷商奴隶主最高级的主体殿堂即采用"重屋"(因外观仿佛两重屋盖而得名,即当时图形文字亼的形象)。随着奴隶主统治阶级的实用及其意识形态方面日益提高的要求,殿堂空间体量不断向高大发展,对于"茅茨土阶"的技术条件来说,一般椽木所能悬挑的出檐不足以保护裸露的夯土台基和栽立于土阶前檐的檐柱、土墙的根基。而采用立于阶下的擎檐柱来加深出檐,对于跨度太大的

---

❶ 参百度百科网站中对"博南古道"的介绍,网址:http://baike.baidu.com/view/368091.htm。

宫室来说,则又使建筑体型上屋盖过大、屋檐过低,有碍冬季日照和夏季通风,也损害了威慑统治阶级所需要的雄伟壮观的造型。于是殷人采用在主体屋盖周围,落低架设防雨披檐的作法,成功统一诸矛盾,从而形成被称之为"重屋"的式样。以后的发展,加大披檐,使檐下成为使用空间,即变成后世所谓的"副阶"。

夯土台基包砌砖石以后,特别是檐柱改为明础以后,增强了台基、柱脚自身防潮性能,则对檐部防护要求稍有降低,这时可以更多地照顾到整体造型上的需求,可以提高檐口以加强表现统治权威的造型特征,提高披檐到接近主体屋盖的程度,便产生了"阶梯形"的新的屋盖形式……对于大跨宫室来说,在用重屋扩大空间之初,按当时施工技术水平,很难保持重檐与屋盖坡度平行无误。重檐或低垂或上反,在营造实践或使用过程中,当发现上反对于排水、采光、通风都有一定的优越性,即肯定下来而成为例行的作法,待重檐上接主体屋盖之后,则形成特殊的折面反宇屋盖(杨鸿勋,1984:274-275)。

在此,歇山顶以四周加披檐之阶梯形式出现,且成反宇的现象,杨鸿勋认为其原因应与当时屋架为大叉手有关。大叉手屋架之屋面为直坡,在追求反宇将檐口抬高时,披檐与主体屋面因坡度不同,接续处会形成折角,若追求较大的反宇,接续处则会出现折角过大、瓦不易铺顺而影响屋面顺畅排水的问题,且四周披檐之屋椽也会有接续固定的问题。而阶梯形式的屋顶利用上段两坡悬山顶从脊部到檐部瓦面递落一次,形成上下相差一个筒瓦厚度以上的两段屋面,便可来解决大叉手屋架因反宇产生交接处瓦片不易铺设,排水不顺畅的问题(杨鸿勋,1984:268-284)。此外,这种方式亦可让四周披檐的屋椽压在上段屋坡的屋架下,解决折角接续的问题,并可增加下段屋椽固定,对转角处屋檐特别有其帮助(图3.17)。

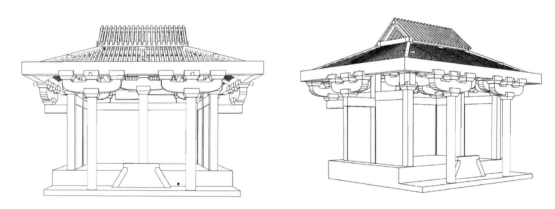

图 3.17　四川牧马山崖墓出土东汉明器之构架形式推测复原

3)利用屋面瓦作形构翼角起翘意象

在四川牧马山东汉墓出土的陶屋(图3.13)与市井画像砖的市楼屋盖中(图3.14),屋角处皆出现起翘的表现,类似意象在其他同时代部分庑殿顶案例中亦得见之。然由檐口均为平直的状况来看,屋角的起翘,应非如后世所出现的利用转角檐口木构架构件的添加与调整来形塑翼角起翘(特别是将转角屋椽的断面加高形成角梁来制造翼角起翘),而是利用屋面叠瓦来塑造起翘的意象。虽仅以瓦作使屋角起翘,尚未发展出由构架来创造屋角起翘,但其已反映了对追求翼角扬起欲望的存在。

3.2　三国到隋唐(220 年至 907 年)

3.2.1　木构技术的时代特征

1) 纯木构殿堂普遍化

三国到魏晋南北朝纯木构技术虽持续进展,使得木构建筑逐渐增多,甚至能以纯木构方式营构更大、更高的建筑❶,但魏晋的洛阳宫、东晋的建康宫之主殿仍属土木混合结构的台榭建筑,而根据出土遗址来看,北魏著名的永宁寺塔也是以夯土为核心,外围四周架以木构的土木混构建筑。傅熹年在北魏开始开凿的云冈石窟和龙门石窟的研究中,分析其所出现的建筑形象,并将其建筑构架整理成五种类型(表 3.2)。其中,北朝Ⅰ型与Ⅱ型出现较早,是承重墙与大屋架结合的土木混合结构。北朝Ⅲ型可能是土木混合结构,也可能是木构架,其出现于云冈二期末,时间在北魏迁都洛阳前夕。北朝Ⅳ型与北朝Ⅴ型属全木结构;其中,Ⅳ型见于北魏迁都洛阳之初,时间大约是在五世纪末;Ⅴ型始见于北魏末东魏初,大约在公元 534 年左右。据其分析,这五种结构类型的先后时代顺序和构架特点,正好反映了北魏中后期木构架逐步摆脱夯土墙的扶持,发展为独立木构架的过程(傅熹年,1999)。

到了隋唐,独立木构架被广泛应用到宫殿建筑的营建中,隋炀帝在洛阳所建的面阔十三间、进深二十九架的宫殿正殿干阳殿,即为当时全国最大的木构建筑。其后,唐代唐高宗龙朔

表 3.2　傅熹年研究云冈石窟和龙门石窟所提出之北朝建筑的五种构架类型

类型	特征	实例	构架形式推测
北朝Ⅰ型	土木混构,四周承重墙架以木屋架		
北朝Ⅱ型	土木混构,前檐木构架,山墙及后墙承重墙架以木屋架		

---

❶　《长安志》中记载在隋大兴(唐长安)城内诸坊有许多北魏时期所建佛寺,如崇仁坊有宝刹寺,为北魏时所建,其佛殿"四面立柱",反映其木构特质。

续表 3.2

类型	特　征	实　例	构架形式推测
北朝Ⅲ型	土木混构,外檐廊木构,屋身承重墙架以木屋架	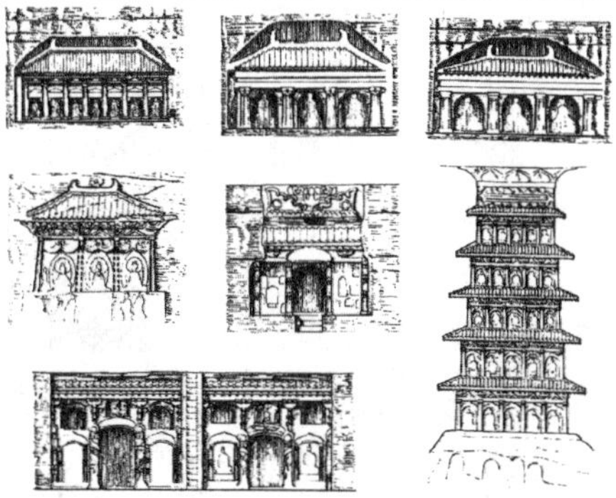	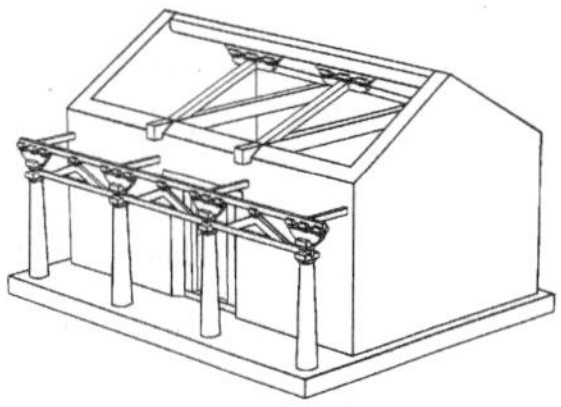
北朝Ⅳ型	全木构架		
北朝Ⅴ型	全木构架		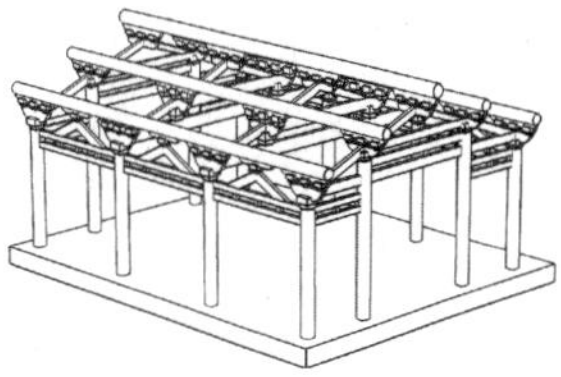

资料来源:傅熹年,1999

三年(663年)建造的麟德殿,则已是全木构建筑(刘杰,2009:170)。因此,傅熹年认为:"经过高宗、武后时期将近五十年的大规模宫室建设,特别是洛阳的宫室、明堂建设,木构架已成为大型宫室建筑的通用结构形式,土木混合结构逐步被淘汰。"(刘杰,2009:170-171)

2)规整柱网成为定式

隋唐以后,随着独立木构架的发展完备,规整柱网已成定式。在唐文宗太和元年(827年)五月下诏规定仪制载有:"……王公之居不施重栱、藻井。三品堂五间九架,门三间五架。五品堂五间七架,门三间两架。六品七品堂三间五架。庶人四架,门皆一间两架……"❶。"间"为房屋正面两柱之间广,"架"为房屋进深两槫(即桁木)之间椽木的水平距离椽长(或称"架平"),用间架数作为房屋规模度量,反映出此时期平面柱网的规整排列早已成为定式。在木结构的意义上,反映从东汉以来以纵架为主的作法,至此已发展成为纵横架交织的关系。

---

❶ 《新唐书》卷二十四。

3) 纵横架交织技术的成熟

在四川宜宾黄伞溪东汉崖墓中,外檐所呈现的纵架为阑额压在柱顶或柱头栌斗之上,阑额和檐桁之间垫以枋木、斗、斗栱及叉手,横架则直接置于枋木之上,类似井干层层叠压的手法(图3.6)。在面对平行纵架方向外力时,这种作法易出现横架与枋木间的歪闪损坏,是构架结构上的弱点。针对这个问题,魏晋南北朝案例出现诸多改善的努力,其或将横架梁头置于栌斗上(图3.18),如天水市麦积山第004窟窟廊西端柱顶结构(图3.19);或升高柱以承桁,阑额在柱头之下少许处插入柱身,阑额与檐桁之间加叉手、蜀柱,横架梁插于柱或蜀柱上(图3.20),如麦积山第027窟北周壁画(图3.21)。大约在隋代前后,外檐开始出现在柱头上以素枋、斗栱层叠的井干状框架,而横架也降低,其梁枋延伸为出跳栱,成为与纵架层叠交织的组合(图3.22)。洛阳隋墓出土彩绘陶屋明器外檐即是目前保存良好之最早具体实例(图3.23)。制作年代相当于隋的日本飞鸟时期的玉虫厨子,其外檐亦有相同的作法。

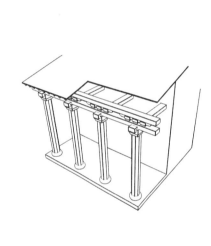

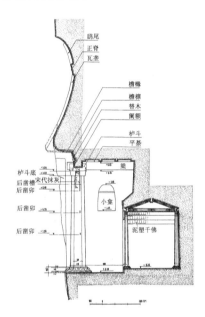

图3.18　横架梁头置于栌斗上

图3.19　麦积山第004窟窟廊西端之柱顶结构

资料来源:傅熹年,2004:129

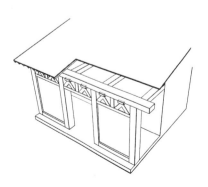

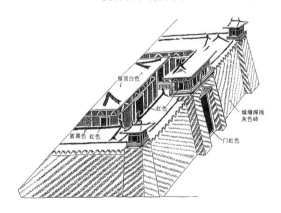

图3.20　横架梁插于柱或蜀柱上

图3.21　麦积山第027窟内之北周壁画

资料来源:傅熹年,2004:146

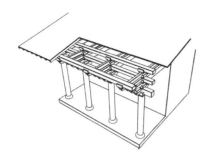

图 3.22　横架与纵架层叠交织

图 3.23　洛阳隋墓出土彩绘陶屋明器

资料来源:潘德华,2004a:68

这种素枋、斗栱层叠的井干状框架不仅应用在外檐部,亦应用在规模较大殿堂内部或多楼层楼阁中的平座。在殿堂内部柱头上以枋木与斗栱构成井干状框架,除可加强柱间连系外,亦使殿内纵横架间交叉层叠,强化整体构架强度,具体实例为唐佛光寺东大殿(图 3.24)。在楼阁中,柱顶井干状框架的作法,乃延续汉代井干楼的传统,并因纵架与横架交叉层叠而产生平座,不仅增加结构强度与稳定性,其所产生的出檐("缠腰")还丰富了多层楼阁的外观。盛唐时所开凿敦煌石窟 217 窟中所绘城楼平座,即有清楚的表现(图 3.25)。

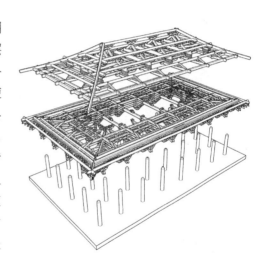

图 3.24　唐佛光寺东大殿之构架

图 3.25　敦煌石窟 217 窟内所绘城楼平座

资料来源:梁思成,2001a:142

将纵横向枋木断面尺寸予以固定,并以之作为与其接续构件尺寸订定的依据,是在这种以素枋、斗栱层叠结构形式中尺寸设计上自然产生的作法,日本法隆寺金堂即是具体的实例。因为若不将其断面尺寸固定,会增加设计、制作与组装上的诸多混乱与困扰(图3.26)。因此,随着纵架与横架层叠交叉结构形式的普遍,连带也产生以固定枋木断面尺寸作为设计基本单元尺寸的作法,这为北宋刊行之《营造法式》中"材份制"的出现揭开序幕。

4)北方殿阁之木构形式

由现存唐代遗留下来的建筑与壁画中,当时北方存在的独立木结构至少存在两种类型:一为不超过五铺作,只在外檐一周或前后檐使用较简单的铺作组成纵架,室内不用铺作,可以按垂直方向分成若

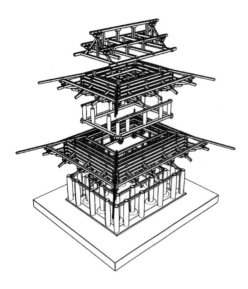

图3.26　法隆寺金堂之构架

干横向屋架,横向屋架大梁与纵架穿插扣接,形成整体构架,使用于中小型殿阁中,暂名为"北方厅堂式",唐德宗建中三年(782年)的南禅寺大殿为现存实物代表(图3.27)。二为建筑的全部结构按间椽原则构成,柱顶延续汉代井干楼的传统,采井干状框架的作法,纵架与横架交叉层叠处形成铺作层,铺作层上置屋架,水平方向形成柱网、铺作、屋架三个层次。其依逐层制作安装,每一个构造层都是一个整体,一般使用于中大型殿堂。此形式称为"北方殿堂式",为宋《营造法式》中所称"殿堂式"的前型,唐宣宗大中十一年(857年)佛光寺东大殿为实物代表(图3.28)。

图3.27　唐南禅寺大殿纵剖图

资料来源:柴泽俊,1999:80

图3.28　唐佛光寺东大殿纵剖图

资料来源:北京科学出版社,1993:123

若由组构关系来说,此两种形态构成相似。北方厅堂式外檐柱头上的斗栱与层枋为纵横交叠井干关系,同于殿堂式。另厅堂建筑规模小、进深浅,屋架直接与外檐柱头上斗栱与层枋穿插连接;然殿堂建筑规模大,进深深,又有前后槽设置,故将屋架提到斗栱与层枋所构成的内槽铺作层之上,配合室内平棊,创造高大的外观与室内空间。

5)斗栱发展迈入定型阶段

斗栱为中国古代建筑独创的构件,是中国古典建筑体系中最具特色的外部特征。其源于在构件接续与悬挑出檐问题解决上所产生的创意,并随着时代更迭,逐渐成熟、定型、模数化到装饰化。本时期斗栱已在使用位置、组合形态上迈入定型阶段。

　　根据杨鸿勋的研究,斗在西周时期即已出现,最早使用在柱头上,称为"栌",其产生源于扩大柱头支承面的构造目的。栱则因位置不同有向面阔方向伸出的横栱与向进深方向出挑的"插栱"。"横栱"旧名"枅"、"栾",《广雅·释宫》载:"曲枅谓之栾",其脱胎于"替木"。替木出现的时间不晚于春秋。插栱是弯曲的斜撑,由擎檐柱蜕变而来。为解决擎檐柱柱脚腐烂的问题,故将擎檐柱改成斜撑,斜撑再转变成曲木栾,最后是插栱,大约在西周完成此演变历程(杨鸿勋,1987:253-267)。横栱与插栱的结合使用,最早可追溯到战国中山陵出土的青铜方案座抹角设置的转角斗栱。惟其组合方式是雕成龙形的插栱上置蜀柱再置横栱(枅),横栱两端承两蜀柱与升接枋(图 3.29)。这种横栱置于插栱上承枋出檐的作法,一直到东汉明器中仍见使用(图 3.30)。而横栱与插栱交叉叠组于斗上这种后世习见的作法,最早可追溯至东汉时期。在河南淮阳出土的东汉石天禄承盘中,天禄背上所立石柱柱头大斗(栌斗)上,即可见横栱与插栱交叉相叠(图 3.31)。魏晋南北朝时期,斗上置横栱与插栱的基本组合开始应用在构架中不同位置。北魏时期龙门古阳洞佛龛正面,即有其应用在外檐阑额上平面化的形象(图 3.32)。

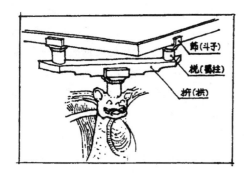

图 3.29　战国中山陵出土的青铜方案座抹角设置的转角斗栱

资料来源:杨鸿勋,1984:262

图 3.30　东汉绿釉陶楼的转角斗栱

资料来源:杨鸿勋,1984:262

图 3.31　河南淮阳出土的东汉石天禄承盘

资料来源:刘杰,2009:142

图 3.32　北魏开凿之龙门古阳洞佛龛

资料来源:梁思成,2001a:87

　　到了唐代,斗上置横栱与插栱组合的斗栱单元,不仅使用于外檐,其并随着殿身四周与殿内应用井干状框架,而被应用到纵架与横架层叠交叉处。为避免于构件上挖凿降低其承载力,殿内外的构件节点上遂出现一朵朵斗与横栱及插栱交叠组合的斗栱组。而此时,由汉朝的"檛"发展而来的"昂"与斗栱的组合关系也发展成为定制,敦煌石窟的壁画、南禅寺大殿,以及佛光寺东大殿中,皆可见到此组合之实体形象。因此,斗栱在整体构架中的位置与扮演的角色,在唐代大抵已成定型。

3.2.2　歇山顶的发展与构架特色

1) 北方出现使用歇山顶的证据

王其亨在《歇山沿革试析》(王其亨,1991:30)一文中提到,有学者针对歇山顶在《营造法式》中被称为"曹殿"一名的解释,系源自三国时吴国大画家曹不兴喜在其绘画中表现此屋盖形式之建筑,俗人称道流传而得此别名。王其亨认为此说法"或有很大的可能性",据此引申出歇山顶在三国时已流行于中国南方吴国地区。其并依《南齐书》中所载北魏孝文帝议迁洛京,指派蒋少游至南朝宋考察首都建康的建筑,据以规划设计并建设北魏洛阳城和宫宅的记载❶,提出歇山顶在南朝当时殿堂建筑中被广泛应用,因北魏汉化,被引入北方并进而广为流传。其使用于殿堂之中,为与原庑殿传统有所区分,故而出现以"汉殿"之名来称呼歇山顶殿堂:"三国时的江南吴国,有如蜀国或常用歇山,至晋人南迁,被吸收融汇为南朝汉族文化一个典型表征,并在嗣后又被作为汉族文化的重要形式而被北朝吸收。……很明显,北魏效法南朝汉文化,在建筑方面,歇山顶(亦当包括园林)正是一个典型。歇山又称'汉殿',显然正是这时崇尚汉文化的一个产物,世俗沿用,及至宋《营造法式》载录下来。"(王其亨,1991:30)。因此,可以说,歇山顶在北方开始普遍是此时期南北建筑文化交流的重要成果。

若从实物来看,北方中原地区在北魏孝文帝迁都洛阳以前所留下的相关建筑文物中,确实见不到任何歇山顶的形象,云冈石窟所留下的大量当时建筑形象,都以庑殿顶为主。北魏孝文帝迁都洛阳以后,开始出现歇山顶的形象,洛阳龙门古阳洞南壁北魏的殿堂式佛龛、甘肃天水麦积山石窟中140窟西壁北魏所绘庭院(图3.33)、027窟窟顶北周绘制的城楼(图3.21)、004窟平棊北周绘制的住宅等均是其例,其类型涵盖城门楼、宫殿、住宅等,反映出歇山顶开始在北方中原地区出现并被普遍应用。细观这些可能受南朝文化影响形成的歇山顶,不再有阶梯式屋盖,屋面"反宇"已控制成十分平顺的曲面,反映出当时抬梁屋架应已逐渐取代斜梁屋架而渐成主流,工匠对以各椽架槫木高度来控制屋顶曲面的技术已臻纯熟。然此时期案例未见山墙内移,所见均为"两山直接出两厦"之歇山顶原始形象,或许此即为当时南方歇山顶的形象,亦或因收山技术尚未成形。檐口以平直无起翘为主,在河北定兴北齐石柱顶部的石屋中,虽有子角梁、飞檐椽等与屋角起翘关系密切的构件出现,但外观却无翼角起翘,为当时是否存在着以木构表现翼角起翘技术留下疑问(图3.34)。

---

❶ 《南齐书》载:"(孝文帝)议迁洛京,永明九年遣使李道固、蒋少游报使。少游有机巧,密令观京师(京师,指对与北魏对峙的南宋汉族政权首都建康)。清河崔元祖启(奏)世祖(南朝齐武帝刘骏)曰:'少游,臣之外甥,持有公输之思,宋世陷虏(虏,及下文的'毡乡',缚为对北魏蔑称),处以大匠之官,今为副使,必阙模范宫阙(谓蒋少游将要考察研究并拟仿效南朝建筑制度和式样),岂可令毡乡之鄙取象天宫! 臣谓且留(拘留)少游,令主使反(返归覆)命'。世祖以非和通(邦交)意:不许。……虏宫室制度皆从此出。"

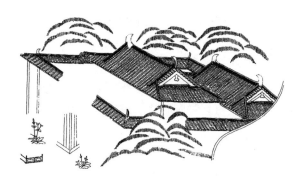

图 3.33　麦积山石窟 140 窟西壁北魏所绘庭院

资料来源:傅熹年,2004:142

图 3.34　河北定兴北齐石柱顶部的石屋立面图

资料来源:杨鸿勋,1984:280

2)北方歇山顶案例以中小型殿阁为主

在现存龙门、麦积山、敦煌三石窟中的壁画、隋代明器以及中唐南禅寺大殿中,出现之歇山顶建筑以面宽三间的小型殿阁为主,未见五间以上者或重檐的案例。然在南朝是否亦如此?若由"曹殿"或"汉殿"之名证实歇山顶为当时殿堂屋顶形式,而殿堂建筑应有较大规模来看,在南朝,歇山顶用于高等级建筑是有一定的可能性。惟现今仍无实物留存可供验证,我们或仅能参考日本飞鸟时期的建筑代表作法隆寺金堂来推想南朝建筑的情况。据建筑史家关野贞在其所著《日本建筑史精义》中提到,法隆寺金堂受南朝文化影响甚深:"日本飞鸟时期的艺术形式,虽然称为南北朝式,但其中似乎南朝系的色彩带得更多些。"❶法隆寺金堂是殿身三间加副阶周匝的案例,规模虽与北方当时之歇山顶形象建筑相当,但其使用重檐,呈现其为高等级建筑意味。据此,或可推断南朝当时可能也存在着规模更大的歇山殿堂。而北朝模仿南朝高等级建筑的屋顶形式,但为何未将其用于规模更大之高等级建筑中?缘由之一为在小型殿堂的尺度比例上,歇山顶较庑殿顶有更佳外观表现;缘由之二为北方文化以"庑殿顶"为尊的传统系无法撼动的。故而在南北文化交融之初,北方形成大尺度殿堂为庑殿顶,小型殿堂为歇山顶的现象。

唐代礼制的规范中,针对唐代官员建庙有:"三品以上不得过九架并厦两头"❷。针对官宅堂舍规范有:"三品以上官舍,不得过五间九架,厅厦两头门屋,不得过五间五架。五品以上堂舍,不得过五间七架,厅厦两头门屋,不得过三间两架。"❸,"厦两头"为两山出厦,在唐代当时五品以上官舍堂屋中才可使用,因此歇山顶形象是有其尊贵性,但其等级仍低于庑殿,因为规范中,供皇帝或皇亲国戚等使用之最高等级建筑是使用庑殿顶,次高等级建筑方使用歇山顶。且在敦煌的唐代壁画中,当庑殿顶与歇山顶同时出现,中轴线上规模最大的主体建筑必使用庑殿顶,两旁规模较小的次要建筑才用歇山顶,反映出庑殿顶的等级在当时是高于歇山顶的。究其缘由,应是歇山顶在北魏迁都洛阳后才开始逐渐流行,出现的时间较晚,此时北方宫殿建筑形态使用庑殿顶的传统已定。同时,在强调文化主体性上,代表南朝文化的歇山顶,实难以撼动北方以庑殿顶作为最高等级屋顶的中原文化思维,故而成为等级次于庑殿顶的屋顶形式。

3)北方歇山顶由悬山出披檐到山面内移的发展

依现存证据来看,北方初受南朝文化影响产生的歇山顶,绝大多数是悬山出披檐,未见山

---

❶　参自关野贞原著《日本建筑史精义》,路秉杰汉译。

❷　参自《文献通考》卷一百四;宗庙考十四。

❸　参自《唐会要》卷三十一。

面内移的作法。且由麦积山 004 窟平棊(图 3.19)与 027 窟(图 3.21)窟顶之北周绘制的住宅与城楼来看,存在着厦两头与四周加披两种歇山顶作法,其结构方式则有悬挑出檐及添加前檐柱两种。悬挑出檐是用角梁及椽木直接悬挑出檐,受限于山面未内移,悬挑距离有限,角脊长度短,故使用于小规模建筑。四周加柱廊则可在山面未内移的前提下,以檐柱支撑披檐前端,创造较宽的披檐,适用于规模较大的建筑。两种构架形式与其对应的建筑规模,在麦积山石窟壁画中可得见之。

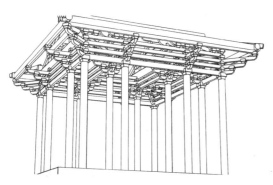

图 3.35   洛阳隋墓出土彩绘陶屋明器构架推测(殿内有柱)

到了隋代,洛阳隋墓出土彩绘陶屋明器的歇山顶山面仍未内移(图 3.23),保持"悬山出披檐"的原始作法。依明器所形塑的外檐布置并参考此时期前后的案例(包括唐南禅寺大殿、佛光寺东大殿、日本法隆寺金堂等),推测此建筑构架形式有两种可能性:一是殿内另立有内柱,内柱及外檐柱头上层叠单栱素枋,上置屋架。其转角铺作斜出斗栱以插入内柱柱头上之素枋作为平衡,类似佛光寺东大殿的作法,如此转角可获得稳定(图 3.35)。二是殿内未立内柱,其以多层椽栿或枋木叠组之横向缝架支撑屋面,类似南禅寺大殿或芮城广仁王庙正殿的构架。相对前者来说,这种作法殿内无柱,空间使用较灵活,但转角铺作之斜出斗栱则必须与横向缝架相搭接合,方能得到平衡。

转角铺作之斜出斗栱与横向缝架相搭接合方式有二:一为斜出斗栱上层出栱向内延伸成枋接横向缝架;二为斜出斗栱向内部分以递角梁压住,递角梁再延伸与横向缝架相搭接合。第一种方式就与横向缝架相搭接合位置来说,有置于椽栿下、插在椽栿中、插在椽栿上的驼峰等三种。日本法隆寺金堂即是置于椽栿下的实例,其上层转角铺作斜向斗栱之上层栱向内转成枋木,并向内延伸,置于椽栿的下方(图 3.36)。斜出斗栱上层枋向内延伸插于椽栿的作法,暂无此时期前后实例,图 3.37 是模拟图,惟五代平遥镇国寺万佛殿(963)有斜出斗栱上压以递角梁,递角梁向内延伸插于椽栿之中的类似作法。斜出斗栱上层枋向内延伸插于驼峰的作法尚未有实例,图 3.38 是模拟图面。然唐代芮城广仁王庙正殿(831)(图 3.39)、五代平顺天台庵(922—936 年)(图 3.40)则是以递角梁压住斜出斗栱内侧上层枋,递角梁向内延伸插在驼峰上的实例(图 3.41)。

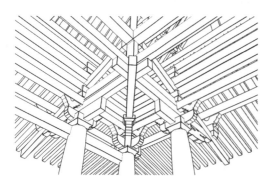

图 3.36   法隆寺金堂上层转角铺作斜向斗栱里侧压于椽栿下

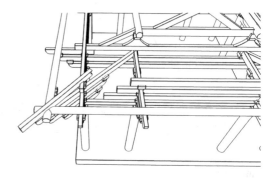

图 3.37   斜出斗栱上层枋向内延伸插于椽栿间

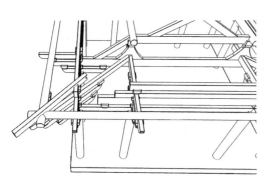

图 3.38　斜出斗栱上层枋向内延伸插于驼峰

图 3.39　芮城广仁王庙正殿正面

资料来源：柴泽俊，1999:150

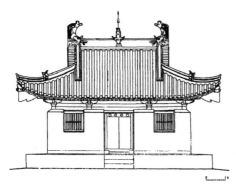

图 3.40　平顺天台庵正立面

资料来源：柴泽俊，1999:150

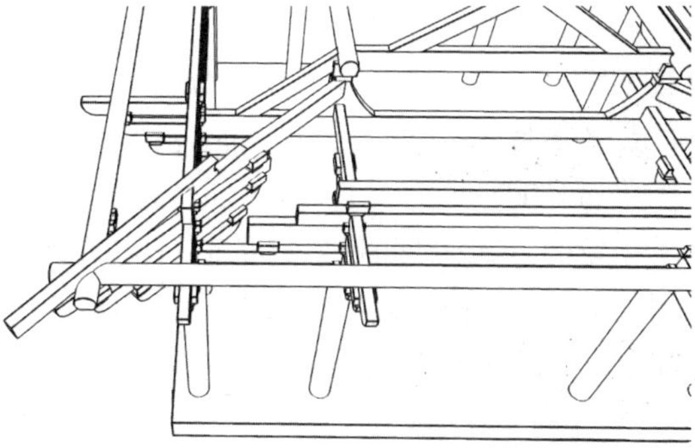

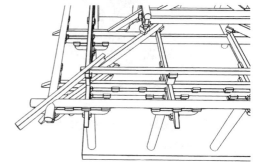

图 3.41　递角梁插在驼峰

插在驼峰上的作法，驼峰位置必须在斜出斗栱 45 度的延长线，这使得次间面宽与驼峰处到外墙的宽度（即椽架宽）必须相同。椽架宽有其限制，次间宽若与其相当，将会限制次间宽，进而影响建筑整体面宽的设计，因此芮城广仁王庙正殿遂出现次间外另加梢间的作法。梢间面宽与椽架宽相等，使递角梁能向内延伸插在驼峰上。由于增加梢间是为了解决构架交接问题，其宽度与当心间及次间差异甚大，故而便在其正面开拱门，使窄面宽的梢间变成门道意味的空间（图 3.39）。

除利用与横向缝架相搭接合稳定递角梁，使其能完成平衡转角处斜出斗栱内外的功能外，将山面构架向内移动，利用其来压住递角梁也是一种手法。因为其不仅可压住递角梁，使转角铺作斜出斗栱达成内外平衡，山面构架内移后，角梁与两厦椽木长度增加，形成以外墙心位置为支点的杠杆，确保转角与两厦屋面稳定性，是一个有多重好处的作法（图 3.42）。唐南禅寺大殿即是这种手法表现的实例。

通过上述分析，可看到山面构架内移，是转角斜出斗栱内外平衡问题的解决方式之一，南禅寺

图 3.42　山面构架内移以压住递角梁

大殿中确实也看到此作法,也就是说,转角斗栱内外平衡问题,可能是促进歇山构架山面由柱位向外移动,改立于梁或其他支撑构件上的衍化动力之一。五代以后,随着小型歇山殿堂大木构架外檐昂的普遍应用,出现角梁向下移动的隐角梁作法,转角铺作斜出斗栱内外平衡遂由角梁接手,不再使用"递角梁法"。但是山面构架内移所带来转角与两厦屋面稳定性的提高,使得其继续成为歇山殿堂建筑使用的手法。

4) 以木构架形构翼角起翘

魏晋南北朝是中国传统木构建筑屋面开始产生曲面化的时期,在云冈石窟中所刻画的造像,很多案例已出现曲面屋顶的表现,但其檐口线大抵仍呈平直,转角椽木高度与左右两侧椽木约略相同,云冈石窟塔心柱的出檐刻画即是实例。到了隋代,檐口开始出现平缓的起翘,隋河南洛阳隋墓出土的彩绘陶屋明器(图3.23)以及隋开皇二年(582年)邠法敬造像之屋盖均得见之。木构架所形塑翼角起翘主要源自转角处45度方向椽木断面增高,而增高断面的椽木遂成转角屋面的主要支撑材"角梁"。北魏云冈石窟塔心柱转角椽木断面径与左右椽木相同,仍为椽木的角色,但到了隋代前后之日本法隆寺金堂,转角椽木高度为左右侧椽木高的1.3倍,已分化成角梁。角梁断面随着翼角稳定性与起翘的需求而增大,到了中唐的南禅寺大殿,角梁高度已是2倍椽木高,子角梁也已普遍应用。

角梁增高的目的有二:一是增加转角的稳定,转角处的椽木需承担转角两向屋面的重量,在早期布椽的方式❶转角椽木需负荷较大的屋面重量,故而加大断面,借以提高屋角的稳定。二是增加美观,转角的椽木加大断面后,形成逐渐向上扬起的檐口线,配合屋面的曲面化,形成起翘翼角。这种追求翼角起翘的热情,除以增高角梁断面高来达成外,尚出现于角梁上叠加子角梁的作法,使翼角更高得翘起。在河北定兴北齐天统五年(569年)的石柱顶部石屋就已见到叠加子角梁的作法(图3.34),惟或许当时以转角木构起翘的技术尚未成熟,或许是匠人的表现手法,所以虽增加角梁与子角梁,但檐口线仍为平直。盛唐时期敦煌445窟北壁的"修建图"中,可以看到屋角之老角梁的后尾置于平梁梁头上,前段则安置向上扬起的子角梁,反映当时对翼角抬高的欲求与作法(图3.43)。而佛光寺东大殿翼角同时具备了增高角梁断面与增设子角梁的作法,角梁高度已是椽木高的五倍,子角梁虽略与椽木等高,然更向外延伸,以获得更大的起翘(图3.44)。

图3.43 盛唐时期敦煌445窟北壁的"修建图"

资料来源:梁思成,2001a:145

图3.44 唐佛光寺东大殿的翼角

---

❶ 详3.2.2歇山顶的发展与构架特色,并列平行布椽与并列辐射布椽。

5）并列平行布椽与并列辐射布椽

由现存实例来看,三国到隋唐建筑木构架之翼角布椽多属并列平行布椽与并列辐射布椽两种方式。并列平行布椽是转角椽的布置自角梁尾至角梁首,都与殿身椽木平行并列,每根椽尾都独立扣在角梁的凹槽内(图3.45)。北方现存实例中虽已无相符者,但在受隋唐建筑文化影响甚深的日本法隆寺金堂、五重塔、法起寺三重塔等,以及部分仍保存盛唐以前木构作法的闽东南地区,均仍保留此布椽方式,反映出此布椽方式曾存在的可能性。惟此种布椽方式的缺点在于转角角隅的屋顶重量多由角梁及檐槫支撑,角梁前端及檐槫端部受力大,易产生下垂。日本法隆寺金堂即是实例,其完工之后不久,屋角便出现下陷现象,故而在四角柱外另立新的四角柱,用来支撑隅木(角梁)下的尾椽木(角昂),并将角柱以墙连接而成为法隆寺的裳阶。或因于此,此布椽方式在中国遂被其他布椽方式所取代。

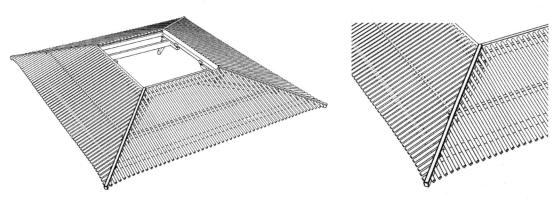

图3.45　并列平行布椽

并列辐射布椽的作法是每根椽木均独立搭扣于角梁上的凹槽内,椽木逐渐顺角梁方向外撇呈辐射状(图3.46)。这种作法,因靠近转角处椽木增加檐槫(檐桁)的支持,稳定性遂略为提高,但部分区段角梁仍负担绝大部分椽木的荷重。现存实例如唐南禅寺大殿,而前期北魏云冈石窟中一窟与二窟的塔心柱出檐,也很可能是此种作法。这种将椽木外撇的作法,为后来扇骨状辐射布椽的出现开启序幕。

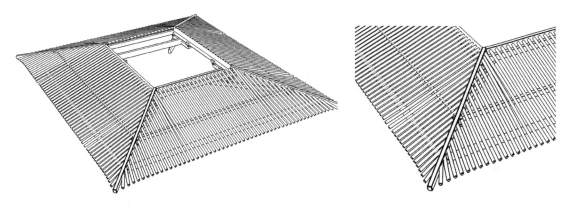

图3.46　并列辐射布椽

表 3.3　三国到隋唐(220 年至 907 年)歇山殿堂实例特征

案例名称	规　模	外檐铺作	山面构架位置与支撑	转角斗栱平衡	角梁尾端	角　梁	布椽方式
五台县南禅寺大殿(唐782)	三间四椽架	五铺作、双抄	有内移,内移至次间中段,靠明间1/4次间宽处,由递角梁支撑	由递角梁压住	置于上平槫上,接近平梁	角梁	并列辐射布椽
芮城广仁王庙正殿(唐831)	五间四椽架	五铺作、双抄	有内移,内移至次间梁架平梁旁,由丁栿支撑	由递角梁压住	角梁置于平槫上	角梁加子角梁	扇形布椽

3.3　五代、宋、辽、金(907 年至 1279 年)

3.3.1　木构技术的时代特征

1)"殿堂式"、"厅堂式"与混合二者特征形式的共存

宋元符三年(1100 年)《营造法式》的刊行是此时期极为重要的大事。作者李诚参考当时相关著作,倾听工匠意见,总结了隋唐以来的营建技术与经验,编成《营造法式》一书。书中系统化的知识,对后来建筑发展产生深远的影响。就大木技术而言,书中总结当时期以前各种大木构架形式,归整出供殿堂建筑使用的"殿堂式",以及供厅堂建筑使用的"厅堂式"两种构架形式。"殿堂式"承袭晚唐佛光寺东大殿(857 年)到北宋太原晋祠圣母殿(1023 年至 1032 年)与正定隆兴寺摩尼殿(1052 年)之中大型殿堂建筑,所沿袭使用之以柱网、铺作、屋架分层累叠的大木构架形式(图 3.47),可谓北方营建经验的结晶。"厅堂式"中,柱头上使用铺作及以梁承桁,系北方营建体系之手法,但内柱随屋顶举势升高,造成椽栿插在柱上、使用丁头栱以及横向缝架纵向并列之特征,则是南方穿斗体系直接或间接的表现。因此,"厅堂式"是对当时南北方木构交流案例,特别是着重于南方部分构架形式的归纳整理(图 3.48)。其中,北宋的用直保圣寺大殿(1013 年)即是十分典型的"厅堂式"构架(图 3.49、图 3.50)。

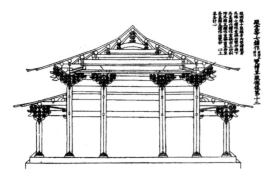

图 3.47　《营造法式》中所绘"殿堂式"

资料来源:李诚,1956,《营造法式》(七):6

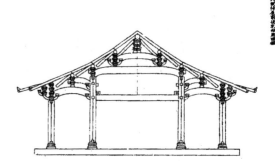

图 3.48　《营造法式》中所绘"厅堂式"

资料来源:李诚,1956,《营造法式》(七):16

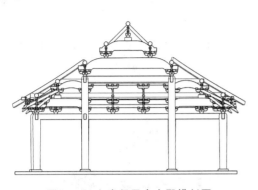

图 3.49　用直保圣寺大殿横剖图

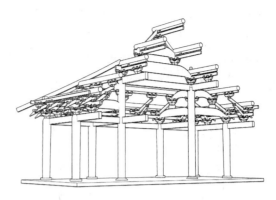

图 3.50　用直保圣寺大殿剖透视图

《营造法式》所提出的两种典型木构架,既是归纳整理所提炼出,那么此时期势必存在此两种典型之间,甚至之外的实例。五代福州华林寺大殿即是其例,其构架上有椽栿插在柱上、使用丁头栱、横向缝架纵向并列等"厅堂造"的特征,但也有如佛光寺东大殿构架之柱网、铺作、屋架层叠的关系,呈现出有着穿斗结构基础之殿堂式构架形式(图 3.51)。北宋宁波保国寺大殿(1013 年)室内亦有柱网、铺作、屋架分层的叠组,特别是前檐处还有八角藻井的设置,但由于其内柱升的比福州华林寺大殿来得更高,故对殿堂造铺作层之层叠意象,遂由分层插在柱上的丁头栱来模仿(图 3.52),其亦为"殿堂式"与"厅堂式"两种典型之间的案例。上述两个案例均混合着"厅堂造"与"殿堂造"的特征,张十庆便以"殿式厅堂造"名之(张十庆,2002:117)。

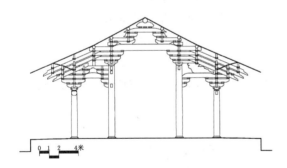

图 3.51　五代福州华林寺大殿横剖图

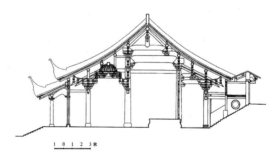

图 3.52　北宋宁波保国寺大殿横剖图

南宋苏州玄妙观三清殿(1179 年)是另一特殊的"殿堂式"案例,虽然其构架呈现柱网、铺作、屋架水平分层的"殿堂式"风貌(图 3.53),但殿内于柱网网格交叉点皆施内柱,形成不同于殿堂式分槽之"满堂柱式"。再者,其中央三间的后金柱与中央五间后檐柱皆直接由下部金柱升高至桁下,而以穿过柱身插栱作为铺作层,柱与柱间则以多层横枋连接(图 3.54),这些作法均为穿斗构架的特征。由此可见,南方在追求象征尊贵,源于北方的"殿堂式"构架风貌的过程中,仍保留原有穿斗传统,并因穿斗构架优越的结构性,明代以后更加重穿斗手法的使用比例。郭黛姮对于苏州玄妙观三清殿这种具有穿斗特色的"殿堂式",有以下评析:"殿内于外檐柱网格交叉点皆施内柱,形成满堂柱式的内柱柱网,这在北方同时期的建筑中是未曾出现过的现象,《法式》对此也无记载。它体现一种结构标准化的理念,后世明清阁建筑中仍有此作法。"(郭黛姮,1999:519),刘杰更视其为南方文化意识抬头的表征:"从以苏州玄妙观三清殿为代表的木构建筑技术构成来看,更准确地说,应是宋室南渡最终确立了中国建筑文化主流逐渐走向以江南为中心的南方地区,木构建筑技术也是如此。从这个意义上来说,三清殿的木构技术不仅仅是开启了明清官式木构建筑技术的滥觞,它更重要的文化意义还在于南方文化的主流意识的觉醒。"(刘杰,2009:197)。

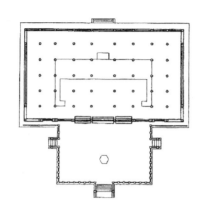

图3.53　南宋苏州玄妙观三清殿平面图
资料来源:刘杰,2009:193

图3.54　南宋苏州玄妙观三清殿横剖图
资料来源:刘杰,2009:193

在南方,基于穿斗结构传统追求殿堂形式发展出混合两者特征的大木构架的同时,北方原有"殿堂式"传统也因南北木构文化交流的影响而开始产生变化。辽宁义县奉国寺大殿(1020年)与宝坻广济寺三大士殿(1025年)即是其例,二者柱、铺作、屋架分层组合,基本上仍传承自唐佛光寺东大殿以来的北方"殿堂式"传统。但因佛寺空间的需要,殿身前内柱的落柱位置遂向内移,奉国寺大殿前内柱向内移两个椽架,广济寺三大士殿前内柱向内移一个椽架,致使殿堂内周前檐铺作系由椽栿上加驼峰承载(奉国寺大殿为四椽栿、广济寺三大士殿为三椽栿)。这种调整落柱位置以增加前檐柱到前内柱深度的作法,在1013年的宁波保国寺大殿即已出现,其反映出穿斗构架落地柱位置自由选择的思维,而柱移动位置后,产生内柱高于外柱、椽栿插在柱上的作法,则非北方"殿堂式"层叠累木结构体系内的特征。因此,很难让人不作这种作法或是北方"殿堂式"传统为南方木构文化所影响的猜测。这种以"殿堂式"结构为基本,加入南方"厅堂式"的特征,与"殿式厅堂式"同是介于"殿堂式"与"厅堂式"之间的作法。

《营造法式》中"殿堂式"与"厅堂式"的分类,是综合自唐以来的构架形式,整理归纳出分别使用于殿堂与厅堂的典型。然在当时仍存在着兼具两者特征之建筑实例。针对此,陈明达在《中国古代木结构建筑技术:战国—北宋》一书中,针对自唐以来至《营造法式》刊行前所出现的木构架形式,依其特征分成"海会殿形式"、"佛光寺形式"、"奉国寺形式"三种。其中,"海会殿形式"可说是综合前文所述之"北方厅堂式"与《营造法式》中"厅堂式"构架形式的组合,特色在按垂直方向分成若干横向缝架,以便制作安装,是中小型殿阁常使用的形式。"佛光寺形式"是《营造法式》中的"殿堂式",特色是依柱网、铺作、屋架水平划分层次,并以逐层叠砌方式进行组构安装,是中大型殿堂采用的构架。"奉国寺形式"则是介于"殿堂式"与"厅堂式"之间,其特色是由下而上逐层叠组柱网、铺作、屋架,惟内外两周铺作不在同一高度,外低内高,柱网布置不要求前后严格对称,没有整齐明显的分槽(表3.4)。

这种混合"殿堂式"、"厅堂式"二者特征的大木构架的存在,是南北木构文化长期交融的成果,其并提供宋代《营造法式》进行隋唐以来营建技术与经验总结的依据。陈明达认为"《营造法式》综合了自唐以来的结构形式,将海会殿、佛光寺两种结构形式整理归纳为厅堂、殿堂两种结构形式,而淘汰了最繁难的奉国寺结构形式,并且有了新的发展,予以系统化、标准化。简化了若干个别的局部的作法,制订出各种标准图样。"(陈明达,1987:58)

表3.4 《营造法式》颁布前案例特征分类及其与《营造法式》关系

类型		特征	案例	构架形式
海会殿形式	北方厅堂式	• 一般不超过五铺作,只在外檐一周或前后檐使用较简单的铺作组成纵架 • 室内不用铺作,梁尾直接与内柱结合,内柱必须随举势增高,可以按垂直方向分成若干横向屋架,以便制作安装	五台山南禅寺大殿(唐782年)	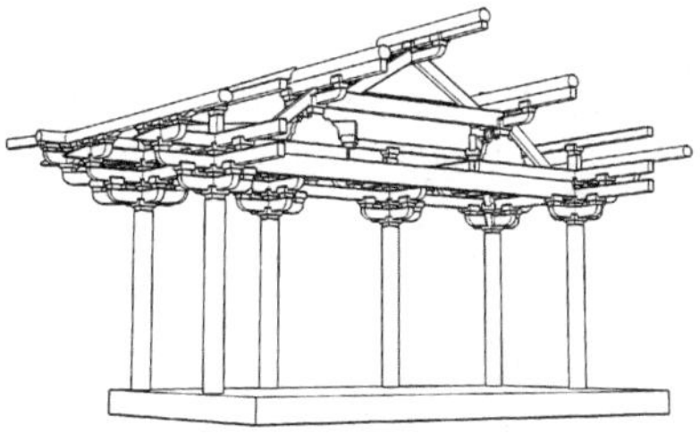 其他案例:海会殿芮城广仁王庙(唐831年)、平顺天台庵(五代922—936年)、山西榆次县永寿寺雨华宫(北宋1008年)、山西晋城青莲寺大殿(北宋1089年)
	营造法式厅堂式		营造法式厅堂式八架椽屋前后乳栿用四柱	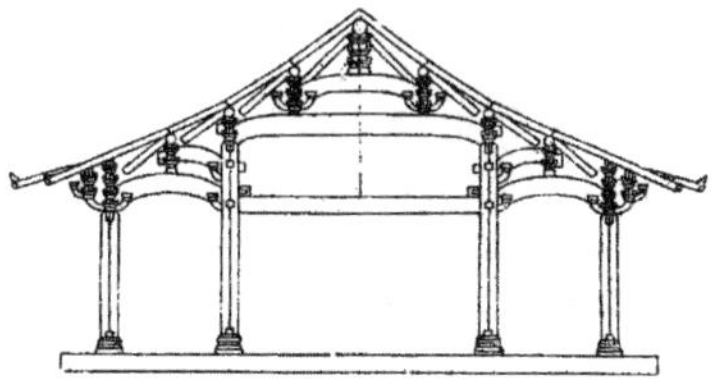
佛光寺形式	北方殿堂式	• 每座建筑的全部结构,虽然是按间椽原则构成,但同时又可以按水平方向划分层次,依柱网、铺作、屋架逐层制作安装 • 每一个构造层都是一个整体 • 每一个构造层的中心可以做成空筒	五台山佛光寺东大殿(唐857年)	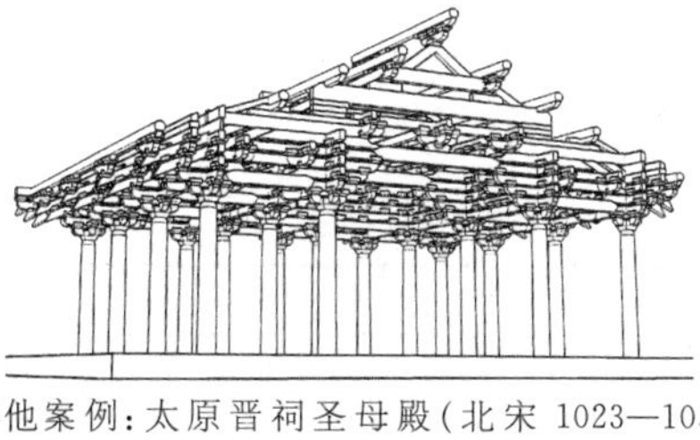 其他案例:太原晋祠圣母殿(北宋1023—1032年)、大同华严寺薄迦教藏殿(辽1038年)、隆兴寺摩尼殿(北宋1052年)
	营造法式之殿堂式		营造法式殿堂式十架椽身内双槽	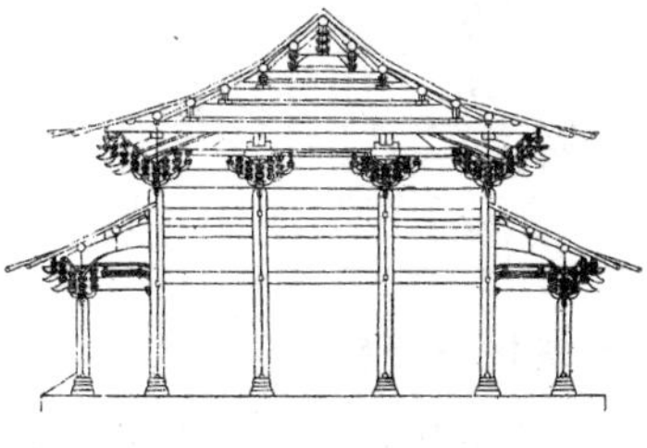

类型		特征	案例	构 架 形 式
奉国寺形式	北方厅式特征殿堂	• 多用在五铺作以上,使用内外两周相距两椽的铺作,铺作扶壁栱成为内外两周框架或箍 • 两周铺作不在同一高度,外低内高,外檐与内槽铺作组合成整体 • 柱网布置不严格要求前后对称,没有整齐明显的分槽 • 内周前檐铺作有时不在柱头上,而是于四椽栿上加驼峰内额承铺作	义县奉国寺大殿 (辽 1020 年)	其他案例:宝坻广济寺三大士殿(辽 1025 年)
	南方殿式厅堂		福州华林寺大殿 (北宋 964 年)	其他案例:莆田元妙观三清殿(北宋 1009 年)、宁波保国寺大殿(北宋 1013 年)

2) 标准化与规格化的设计

在隋唐时代,因纵架与横架层叠交叉结构的发展,产生了以固定枋木断面尺寸作为设计基本单元尺寸的作法,发展到北宋《营造法式》中成为"材份制"的依据。在《营造法式》卷第四之大木作制度中,即开宗明义写道"凡构屋之制,皆以材为祖。材有八等,度屋之大小因而用之。"由九间至十一间大规模殿堂,到小殿内藻井或小亭榭各有对应的材等(表 3.5)。材又细分成广(高)十五分,宽(厚)十分,举凡"屋宇之高深、名物之短长,曲直举折之势、规矩绳墨之宜,皆以所用材之分以为制度焉"。如此,建筑规模、构件尺度均由"材份"来衡量订定,同样的材分数的屋宇高深或构件短长,因为材等的不同,自然形成不同规模尺度,却有类似之构件外貌。诚如陈明达所言:"北宋及辽接受了唐代遗产,致力于总结实践经验,结合科学研究提高理论,整理出既是建筑设计模数又是结构设计模数的材份制,达到标准化、规格化的科学水平"(陈明达,1987:59-60)。

表 3.5 《营造法式》中材等尺寸与使用范围

材　等	宽 × 高(寸)	份值(寸)	使用范围
第一等	6.0 × 9.0	0.6	殿身 9～11 间
第二等	5.5 × 8.25	0.55	殿身 5～7 间
第三等	5.0 × 7.5	0.5	殿身 3～5 间、厅堂 7 间
第四等	4.8 × 7.2	0.48	殿 3 间、厅堂 5 间
第五等	4.4 × 6.6	0.44	殿小 3 间、厅堂大 3 间
第六等	4.0 × 6.0	0.40	亭榭或小厅堂
第七等	3.5 × 5.25	0.35	小殿或亭榭
第八等	3.0 × 4.5	0.30	小亭榭或殿内藻井

3) 减柱与移柱

由现存实例来看,隋唐以来的规整柱网的传统,自北宋开始出现变化。固定开间宽度的作法,变成以当心间最宽,逐次向两侧递减的安排。殿身前后内柱不等高作法的普遍,使得横向缝架出现前后不对称的形式。而此时出现的"减柱"与"移柱"作法,也使得规整柱网变成更符合使用需求的不规整形式。

"减柱"是减去规整柱网上的柱子,使原柱位上的柱子由立在椽栿之上的蜀柱或驼峰取代。此作法常应用在佛寺与祠庙的主要殿堂,借由减去殿身前平柱或前内柱,以开敞神佛坛前空间,方便相关仪式与活动的进行,并使神佛坛前更为宽大庄严。这种作法始于五代,至宋、辽、金案例渐多。五代平顺大云院弥陀殿(922—936 年)(图 3.55)、北宋山西榆次县永寿寺雨华宫(1008 年)(图 3.56)、山西晋城青莲寺大殿(1089 年)均是其例。

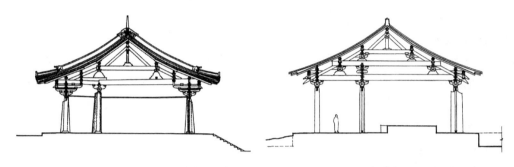

图 3.55 五代平顺大云院弥陀殿横剖图 　　　图 3.56 山西榆次永寿寺雨华宫横剖图

资料来源:柴泽俊,1999:43 　　　　　　　　　资料来源:梁思成,2001d:88

"移柱"是将椽栿下柱子向前后或左右移动,以调整柱间距大小,满足使用的需求。少林登封初祖庵大殿(1125 年)为增大佛坛前空间,将佛坛后移,后内柱亦随之向后移半个椽架(图 3.57)。正定隆兴寺转轮藏殿(北宋中期)为放置储放经书的"转轮藏",而将殿身前后内柱外移均是其例(图 3.58)。

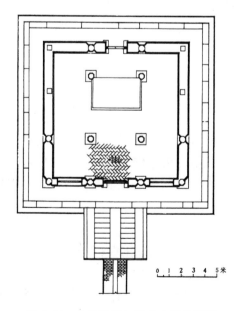

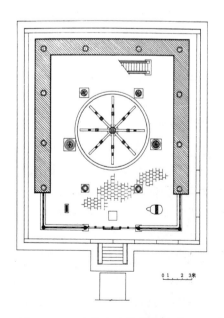

图 3.57 少林登封初祖庵大殿平面图 　　　　　图 3.58 正定隆兴寺转轮藏殿平面图

资料来源:北京科学出版社,1993:151 　　　　资料来源:北京科学出版社,1993:150

到了金代,移柱与减柱的使用更为成熟,朔县崇福寺弥陀殿(1143 年)是综合移柱与减柱作法的实例。其将殿身前内柱减去两根,并将当心间殿身前内柱向两侧移半个次间宽,使得当心间左右殿身前内柱间距增大,于此瞻仰佛像遂不会被前内柱所挡。配合减柱与移柱,殿身前内柱间的纵架在柱顶内额之下又增添由额,内额与由额之间使用斗子驼峰,以承前檐乳栿后尾,两侧并用叉手,使内额上的负重更好向柱身传递。如此,内额与由额组成便形成有些许桁架的意味。

或为追求空间效果的驱动,北方在此时期出现移柱的作法,而由移柱案例年代分布来看,此或许也是南北方木构文化交流的结果。在浙江宁波的保国寺大殿(1013 年)中,其利用殿身前内柱由横向缝架前后对称的位置向内退一椽架落柱,增加平柱至前内柱的距离,来扩大佛坛前空间,构架遂成前后内柱不等高之不对称形式。其后,北方的义县奉国寺大殿(1020 年)、宝坻广济寺三大士殿(1025 年)也出现相同的作法,前者内退二椽架落柱,后者退一椽架落柱。这种柱位配合随空间需求而移动的想法,或许成为开启其后正定隆兴寺转轮藏殿(北宋中期)与少林初祖庵大殿(1125 年)依空间需求而"移柱"的契机。

4)斗栱缩小化与装饰化

宋、辽、金继承隋唐以来斗栱的作法,惟在斗栱的大小、形式、使用方式与细部作法上均产生变化,装饰功能亦较隋唐增强。其中,较为鲜明的改变有五项:

(1)斗栱在整体构架的比例有逐渐缩小的趋势

此现象在诸多前辈学者的论述中多有提及,陈明达在《中国古代建筑技术史》中,就详细地比较唐代与北宋中期以后之建筑实例中柱高与斗栱立面高度(斗栱中大斗底皮至挑檐檩底皮的垂直高度)的比例,其发现唐代多在 5:2 至 2:1 间,北宋中期则缩小成 10:3,明显呈现斗栱所构成铺作层在整体构架比例缩小的现象。

(2)斗栱用材逐渐变小

唐南禅寺大殿(782 年)中,斗栱材高 24 厘米,为三等材;到了北宋,同样三开间、相近面宽的少林登封初祖庵大殿(1125 年),其斗栱材高缩小成 18.5 厘米,相当于六等材。唐佛光寺东大殿(857 年)斗栱材高 30 厘米,为一等材;到了辽代,同为七开间的山西大同善化寺大殿则缩小成高 26 厘米的二等材;到了南宋,同为七开间的苏州玄妙观三清殿则缩小得更多。明显出现斗栱用材逐渐变小的趋势。

(3)增加或加大补间铺作

在唐代,从实例与敦煌壁画中所示,少见补间铺作,即便有,其出跳数与尺寸也远小于柱头铺作。然五代实例,不仅多设补间铺作,其大小亦多与柱头斗栱相同。补间铺作并非主要构件,对整体结构稳定性实质影响不大,增其数量与放大尺寸,目的无非是借此增加建筑外观视觉变化,斗栱在此被以装饰的角色看待。

(4)斜栱的使用

斜栱在北宋河北正定隆兴寺的摩尼殿、大同辽代善化寺大雄宝殿、下华严寺薄伽教藏殿中已见实物。金代建筑中,斜栱的使用更为普遍,一直到 13 世纪中,金亡元兴,斜栱方渐少使用(北京科学出版社,1993:168)。斜栱多与主轴线成 45°角或 60°角,有内外对称,受力均匀的斜栱,也有斜栱后尾或前端未对称延长者。后者属不合理结构安排,目的是借其以增加建筑外观视觉变化,此亦是另一斗栱被赋予装饰功能的实例。

5）逐渐精细化与艺术化的构件

梁思成在《图像中国建筑史》一书中提到，11世纪中叶到14世纪末（即北宋到明初）是中国木构建筑发展史的"醇和时期"，比例优雅、细节精美是当时期建筑的特点。由现存宋辽金时期的史料与实物来看，此说法可谓十分确切。就整体形式的比例而言，《营造法式》中"材份制"不仅为构件提供了整合的模数，建立比例关系控制的关键元件，加上《营造法式》对各构件尺度大小的材分数规范都是匠师长期经验累积下的总结，自然为提供比例优雅的建筑设计提供基础。就构件外观艺术加工细节来说，《营造法式》第三十卷中，针对柱、椽栿、斗栱、昂、角梁、替木、驼峰等构件之卷杀均有详细的规范，反映出当时对构件外观形式细节之重视。观之现存的宋、辽、金建筑，相同构件的式样显著的较隋唐时代来得更为多样，加工形式也更为细腻。以昂尾为例，唐代佛光寺东大殿与五代的平遥镇国寺万佛殿均采用以简单斜面作为昂嘴的批竹昂（图3.59）；到了宋代，除《营造法式》中所绘的内卷琴面昂之外，山西晋祠圣母殿系使用昂嘴斜面上方略为隆起、横截面上部成半圆形的琴面昂（图3.60）；内卷琴面昂与琴面昂的加工方式均较批竹昂细腻。同样的，针对角梁尾端卷杀的处理，《营造法式》所绘图像与现存实例呈现之宋代作法亦较唐代更为繁复细腻。

图3.59　唐佛光寺东大殿的批竹昂

图3.60　北宋山西晋祠圣母殿的琴面昂

3.3.2　歇山顶的发展与构架特色

1）中大型殿堂使用歇山顶的普遍化

不同于隋唐时期之仅规模较小或中轴线两侧的次要单体建筑使用歇山顶，宋辽金时期中大型规模之殿堂已开始并普遍使用歇山顶，同时，也出现利用四出抱厦（宋称"龟头屋"）、左右山面增加夹屋，来增加歇山顶殿堂屋顶层次变化的作法。金代朔县崇福寺弥陀殿是面宽七开间之单檐歇山顶殿堂（1143年），北宋太原晋祠圣母殿是面宽七开间歇山重檐殿堂（1023—1032年），南宋苏州玄妙观三清殿则是面宽九开间的歇山重檐殿堂（图3.61）。而正定隆兴寺面宽七开间的摩尼殿之屋顶（1052年），则是以歇山重檐为主体，四周附加歇山顶抱厦之多重歇山顶组合之实例（图3.62）。

图 3.61　苏州玄妙观三清殿面宽九开间

图 3.62　正定隆兴寺摩尼殿面宽七开间

2）十字脊的出现

宋金时期的绘画中，普遍出现在歇山顶前后坡出山面，屋脊成十字脊的建筑。这些建筑多为三间或五间规模，其或为宫廷殿堂(图 3.63)，或为城墙角楼(图 3.64)，或为水榭(图 3.65)，或为楼阁(图 3.66)，多是作为三或四面临眺的建筑。

图 3.63　宋李嵩《朝回环配图》

资料来源：http://www.douban.com/note/217288483/

图 3.64　繁峙县岩山寺南殿金代壁画局部（摹本）

资料来源：傅熹年，2004：256

图 3.65　宋李嵩界画《水殿招凉图》

资料来源：http://www.people.com.cn/BIG5/198221/
198819/198860/12713248.html

图 3.66　宋画院仿作《黄鹤楼图》

资料来源：http://xs3.tcsh.tcc.edu.tw/～fish/chinese/
tang_song/yue/new_page_2.htm#3

十字脊屋顶为四面出厦,歇山顶则为两面出厦,二者均以悬山出厦,作法属同源。而十字脊屋顶除需歇山顶的转角结构技术外,还需解决前后坡出山面的问题,技术自是较歇山顶为复杂。因此,由结构逻辑与案例年代来看,十字脊屋顶应是源于歇山顶的衍化。进一步来说,此时期歇山顶被普遍应用在中大型殿堂屋顶,并产生新形式衍化,足证其高等级屋顶的地位与受喜爱的程度。此现象当是宋室南迁,歇山顶在南方文化固有地位二者之加乘所致。

3)转角木构作法的创新

主体构架形式的改变,使得转角铺作斜出斗栱里外跳平衡之原有作法不再适用。匠师在寻找解决问题的诸多尝试中,也为后世转角木构形式的定型开启契机。继前期发展出山面内移、使用递角梁、翼角起翘等作法,本期系在转角作法的衍化上获得重要的成就,其驱动力来自殿堂中补间铺作与昂的普遍使用。

五代以后,诸多三开间小型殿堂外檐普遍使用带昂的补间铺作,由于铺作昂向内斜上,昂尾位置远高过出栱的向内延伸,使得转角处无法使用过往以递角梁压住达到内外平衡的作法。在匠师创意的发挥下,多种解决转角木构内外平衡问题的作法在此时出现,包括"椽架间增加枋木层压住昂尾"、"槫木压住昂尾"以及"角梁压住昂尾"等。其中,第二、三种作法后来衍化成为南北木构架转角之典型作法(表3.6)。

表3.6 压住转角铺作斜出斗栱与昂的转角木构作法

作 法	案 例	图 示
以椽架间增加一排枋木压住转角铺作斜出斗栱里跳之斗栱与昂尾	五代平顺大云院弥陀殿	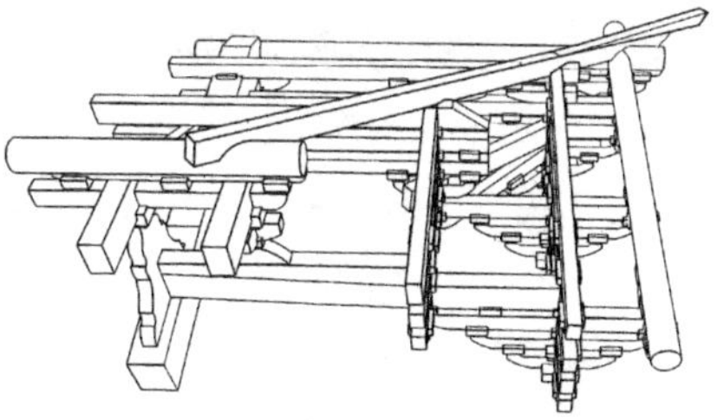
以槫木压住转角铺作斜出斗栱里跳之斗栱与昂尾	五代福州华林寺大殿	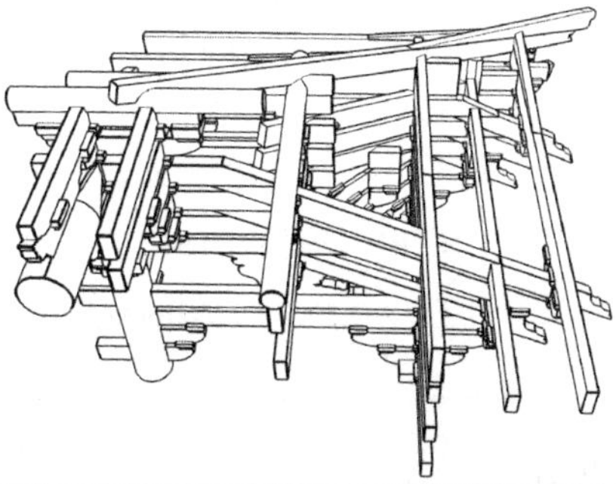
以角梁压住转角铺作斜出斗栱里跳斗栱与昂尾(隐角梁法)	金代太原晋祠献殿	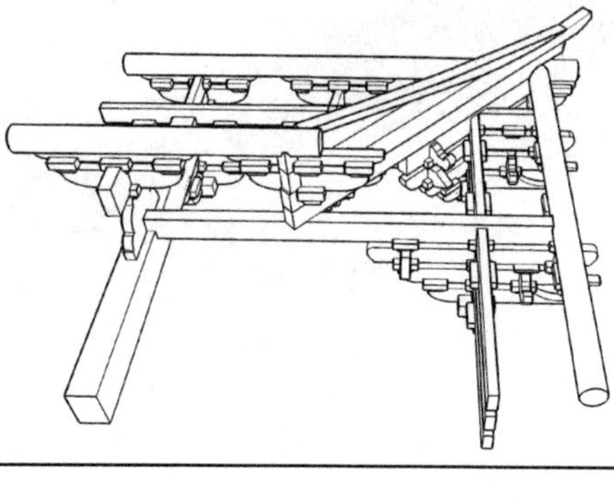

（1）椽架间增加枋木层压住昂尾（"枋木法"）

依实例来看，以枋木压住转角铺作斜出斗栱与昂是较早出现的作法。由于转角铺作斜出昂向里延伸的昂尾高度较高，故而在内柱与檐柱位置，椽架间另增加一排枋木来压住昂尾。其产生于椽架间距较宽的北方建筑，暂以"枋木法"称之。

山西平顺大云院的弥陀殿（922—936年）是现存最早的实例，其明间与次间补间铺作向内出三跳，尾端承枋木，枋木上层叠两层斗与枋木直顶屋面椽木。纵向与横向枋木层在转角处交叉，压住补间铺作里跳斗栱及转角斜出斗栱里跳昂尾与斗栱交叠的尾端（图3.67）。为使两向补间里跳斗栱与转角里跳斗栱交叠，补间铺作位置不在次间之开间中央，而是由中央处向转角处移动（图3.68）。

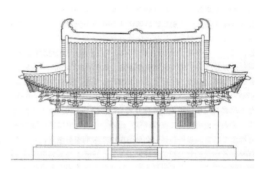

图3.67　平顺大云院弥陀殿的转角斗栱

图3.68　平顺大云院的弥陀殿立面图

资料来源：柴泽俊，1999：158

由现存实例与相关文献来看，唐代建筑补间或不作铺作，或以人字栱或层数少于柱头之斗栱组为补间铺作，补间铺作本身也少向内出跳。三开间南禅寺大殿未作补间铺作，佛光寺东大殿补间铺作层数少于柱头铺作即是实例。然五代山西平顺大云院弥陀殿，面宽仅三开间，惟其补间铺作层数与柱头铺作相同，且补间铺作向内出跳承枋木，枋木成为维持补间铺作及转角铺作内外平衡的重要构件。由此来看，枋木法对补间铺作及转角铺作之稳定是作出贡献的。同样的作法在义县奉国寺大殿（1020年）亦可见到。惟不同于平顺大云院弥陀殿之移动次间补间铺作位置，使转角处斗栱能交叠相扣以承枋木，其系采用开间中央置以补间铺作，并在转角处增加一组，使得转角处开间内出现两组补间铺作的作法（图3.69、图3.70）。此二案例年代均晚于唐代，为解决补间与转角木构昂尾内外平衡问题而使用枋木，因而产生不同于唐代递角梁的转角木构形式。

图3.69　义县奉国寺大殿

图3.70　奉国寺大殿以枋木压住补间斗栱里跳尾

（2）槫木压住昂尾（"槫木法"）

南方五代时建筑椽架间距较北方为窄,故而不采用北方之于椽架间另加枋木层的"枋木法",而是直接利用槫木压住转角铺作斜出斗栱里跳与昂尾的"槫木法"。五代福州华林寺大殿(964年)是现存最早的案例,其后南方歇山顶殿堂均普遍应用。"槫木法"在转角处之补间铺作,不似"枋木法"需以交叉方式处理,补间铺作因此便可不受限制地安置于开间中央处,不需配合转角交叉而移动,在设计上较为灵活。

福州华林寺大殿前檐设补间铺作,明间两朵、次间一朵,次间补间铺作与转角铺作昂尾有一段间距,反映其并未针对次间面宽与椽架宽度作适当安排。其后宁波保国寺大殿(1013年)透过次间面宽与椽架宽度的搭配,两向补间铺作之昂尾已集结在一点(图3.71),此在后来元代南方几座大殿,例:武义延福寺大殿(1317年)、金华天宁寺大殿(1318年)、苏州虎丘二山门(1338年)亦得见(图3.72)。惟宁波保国寺大殿后檐的昂尾向内延伸,直接延伸插入殿身后内柱的柱头之作法,并未出现在后来的案例中。

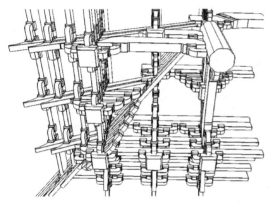

图3.71　北宋宁波保国寺大殿后檐转角仰视

图3.72　元代苏州虎丘二山门转角

（3）角梁压住昂尾（"隐角梁法"）

宋《营造法式》卷二《阳马》中有"隐角梁法"的记载:"凡角梁之长,大角梁自下平槫至下架檐头,子角梁随飞檐头外至小连檐下,斜至柱心。隐角梁随架之广,自下平槫至子角梁尾,皆以斜长加之。"隐角梁法中转角铺作斜出斗栱里跳之斗栱或昂尾,是由槫下角度近乎水平的角梁所压住。这种作法相对于"以椽架间增加一排枋木压住昂尾"的"枋木法",或"以槫木压住昂尾"的"槫木法"来说,其不仅解决了转角铺作斜出斗栱里跳之斗栱或昂尾的固定问题,同时角梁由置于槫上移至槫下,一方面增加翼角翘起高度,一方面也减少角梁前端悬挑处压力过大时,产生的角梁倾覆问题,是一种在结构稳定性维持上,较角梁于槫上更好的方式。然此作法在《营造法式》中并未被大篇幅记载,《营造法式》中仍以角梁置于槫上作法的介绍为主,显见此作法当时尚未形成气候,应是刚发展不久,受到瞩目但仍未普遍流行的状况。其究竟如何形成,据《营造法式》颁布前的北方实例与结构发展逻辑来看,其产生来自两种可能性。一为"角梁尾端的下移",二为"递角梁的上移"。此两种可能性都源于小型殿堂外檐铺作使用昂之驱动。

五代长子碧云寺正殿转角中,可见到"角梁尾端下移"说法发生的原始形态,其转角铺作斜出斗栱的里跳斗栱与昂尾是直接抵在置于槫木上的角梁中段(图3.73、图3.74)。此作法将角梁作为转角铺作斜出斗栱内外平衡的构件,角梁中段遂因此添加来自里跳之斗栱或昂尾上顶的力量,若屋面重量不够压制,角梁极可能因之倾覆。因此,同时代的五代长子玉皇庙前殿转角就出现将角梁下移,尾端抵在四椽栿与丁栿驼峰之间相连的枋木上的作法。而金代太原晋祠的献殿所使用的隐角梁法中的角梁,仍维持 9°的倾斜角,反映其由角梁置于槫上的斜置角梁,向隐角梁法中平置角梁过渡之遗存。

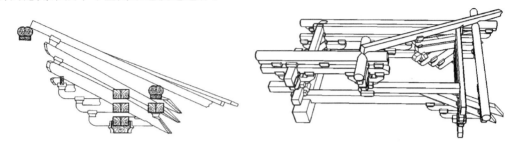

图 3.73　五代长子碧云寺正殿转角

资料来源:剖面图来自贺大龙,2008:143

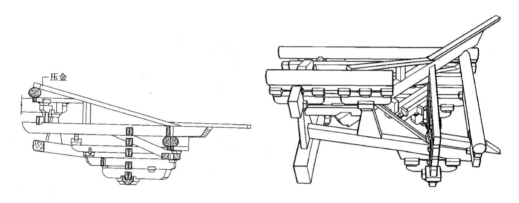

图 3.74　五代长子玉皇庙前殿转角

资料来源:剖面图来自贺大龙,2008:33

　　上述说法虽具较高结构逻辑性,但也不能忽视另一种因外檐昂的使用,促使唐代递角梁的手法发生衍化,进而产生"隐角梁"的可能性。五代平遥镇国寺万佛殿(963 年)提供实例的参考。万佛殿转角木构作法承袭南禅寺大殿以来的递角梁手法,以递角梁压住转角斜出斗栱里跳的第三跳,但为解决昂尾的固定,递角梁之上又累叠枋木及斗,即多层递角梁之累叠,由最上层递角梁负责压住昂尾。此时,压住昂尾的递角梁位置实已高于檐槫,并与角梁相触,虽然万佛殿未将递角梁伸出檐槫之外,形成典型"隐角梁"作法,但其是否因此激发匠师发展出平置角梁代替斜置角梁的作法,由万佛殿案例来看确实存在着可能性(表 3.7)。

表 3.7　隐角梁法发展历程的另一种推测

转角作法	实　例	图　　例
以递角梁压住转角铺作斜出斗栱里跳	唐南禅寺大殿	

转角作法	实 例	图 例
以多层递角梁叠组压住转角铺作斜出斗栱里跳与昂尾	五代平遥镇国寺万佛殿	
以角梁压住转角铺作斜出斗栱里跳与昂尾,隐角梁法成形	五代长子玉皇庙前殿转角	
隐角梁法转角铺作无真昂,角梁以上累垫层木承屋面	金代太原晋祠献殿	

使用"隐角梁"作法中,角梁与补间铺作里跳昂尾的关系有不同的类型。太原晋祠圣母殿(1023—1032 年)正面外檐补间铺作未出昂尾,故无与角梁集结的处理,仅以枋木作连系(图3.75)。少林初祖庵大殿(1125 年)的补间与转角昂尾则靠在一起,惟粗大的角梁与补间装饰细致的昂尾靠在一起实不甚协调(图3.76)。太原晋祠的献殿(1168 年)则将次间中央补间铺作的里跳昂尾置于角梁上,角梁由乳栿支撑;此作法中,次间面宽相当于两倍椽架宽度,反映当时已发展出针对转角木构构件关系的标准化、规格化之设计安排。

图 3.75 太原晋祠圣母殿上檐转角

图 3.76 少林初祖庵转角补间铺作与角梁

4）翼角起翘更高

随着压住斜出斗栱里跳作法的不同,角梁的位置也产生变化。承袭于唐代佛光寺或南禅寺之角梁尾端置于槫上的作法❶依然延续,而在南方普遍使用;北方或由于昂使用在"北方厅堂式"外檐,所引发的角梁尾端下移的作法,而有较过去更能使翼角起翘更高的优势。至于使用子角梁则已成定式,《营造法式》卷二《阳马》:"大角梁其广二十八分至加材一倍,厚十八分至二十分。头下斜杀长三分之二"(图3.77)。子角梁"广十八分至二十分,厚减大角梁三分,头杀四分,上折深七分"(李诫,1956:10)(图3.78)。若子角梁与大角梁叠加的断面加上子角梁上折共五十三分,与《营造法式》规定的椽径十分相比,已超过五倍以上,反映出宋代更高的翼角起翘表现。

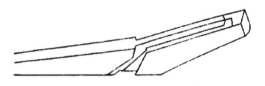

图3.77　《营造法式》中所绘子角梁

图3.78　《营造法式》中所绘大角梁

5）翼角布椽作法的成熟

此阶段布椽方式以扇骨状辐射布椽及平行辐射复合布椽两种类型为主,是前期布椽方式产生增加角梁负担问题的改良。扇骨状辐射布椽自角梁尾端开始,角椽尾劈斜面,每根椽相靠斜贴于角梁,似扇打开,扇骨尾根根相贴,扇骨首辐射状展开(图3.79)。由于转角处角椽均搭在槫上,不会增加角梁的受力,故而遂成五代以后普遍采用的翼角布椽方式。平行辐射复合布椽是并列平行布椽与扇骨状辐射布椽两者相互结合的布椽方式,角椽先以并列平行布椽,过某个点后采用扇骨状辐射布椽,其由平行布椽转为扇骨状辐射布椽的转接点,大抵出现在檐柱顶或转角铺作斜出斗栱里跳的末端(图3.80)。

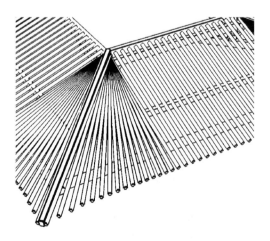

图3.79　扇骨状辐射布椽

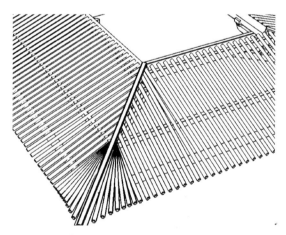

图3.80　平行辐射复合布椽

五代平顺天台庵、平遥镇国寺万佛殿平行辐射复合布椽在檐柱顶进行布椽方式转换。五代福州华林寺大殿延伸至下平槫交接点,宋代案例则多已到角梁尾端,成为典型的扇骨

---

❶　简称"大角梁法"(潘谷西,2001:437)。

状辐射布椽。其似乎存在着扇骨状辐射布椽由平行辐射复合布椽发展而来的历程(贺大龙,2008:79)。

表 3.8 五代、宋、辽、金(907 年至 1279 年)歇山殿堂实例特征

案例名称	规 模	外檐铺作	山面构架位置与支撑	转角斗栱平衡	角梁尾端	角梁	布椽方式
平顺天台庵 (五代 922—936 年)	三间 四椽架	四铺作、 单抄	山面内缩,以明间梁架为山面屋架	以递角梁压住	置于槫上	老角梁、 子角梁	平行辐射
平顺大云院弥陀殿 (五代 940 年)	三间 四椽架	五铺作、 双抄	山面构架内缩至次间中段,靠明间平梁约 1/3～1/4 次间宽处,山面构架由丁栿置驼峰、斗栱支撑	以三层枋压住	置于槫上	老角梁、 子角梁	扇形椽
平遥镇国寺万佛殿 (五代 963 年)	三间 六椽架	七铺作、 双抄双下昂	山面构架内缩至次间中段,靠明间四椽栿约 1/2 次间宽处,山面构架由丁栿叠枋、斗支撑	用递角梁及角梁压住	压于槫下	老角梁、 子角梁	平行辐射复合椽
福州华林寺大殿 (五代 964 年)	三间 八椽架	七铺作、 双抄双下昂	山面构架内缩至次间中段,靠明间平梁与四椽栿约 1/5～1/6 次间宽处,山面构架由乳栿叠枋、斗支撑	用两向槫交接压住	置于槫上	老角梁、 子角梁	平行辐射复合椽
天津蓟县独乐寺观音阁 (北宋 984 年)	五间 八椽架	七铺作、 双抄双下昂	山面内缩,以次间梁架为山面屋架	用递角梁及槫木压住	贴在槫上	老角梁、 子角梁	扇形椽
榆次永寿寺雨华宫 (北宋 1008 年)	三间 六椽架	五铺作、 单抄单昂	山面构架内缩至次间中段,靠明间四椽栿约 1/2 次间宽,山面构架由丁栿置驼峰、斗栱支撑	用递角梁及槫木压住	置于槫上	老角梁、 子角梁	扇形椽
宁波保国寺大殿 (北宋 1013 年)	三间 八椽架	七铺作、 双抄双下昂	山面构架内缩至次间中段,靠明间四椽栿约 1/2 次间宽处,山面构架由乳栿置驼峰、斗栱,劄牵支撑	用斜角乳栿及槫压住	置于槫上	老角梁、 子角梁	扇形椽
莆田元妙观三清殿 (北宋 1015 年)	三间 八椽架	七铺作、 双抄双下昂	因已改建故原作法不详	不详	不详	不详	不详
太原晋祠圣母殿 (北宋 1023—1032 年)	五间 八椽架加 副阶	上檐六铺作、 双抄单昂	山面构架内缩至梢间中段,离六椽栿约 1/2 处,山面构架由乳栿叠斗支撑	用角梁压住	压在槫下	老角梁、 子角梁	扇形椽
大同华严寺薄迦教藏殿 (辽 1038 年)	五间 八椽架	五铺作、 双抄	山面内缩,以次间梁架为山面屋架	用递角梁及槫木压住	不详	老角梁、 子角梁	不详
正定隆兴寺摩尼殿 (北宋 1052 年)	五间 八椽架	五铺作、 单抄单昂	山面内缩,以次间梁架为山面屋架	用递角梁及槫木压住,下有抹角梁	置于槫上	老角梁、 子角梁	平行辐射复合椽
山西晋城青莲寺大殿 (北宋 1089 年)	三间 六椽架	五铺作、 单抄单昂	山面构架内缩至次间中段,约 1/2 处,山面构架由立在乳栿上的斗支撑	用角梁压住	压在槫下	老角梁、 子角梁	扇形椽

案例名称	规　模	外檐铺作	山面构架位置与支撑	转角斗栱平衡	角梁尾端	角梁	布椽方式
登封初祖庵 (北宋 1125 年)	三间 六椽架	五铺作、 单抄单昂	山面构架内缩至次间中段，距 明间四椽栿约 3/5 次间宽处， 由立在丁栿上的蜀柱支撑	用角梁压住	置于槫下	老角梁、 子角梁	扇形椽
朔县崇福寺弥陀殿 (金 1143 年)	七间 八椽架	七铺作、 双抄双下昂	山面内缩，以梢间梁架为山 面屋架	用斜角乳栿及 槫压住	压在槫下	老角梁、 子角梁	不详
福建泰宁甘露庵 (南宋 1146 年)	三间 四椽架	六铺作、 三抄	山面内缩至次间中段，距明间 平梁约 1/2 次间宽	用槫及闇头栱 压住	置于槫上	老角梁、 子角梁	并列平行 布椽
太原晋祠献殿 (金 1168 年)	三间 四椽架	五铺作、 单抄单昂	山面内缩至次间中段，靠明间 梁架约 1/2 次间宽处山面构 架由乳栿支撑	用角梁压住	压在槫下	老角梁、 子角梁	平行辐射 复合椽
苏州玄妙观三清殿 (南宋 1179 年)	七间 十二椽架 加副阶	七铺作、 双抄双下昂	山面内缩，以梢间草架为山面 构架	不详	不详	老角梁、 子角梁	平行辐射 复合椽

3.4　元明(1279 年至 1644 年)

3.4.1　木构技术的时代特征

1)"殿堂式"的衰微与混合式的兴起

　　唐佛光寺东大殿系以柱列、铺作、屋架三个结构分层累叠的"殿堂式"，因铺作层系由柱间扶壁栱与柱头铺作交叉叠组，加上横向椽栿的连接，形成纵横交织的框格，再加上其在整体构架上占有相当高的比例，故可视为一独立之单元结构层。但元明之后，斗栱用材随着宋代以来的发展趋势而逐渐缩小，加上原有斗栱出挑承挑檐桁的传统作法，也由横梁出挑所取代，斗栱更为缩小，不仅铺作层在整体构架所占比例降低，其原有承接屋架、传递屋顶重量至柱网上的功能，也被横梁与枋栱构成的框格所取代，独立之意味已失，不再是柱网与屋架单元结构层，而更接近柱网与屋架间外观上的过渡。元代山西永乐宫三清殿(1262 年)为七开间大殿，铺作层之斗栱已缩小为《营造法式》中三开间小殿使用的五等材(图 3.81)。明代北京紫禁城太和殿(1420 年)的构架中，在相对于断面加大的椽栿枋木，已是柱梁构架，铺作层斗栱与椽栿大小比例较前期差异更大(图 3.82)。

　　此时，有更多官式殿舍舍传统"殿堂式"层叠作法而应用"厅堂式"的构架，表现出构架上"殿堂厅堂化"的趋势(郭华瑜，2001:17)。"厅堂式"本就是一种混合殿堂与穿斗作法的结构形式，明代以后，从宋《营造法式》中仅用于小规模次要厅堂建筑，逐渐被应用到皇室或地区重要礼制建筑及大型殿堂建筑之中，明初社稷坛五开间的拜殿与祭殿(1421 年)，明中期七开间的苏州文庙大成殿(1474 年)(图 3.83)、先农坛太岁殿(1532 年)均是其例。而福建闽南明代殿堂建筑普遍应用的"叠斗式"，其本质也是殿堂与穿斗作法的混合。此外，南宋苏州玄妙观三清殿在"殿堂式"层叠构架中加入局部穿斗之手法亦持续发展，在明代修建之九开间的泉州开元寺大殿(1408 年)(图 3.84)、北京紫禁城新建的保和殿(1440 年)等层叠构成之"殿堂式"木构架中，均见柱升高顶槫木与椽栿插在柱上等穿斗手法。这些均反映出唐代以来殿堂构架层叠手法的衰退,以及混合殿堂层叠与穿斗特征之混合构架的兴起。

图3.81　山西永乐宫三清殿内部

资料来源:北京科学出版社主编,1993:178

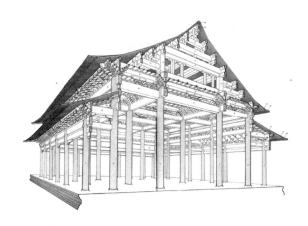

图3.82　北京紫禁城太和殿的剖透视图

资料来源:潘谷西,1994:366

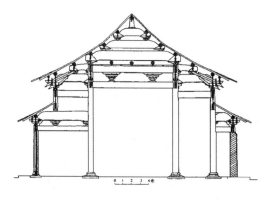

图3.83　明苏州文庙大成殿横剖图

图3.84　泉州开元寺大殿横剖图

2）从灵活变化到再度秩序化的柱网与构架

元代虽然时间不长,但其却承继宋代的发展,在柱网与构架形式上创造出丰富的形式与变化。到了明代,这种在大木构架上灵活的创意表现,随着明朝对宋制遵循,柱网遂回归唐宋时期规整的布置,呈现重新秩序化的现象,并一直延续到清代。

元代木构架所呈现的丰富变化,主要来自运用减柱与移柱的手法,以及使用"大叉手"结构。由现存实例来看,减柱与移柱手法在宋、辽、金时期即已出现,到了元代,更为灵活与广泛应用。不仅柱网上减柱更多,且多合并移柱的使用,以塑造殿堂更大、更宽阔的空间感,以及更恢弘的正立面表现。山西永乐宫三清殿(1262年)与广胜寺上寺弥陀殿(1303年)即为利用减柱与移柱来创造更具宽阔感之殿内空间的案例;山西永乐宫三清殿将平面柱网减去十根内柱,佛像前的礼佛空间深度遂达四椽架,提供佛事使用时更为宽阔的空间(图3.85)。广胜寺上寺弥陀殿透过对佛坛前柱列的减柱与移柱,不仅加深了佛像前的礼佛空间,并加大了佛坛宽度,创造出更为庄严的空间氛围(图3.86)。四川峨嵋飞来殿与韩城文庙大成殿则是利用减柱与移柱来创造更恢弘的正立面的案例,其利用减两根檐柱,并移动两根檐柱,加宽明间,使外观更为恢弘大气。

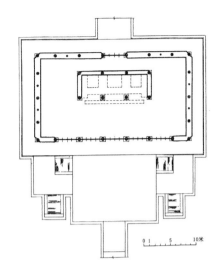

图 3.85　山西永乐宫三清殿平面图

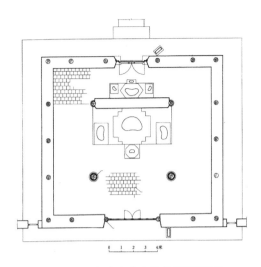

图 3.86　广胜寺上寺弥陀殿平面图

　　随着减柱、移柱应用所产生之灵活柱网,元代大木结构上出现几种未见于现存唐、宋案例,明以后亦甚少出现的构架作法。第一种是"大檐额",其源于正面檐柱的减柱及移柱。当檐柱应用减柱与移柱后,为应付加大的柱间距,遂将柱头附近的阑额加大断面,形成"大檐额"。四川峨嵋飞来殿、韩城文庙大成殿檐廊的檐额即是其例(图 3.87、图 3.88)。第二种为"大斜昂",其将铺作层中的昂向殿内延伸,借以支撑屋架桁木。这种作法与其说是一种进化,还不如说是"返祖"。刘致平在《中国建筑类型与结构》中曾提出大叉手结构是中国极早的木构架形式(刘致平,1984:83),杨鸿勋也曾说:"昂脱胎于槫,约是从商、周大叉手屋架蜕变而来;进一步追溯其根源,应发生于半穴居和干阑棚架的长椽"(杨鸿勋,1987:264)。杨鸿勋并解释昂的出现是因屋面发生举折后,叉手不得不在中间折段,一分为二、或三、或四……最上端的部位演变成后世的叉手结构,扶持脊桁,最下端部分与斗栱结合,逐渐发展成下昂结构。此在南北朝时期已逐渐形成,到隋唐时则成定型(杨鸿勋,1987:264)。到了元代,利用昂上斗栱构件与昂尾位置的调整,斜昂承屋面重量的作法又再度流行,若分析发展关系,此系"返祖"现象的表现。广胜寺上寺弥陀殿的斜昂向上延伸,跨越两个椽架,抵在平梁下方(图 3.89);四川卢山青龙寺大殿下昂沿屋面跨越数个椽架向上延伸支撑屋面桁木(图 3.90);二者均回到斜梁发展成下昂的初期阶段。斜梁承重这种原已退出历史主流舞台的结构方式,在元代又再次重新出现,并与当时已成熟的斗栱技术相配合,再现一段令人惊叹的创造性演出。

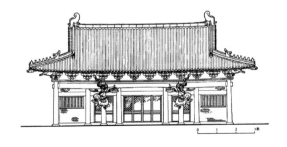

图 3.87　四川峨嵋飞来殿正立面图

资料来源:潘谷西,2001:366

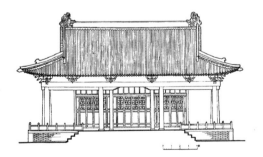

图 3.88　韩城文庙大成殿正立面图

资料来源:潘谷西,2001:430

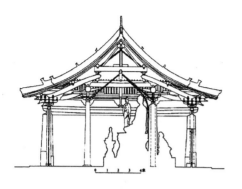

图 3.89　广胜上寺的弥陀殿横剖图

资料来源:潘谷西,2001:315

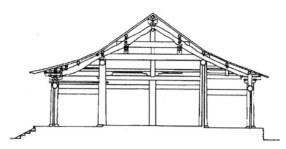

图 3.90　四川卢山青龙寺大殿横剖图

资料来源:潘谷西,2001:435

表 3.9　元代移柱、减柱的实例

案例	类型	移柱、减柱的作法	目　的	构架的变化	图　示
四川峨嵋飞来殿(元 1298 年)	祠庙	减两根檐柱,并移两根檐柱	扩大正立面开间面宽	正面檐柱上阑额断面加大成为"大檐额"	
广胜寺上寺弥陀殿(元 1303 年)	佛寺	次间殿身前后内柱减柱,明间殿身前后内柱移柱	扩大佛坛宽度,并使佛像不为殿身前内柱所挡	平梁及下平槫架在大斜栿(大斜昂)上,下方以柱梁框架支撑	
定兴慈氏阁(元 1306 年)	佛寺	减去四根殿身内柱	扩大室内空间	平槫以上屋架由插在蜀柱上角梁以及外檐铺作层之角昂支撑	
韩城文庙大成殿(元)	祠庙	檐柱减两柱、移两柱,殿身后平柱减柱	扩大正立面开间面宽,与室内空间感	正面檐柱上阑额断面加大成为"大檐额"	

3）斗栱发展朝向纯艺术的表现

元明以后斗栱在结构上的角色更为式微。其证据有二：一为用材变小，相同开间规模殿堂之基本用材截面积，元明较宋代少了 50％以上（表 3.10），反映其分摊结构荷重功能的弱化。二为"丁字牌科"的出现，只外跳而无里跳，斗栱不需内外平衡的问题，反映其在外檐承重上的退化。三为室内椽栿断面增大，椽栿取代铺作层原有承重的功能。

表 3.10　宋以后斗栱用材的减小趋势

	三间规模用材	五间规模用材	七间规模用材	九间规模用材
营造法式依宋一尺 31.5 厘米计	四等材(7.2 寸×4.8 寸)或五等材(6.6 寸×4.4 寸)	二等材(8.25 寸×5.5 寸)或三等材(7.5 寸×5 寸)	二等材(8.25 寸×5.5 寸)	一等材(9 寸×6 寸)
宋辽金	永寿寺雨华宫约 7.6 寸×5.0 寸 宁波保国寺大殿约 6.8 寸×4.6 寸	善化寺三圣殿约 8.3 寸×5.2 寸 华严寺薄伽教藏殿约 7.5 寸×5.4 寸 太原晋祠圣母殿约 6.8 寸×4.8 寸 隆兴寺摩尼殿约 6.7 寸×4.4 寸	苏州玄妙观三清殿约 6.7 寸×4.4 寸	
元明	金华天宁寺大殿约 5.4 寸×3.3 寸 上海真如寺大殿约 4.3 寸×2.9 寸 延福寺大殿约 4.9 寸×3.2 寸	永乐宫三清殿约 6.6 寸×4.3 寸 广胜上寺弥陀殿约 5.2 寸×3.5 寸 苏州文庙大成殿约 5.2 寸×3.5 寸		

斗栱虽不再扮演结构的主要角色，但在外观上，因其曾为殿堂建筑构架主要构成元素，遂仍被保留在殿堂外观经营上，并被施以更繁复装饰美化的处理。其中，简单的批竹昂为线条较细致的琴面昂所取代，出现更为装饰性的象鼻昂与凤头昂（图 3.91），加工细腻之出栱栱尾的出现，均是明证（图 3.92）。此反映出斗栱并未因结构上的退化而消失；相反的，更朝向纯艺术的表现方向发展。

图 3.91　象鼻昂

图 3.92　泉州开元寺大殿外檐的卷草栱

4）砖在结构中的角色逐渐吃重

明代之后，随着砖材烧制技术的普及，砖材被普遍应用，其不仅只作为墙身土墼砖之取代材，更逐步取代木构架的荷重，出现不同的砖木混构，甚至全砖结构的建筑。湖北武当山上碑亭与明十三陵中的方城明楼无落地柱，以砖拱券墙身承载屋顶木构架（图3.93、图3.94）；无梁殿则是全以砖为主要构材的建筑。

图3.93　湖北武当山南岩宫的碑亭

图3.94　明十三陵庆陵方城明楼未整修前侧景

资料来源：王伯扬，1992:37

　　殿堂建筑虽仍维持木构架系统，惟砖的使用，对构架形式也产生影响。其影响主要有二：一为外檐墙体改用砖材后，由于砖材耐水性较土墼砖高，外檐便不再需要较深的出檐阻挡雨水来保护墙体，出檐因而缩小；此外，斗栱用材亦连带随之变小，驱使外檐斗栱朝向装饰化表现衍化。二为砖墙取代落地柱，特别是外檐荷重由砖墙取代。其或促使外檐处的落柱遭取消，或使落柱变成断面较少的半柱。明成化十八年(1482年)重修的漳州文庙，其两山及后檐墙均未有落柱，屋架梁枋直接架于砖墙（图3.95），明末漳州林氏宗祠(比干庙)两山亦未设木柱，出檐斗栱下方的木阑额直接架在外檐砖墙上（图3.96）均是实例。

图3.95　漳州文庙的梁枋置于砖墙

图3.96　漳州林氏宗祠梁枋置于砖墙

3.4.2　歇山顶的发展与构架特色

1）歇山顶形象趋于高峻凝重

元明以后的歇山顶建筑，屋面举折加大各段屋坡落差，并使接近中脊处屋面坡度变得更为陡峭,加上出檐变短,屋檐舒缓延展意味降低,与前期屋顶相比,外观显得较为高峻。中脊两侧陡峭屋坡,与檐口缩小之斗栱的对比,更增屋面外观体量感,屋顶的形象显得更为凝重。

2) 小型重檐歇山殿堂的增多

明初对于歇山顶使用有相当严格的管制,《明史》卷六十八中有:"洪武二十六年定制,官员不许营造歇山、转角、重檐、重栱及绘藻井,惟楼居重檐不禁。"然许多重要的建筑,如佛寺的大殿,大神的庙堂,仍延续着歇山殿堂的使用。甚者,随着民间经济力提升,以及砖构外檐墙的普及,殿堂高度更高,等级更高的重檐屋顶使用更为普遍。由实例比较来看,在宋代,重檐作法多出现在五开间以上规模的歇山殿堂,然元明以后,却大量出现三开间,甚至三开间以下的歇山重檐殿堂。

3) 南北转角木构形式的明显差异

元代以后,五代发展至宋金时期普遍应用的"隐角梁"法出现改良。其将原压于平槫以下的大角梁,改置于抹角梁上,并将大角梁尾端插入由平槫悬吊而下的不落地虚柱中,此即所谓的"虚柱法"。"虚柱法"延续以大角梁抵住转角铺作斜出斗栱里跳,维持其内外平衡的作法,而其又与平槫悬吊而下的不落地虚柱及屋面下的隐角梁相互穿插,构成稳定的三角架,使得翼角免除倾覆之患(潘谷西,2001:437)。而作为大角梁下方支撑的抹角梁,其拉系转角处两向构架,加强角隅的稳定,避免构架在遭受水平外力时角隅的扭曲。因此,就转角木构架受力的结构行为与构架稳定性来看,"虚柱法"较前期之"隐角梁法"更为进化。因此,其能在北方广为流传至清末。元代永乐宫龙虎殿的转角即是其例(图3.97)。

平置的大角梁,微幅增加翼角的起翘,而牛角状子角梁的应用,不仅使翼角更为向上扬起,其向上扬起的曲线,更使翼角呈现寓柔于刚的雄伟气势(图3.98)。

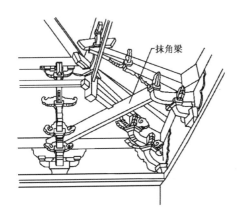

图3.97　元代永乐宫龙虎殿转角构架

资料来源:据朱光亚上课讲义重绘

图3.98　苏州寂鉴寺石殿牛角状子角梁

资料来源:据朱光亚上课讲义重绘

相对于北方隐角梁法进化到虚柱法,广大南方地区的歇山殿堂转角构架大体仍延续五代福州华林寺大殿之以槫压柱转角铺作斜出斗栱之里跳昂尾的作法(图3.99)。翼角角梁绝大多数仍置于平槫之上,或微微下落与平槫相嵌,少见压于槫下的作法。随着出檐的缩短,角梁亦随之有缩短趋势。

为弥补出檐缩短对整体外观表现的冲击,翼角遂开始追求更为起翘的表现,借此拉长翼角长度,增加其在外观表现上的分量。浙江金华天宁寺大殿以多层木构件逐一相叠向前挑出伸展、向上翘起的子角梁作法,成为后来"嫩戗发戗"的先声(图 3.100)。此法可以产生错觉,以比较小的冲出值与高高翘起的形象,让人误认为翼角远远飞出,同时解决了角梁缩短带来的问题,其所创造出的柔曲之美迅速在南方传布,成为长江流域建筑风格的一个重要因素(潘谷西,2001:437)。

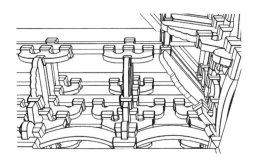

图 3.99　漳州文庙转角构架

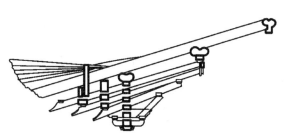

图 3.100　浙江金华天宁寺大殿翼角

资料来源:据朱光亚上课讲义重绘

表 3.11　元明歇山殿堂实例特征

案例名称	规模	外檐铺作	山面构架位置与支撑	转角斗栱平衡	角梁尾端	角梁	布椽方式
四川峨嵋飞来殿(元 1298 年)	五间八椽架	五铺作、单抄单下昂	山面构架内缩至次间中段靠明间梁架约 1/2 次间宽处,架在乳栿上	不详	不详	不详	不详
广胜寺上寺弥陀殿(元 1303 年)	五间六椽架	五铺作、重昂	山面构架内缩至次间中段靠明间梁架 1/2 次间宽处,架在斜丁栿与斜角梁的蜀柱上	由角梁压住	压在槫下	老角梁、子角梁	扇形椽
定兴慈氏阁(元 1306 年)	三间四椽架	五铺作、重昂	山面构架内缩至次间梁架靠明间约 1/2 次间宽处,由昂及角梁支撑	由角梁压住(虚柱法)	压在槫下	老角梁、子角梁	扇形椽
韩城文庙大成殿(元)	五间六椽架	五铺作、重昂	山面构架内缩至梢间梁架靠次间梁架约 1/3 梢间宽处,架在乳栿上	由角梁压住,角梁置于抹角梁上	压在槫下	老角梁、子角梁	扇形椽
武义延福寺大殿(元 1317 年)	三间八椽架加副阶	五铺作、重昂	山面构架内缩至次间梁架靠明间 1/2 次间宽处,架在乳栿上	以平槫压住转角铺作之昂尾	压在槫下	老角梁、子角梁	平行辐射复合布椽
金华天宁寺大殿(元 1318 年)	三间八椽架	六铺作、单抄重昂	山面构架内缩至次间梁架靠明间 1/2 次间宽处,架在乳栿栿上	以平槫压住转角铺作之昂尾	与槫相嵌	老角梁、叠木子角梁	平行辐射复合布椽
上海真如寺大殿(元 1320 年)	三间十椽架	四铺作、单昂	山面构架内缩至次间梁架靠明间 2/3 次间宽处,架在乳栿上	以平槫压住转角铺作之昂尾	置于槫上	老角梁、子角梁	平行辐射复合布椽
苏州虎丘二山门(元 1338 年)	三间四椽架	四铺作、单抄	山面构架内缩至次间梁架靠明间 1/2 次间宽处,架在乳栿上	以平槫压住转角铺作之昂尾	置于槫上	老角梁、子角梁	扇形椽

续表 3.11

案例名称	规模	外檐铺作	山面构架位置与支撑	转角斗栱平衡	角梁尾端	角梁	布椽方式
东山轩辕宫正殿（胥王庙元 1338 年）	三间八椽架	五铺作、重昂	山面构架内缩至明间 1/3 次间宽处，架在乳栿上	以平槫压住里跳之昂尾	置于槫上	老角梁、子角梁	扇形椽
安宁曹溪寺大殿（元—明）	三间六椽架副阶周匝	四铺作、单抄	山面构架内缩至次间梁架旁，架在乳栿上	以平槫压住里跳斗栱	压在槫下	老角梁、子角梁	扇形椽
泉州开元寺大殿（明 1389、1408 年）	七间十八椽架	八铺作	山面构架内缩至梢间梁架，架在乳栿及斜角乳栿上	以平槫压住里跳斗栱	置于槫上	老角梁、子角梁（观音手）	并列平行布椽
平武报恩寺大雄宝殿（明 1406 年）	三间十椽架副阶周匝	七铺作、四重昂	山面构架内缩至次间屋架	以平基枋压住里跳斗栱	置于槫上	老角梁、子角梁	不详

3.5　清(1644 至 1910 年)

3.5.1　木构架的时代特征

依梁思成著《清式营造则例及算例》所示,清代大木构架分成"大木大式"及"大木小式";"大木大式"又称"殿式建筑",一般用于宫殿、官署、庙宇、府邸中的主要殿堂,建筑面宽可自五间至十一间;"大木小式"不用斗栱,用于上述建筑的次要建筑和一般民居,建筑面宽为三至五间。此分类法类同于宋《营造法式》依构架形式作建筑等级区分的作法,惟《营造法式》中以层叠组构的"殿堂式"与层叠组构融合穿斗作法的"厅堂式"分类方式,被修改为以有无斗栱作为殿堂与厅堂之分的依据,不再延续宋代以有无层叠组构作为殿堂与厅堂之分。这种现象当然是因明代以来,"厅堂式"构架大量应用到殿堂建筑之后的结果。清代延续明代的作法,基于"厅堂式"构架已成殿堂使用之主要构架形式之一,因此,遂以面宽与斗栱作为等级分类依据。明代以来地域特色构架的蓬勃发展,使得此时殿堂木构架有更多不同架构形式的表现。以闽南地区为例,同属官祀之孔庙大成殿,就存在着模仿《营造法式》之"殿堂式"外观的泉州安溪县文庙大成殿(图 3.101),与具"厅堂式"意味、地域风格"叠斗式"表现的惠安县文庙大成殿(图 3.102)。

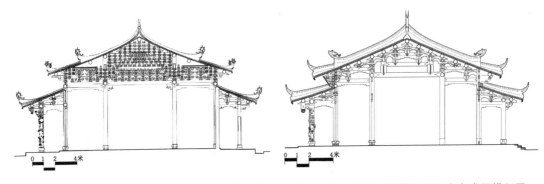

图 3.101　"殿堂式"泉州安溪文庙大成殿横剖图

资料来源:姚洪峰提供

图 3.102　"叠斗式"惠安县文庙大成殿横剖图

资料来源:姚洪峰提供

清代持续斗栱用材缩小化与艺术化的趋势,并加入更多线脚与图案的变化,使得构架风貌变得更为华丽。漳州南山宫丰富的外檐表现就来自补间铺作数增加、斜栱与假昂的应用以及昂嘴象鼻造型的处理(图3.103)。泉州安海龙山寺大殿内华丽的缝架来自于斗栱的变化造型,以及多部位的装饰雕板的烘托(图3.104)。由此二者亦可见到清代在斗栱朝向纯艺术发展中,斗栱造型开始有其地域性,意即这些造型斗栱已成为地方建筑特征的辨识元素。

图 3.103　漳州南山宫外檐繁复之铺作

图 3.104　泉州安海龙山寺大殿内缝架

整体来说,清代殿堂大木结构艺术性价值实高过其在结构进展上的价值。同时,地域性手法也更为直接地呈现在官式建筑的大木构架形式与作法上。

3.5.2　歇山顶的发展与构架特色

清代南、北方延续明代以来歇山殿堂在转角与翼角构架上的不同表现。转角构架中,特别是角梁作法上,元代北方所发展的"虚柱法",出现变异的作法。其由老角梁垂下垂莲柱,而非虚柱法之由桁木交接处垂下垂莲柱,且老角梁直接架于转角枋木上,而非转角斜出斗栱之里跳上,是一种用于无斗栱小式建筑的转角作法,称为"结角法"(图3.105)。南方转角角梁则有变短趋势(图3.107)。因应角梁变短,为避免翼角的倾覆,并维持足够出檐长度,部分地区殿堂发展出以立在屋面上之蜀柱支撑(即擎檐蜀柱)的作法(图3.106),福建泉州地区称其为"进架"❶。

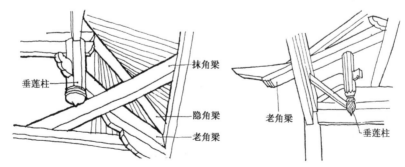

图 3.105　"虚柱法"与"结角法"之对比

资料来源:朱光亚上课讲义

---

❶　此部分详本书第四章126页之说明。

图 3.106 莆田广化寺上檐擎檐蜀柱

图 3.107 福建泉州开元寺甘露戒坛"进架"短柱立于屋面上

3.6   小结

本章主要讨论殿堂建筑之大木构架形式特色与歇山顶形式作法。大木构架上,从战国至清的发展,南、北方本身不同的木构体系渊源,在自身发展与彼此间交流过程中,出现多样木构形式的表现与变化,并在北宋《营造法式》中被规整为"殿堂式"与"厅堂式",形成其后官式建筑主流发展。明清以后,随着砖材的使用、斗栱用材的缩小,殿堂式大木构架因而逐渐走向地域性与装饰性的表现。

歇山殿堂原为南方的屋顶形式,在魏晋时期南北方交流中被北方文化所吸收,在宋代成为官式殿堂普遍形式,并因此发展出"四面出厦"的十字脊屋顶。在歇山殿堂木构形式上,唐代完成由"悬山两厦加披檐"到"收山"的发展,以及使用子角梁增高翼角起翘的技术。五代因补间铺作的普遍化,转角形式亦产生衍化,开启南北不同的衍化脉络与结果。其中"以槫压昂尾"成为南方典型作法,"隐角梁"法则流行在北方,至元代更进一步衍化成"虚柱法",成为北方歇山转角木构的普遍形式。

4 闽东南歇山殿堂大木构架特色与发展

闽东南地区指的是福建东南沿海的福州、莆田、泉州、漳州等地,这些地区在福建历史发展过程中,不仅为地区之行政中心,同时也因其多为船舶进出口岸,故成为海外文化与内陆文化间互动与交流的枢纽。由闽王王延钧妻刘华墓中出土的孔雀蓝釉瓶,可验证五代末期福州与阿拉伯国家已存在经济文化的交流。在宋元时期泉州已是世界著名的贸易港口,现存北宋起建的艾苏哈卜清真寺(泉州清净寺)见证了当时多元文化的并存。明代长时期海禁之后,在明穆宗隆庆元年(1567年)开禁时,漳州月港是惟一开放中国商民出海贸易的口岸,系当时海上贸易中重要的港口。由此可见,这些地区乃海外文化进入中国的前哨站。此外,明清以后,随着大航海时代的开启,中国东南沿海住民开始纷纷向海外移居,此过程中,这些地区系移民出海的口岸,故也成为移民文化输出至海外的窗口。因此,在研究外来文化、本土文化的发展与传播上,闽东南地区是不可或缺的重要环节。

福州、莆田、泉州、漳州为闽东南的地区中心。福州从秦设关中郡始,就有大多数的时间均为地区最高行政中心,明清称为福州府,今称福州市。莆田之名从唐以后开始出现,一直都是相当于县级的行政驻所;到南宋时,其地位提升,为当时福建一府五州二军中的兴化军之军级驻所;元代兴化军改称兴化路,仍为行政驻所;明清称兴化府,今称莆田市。三国时泉州旁的南安就有东安之名,晋时称为晋安,南朝陈为南安郡的郡治所在,隋代恢复为县级驻所,称南安。唐以后,今日所称泉州出现,其为当时泉州(又称武荣州)的行政驻所;其后,泉州所辖范围虽有多次调整,但一直都是行政驻所所在,明清称泉州府,今称泉州市。漳州府治原在漳浦,唐元和八年(813年)迁至现在的漳州市,其后一直到明清,漳州府治所在均未改变,明清称为漳州府,现为漳州市(表4.1)。

表 4.1 闽东南福州、莆田、泉州、漳州历史发展名称

现名	秦	汉	三国	西晋	南朝陈	隋	唐(一)711 年
福州市	东治	东治	侯官	侯官	侯官	闽县	闽州
莆田市							莆田
泉州市	东安			晋安(南安)	南安郡(南安)		泉州
漳州市							

现名	唐(二)813 年	五代十国	宋	元	明	清
福州市	福州	长乐府	福州	福州路	福州府	福州府
莆田市	莆田	莆田	莆田	兴化路	兴化府	兴化府
泉州市	泉州(晋江)	泉州(晋江)	泉州	泉州路	泉州府	泉州府
漳州市	漳州(龙溪)	漳州(龙溪)	漳州(龙溪)	彰州路	漳州府	漳州府

4.1 歇山殿堂大木构架类型

闽东南殿堂建筑现存案例绝大多数为歇山顶,仅泉州府文庙为庑殿顶。现存最早案例为五代福州华林寺大殿,其亦为南方现存最早的木构殿堂;莆田元妙观三清殿、罗源陈太尉宫大殿兴建年代略晚,为宋代作品;元代无木造殿堂实例遗存;明、清两代案例较多,其中,以歇山重檐形式居多。

就构架形式来看,闽东南歇山殿堂大木构架类型有三:一为"殿式厅堂式",其兼具《营造法式》"殿堂式"之柱网、铺作、屋架层叠特征,以及"厅堂式"之内外柱不同高、插栱的作法,无"殿堂式"殿内平棊(天花),屋架外露,案例为五代福州华林寺大殿及北宋莆田元妙观三清殿。二为"叠斗式",特征是在椽栿上叠斗承槫(楹),系明代以后普遍作法。三为"殿堂式",外观呈现柱网、铺作、屋架层叠关系,明代以后亦有诸多实例,惟其随着大木构架中斗栱用材缩小的趋势,构架穿斗手法增多,甚至出现以穿斗构架为主体,却有柱网、铺作、屋架分层外观的"拟殿堂式"(表4.2)。

表 4.2 现存闽东南歇山殿堂建筑兴建年代与构架类型

案例名称	兴建年代	形式	案例名称	兴建年代	形式
福州华林寺大殿	五代	殿式厅堂式	泉州同安文庙大成殿	清	叠斗式
莆田元妙观三清殿	北宋	殿式厅堂式	漳州龙海白礁慈济宫正殿	清	殿堂式
罗源陈太尉宫正殿	宋	殿堂式	永泰文庙大成殿	清	拟殿堂式
泉州文庙大成殿*	南宋	叠斗式	泉州天后宫正殿	清	叠斗式
泉州开元寺大雄宝殿	明	殿堂式	泉州安海龙山寺正殿	清	叠斗式
漳州文庙大成殿	明	殿堂式	福州文庙大成殿	清	拟殿堂式
漳浦文庙大成殿	明	殿堂式	福州鼓山涌泉寺大雄宝殿	清	拟殿堂式
莆田兴化府城隍庙正殿	明	叠斗式	泉州惠安文庙大成殿	清	叠斗式
泉州承天寺大雄宝殿	明	叠斗式	莆田广化寺大雄宝殿	清	拟殿堂式
泉州崇福寺大雄宝殿	明	叠斗式	漳州南山寺大雄宝殿	清	拟殿堂式
漳州比干庙正殿	明	殿堂式	莆田仙游文庙大成殿	清	拟殿堂式
泉州安溪文庙大成殿	清	拟殿堂式	厦门南普陀寺大雄宝殿	清	叠斗式
泉州县城隍庙正殿	清	叠斗式	漳州南山宫正殿	清	拟殿堂式

* 泉州文庙大成殿为闽东南惟一重檐庑殿建筑,其非歇山重檐,但因年代久,且构架形式特殊,故纳入讨论

4.1.1 "殿式厅堂式"

福州华林寺大殿建于五代末(964年),是闽东南甚至南方地区现存最早殿堂建筑。其原为面宽三间、进深八椽架的单檐歇山顶建筑,明清时加建下檐(现已拆除),柱网布局类似《营造法式》所载的"身内双槽"、"八架椽屋前后乳栿用四柱"的构架。前内柱与前檐柱间(前槽)为外廊,有天花;前内柱至后檐柱为室内,彻上明造。外檐七铺作,双抄双下昂,上层昂上以一根不增出跳距离的由昂代替要头,形成三个昂头伸出的外观。前檐当心间补间铺作两朵,次间一

朵,后檐则无补间铺作(图 4.1、图 4.2)。

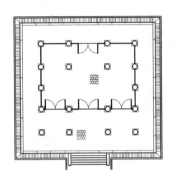

图 4.1 福州华林寺大殿平面图

资料来源:姚洪峰提供

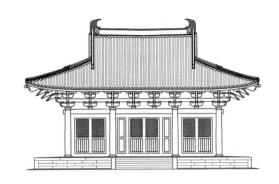

图 4.2 福州华林寺大殿正立面图

资料来源:姚洪峰提供

福州华林寺大殿与兴建年代略早的唐代山西佛光寺东大殿(857 年)的构架同样有屋架、铺作、柱网层叠的构成,由形式与营建程序来看,两者确实存在着同源关系(图 4.3)。惟二者间仍有诸多差异,反映出不同衍化脉络。首先是扶壁栱作法的不同;扶壁栱是殿堂铺作层纵向连接的构件,华林寺大殿的作法为单栱素枋交替重叠(图 4.4),佛光寺东大殿则为素枋层叠隐刻栱身(图 4.5)。在北方,单栱素枋交替重叠的作法仅见于盛唐以前的敦煌壁画中❶,其后的文物或建筑均是素枋层叠隐刻栱身的作法。也就是说,华林寺大殿所使用之扶壁栱的形式年代是盛唐以前的。

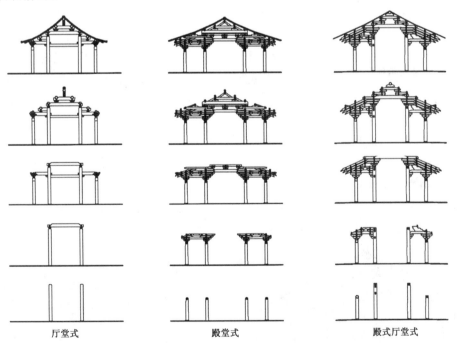

厅堂式　　　　　殿堂式　　　　　殿式厅堂式

图 4.3 "厅堂式"、"殿堂式"、"殿式厅堂式"不同之营建程序

❶ 晚唐以后北方出现的案例均为枋上隐刻出栱身的作法。

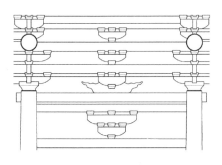

图 4.4　福州华林寺大殿扶壁栱

图 4.5　佛光寺东大殿的扶壁栱

资料来源:北京科学出版社,1993:123

其次,两者斗栱用材不同。材份制形成甚早,到了宋代《营造法式》中更将其总结订定尺寸基准,作为不同规模与等级建筑用料的依据。由唐到宋到其后的建筑实物用材之分析中,用材逐渐变小的趋势是毋庸置疑的。亦即,有越早期的建筑用材越大的现象,这反映匠师对构架之结构力学的掌握与斗栱在构架中扮演角色的变化。此在前章已有较详细的叙述。福州华林寺大殿虽仅有三开间的规模,却使用 33~35 厘米的材高,远远大于佛光寺东大殿的 30 厘米材高,也超过《营造法式》中规定用于九间或十一间大殿之一等材的 9 寸材高。也就是说,华林寺大殿保留较佛光寺东大殿更早的用材习惯。

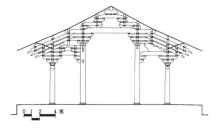

图 4.6　五代福州华林寺大殿横剖图

资料来源:姚洪峰提供

第三,华林寺大殿四椽栿上仍置以斗栱层叠交织支撑二椽栿及槫木,无人字叉手,遂形成柱头上的栌斗层叠至屋顶槫木下缘的意象(图 4.6)。在也曾属闽东南地区,被龙庆忠鉴定为宋构的潮州开元寺天王殿,其当心间左右缝架之前柱柱头斗栱同样也有六至七层栌斗高危垒叠至屋顶槫木下缘的作法(图 4.7)。而在佛光寺东大殿因平棊以及以驼峰(垫木)支撑二椽栿,加上素枋层叠隐刻栱身的作法,并无柱头栌斗层叠垒高的意象(图 4.8)。东汉王延寿在描述西汉时代景帝之子恭王余盖的鲁灵光殿所写的《鲁灵光殿赋》中,描写当时构架形貌,有"层栌磥垝以岌峨 曲枅要绍而环句"。根据杨鸿勋的考证,"栌"宋时称为"坐斗",清时称"大斗","枅"为替木,即檩、枋下所附,用以加大支承面的短木枋(杨鸿勋,1984:257)。因此,此段话意系指鲁灵光殿中构架柱头上的栌斗层叠如山一般的高,形状优美的曲枅重覆勾连。而华林寺大殿或潮州开元寺天王殿之柱头栌斗的层叠,出栱重覆勾连,较佛光寺东大殿更接近此段文字描述的形象,暗示着两者间可能存在着渊源关系。

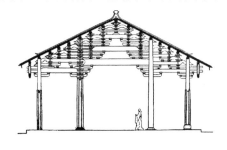

图 4.7　潮州开元寺天王殿当心间横剖图

资料来源:李哲阳,2005:107

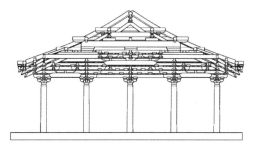

图 4.8　佛光寺东大殿横剖图

第四,华林寺大殿斗底下方有向外突出的内斜棱线,称为"倒棱"(曹春平,2006:67),是斗底皿板退化所留下的痕迹(图4.9)。斗底皿板的作用主要在扩大斗底置放面,并作为斗高的细微调整。在北方,汉代建筑中经常可见;北魏时,云冈石窟第十窟佛龛柱柱头斗底下斜棱垫木即为皿板(图4.10);唐代以后,北方便逐渐扬弃此法,但在闽东南,直到清代仍见其形象。

图4.9 华林寺大殿斗底下方向外突出的内斜棱线

图4.10 云冈石窟第十窟佛龛柱柱头

此四项特征,均指向华林寺大殿的兴建年代虽晚于构架有同源关系的佛光寺东大殿,但构架形式年代却早于佛光寺东大殿,意即华林寺大殿保留了远较佛光寺东大殿更早的北方殿堂构架作法。

东汉时期,岭南早已纳入中央政权管辖,随着政治的深入,北方木构文化也跟着传播到南方的广州等地。因此,在广州出土的东汉明器中,可见到柱头栌斗与曲枅等之北方木构形式的特征(图4.11)。至于福建,汉代虽曾有闽越国的建立,但旋又被汉武帝所灭。汉末,北方战乱迭起,中原世族与劳动人民不断大批南迁到社会相对比较安定的福建,促进了福建社会经济的发展,极可能亦将北方殿堂建筑的作法带到闽东南。随着南北方木构文化的向前衍化,超越《营造法式》的用

图4.11 广州出土的东汉明器

材习惯、单栱素枋交替重叠、柱头栌斗层叠、斗底皿板等作法,在中唐以后的南禅寺大殿与佛光寺东大殿均已不复见,然这些特征却保存在闽东南,出现在五代末兴建之华林寺大殿中,甚至,部分特征并一直延续发展至清,形成闽东南地域特色。

在北方木构文化传播进来之前,南方早已存在穿斗结构的传统。广州出土的东汉明器中,虽有栌、曲枅等北方木构的作法,但柱承桁、山面立中柱、柱枋穿插等却是未见于北方的穿斗结构特征(图4.11),此明器构架乃为南北木构文化融合的结果。同理,可推测当时殿堂建筑的构架也应有此文化融合的现象,惟目前尚未有遗物留存可兹验证。五代的福州华林寺大殿虽为北方殿堂层叠架构关系的呈现,但内外柱不同高、使用插栱等作法,却是受到南方穿斗构架的影响,其乃南方之南北殿堂木构文化融合过程中,五代阶段闽东南地区所展现的实例。

"插栱"在东汉四川德阳画像砖中所刻画的抬梁式构架出檐处就已出现(图3.8),杨鸿勋在《斗栱起源考察》一文中也曾提出"*插栱就是弯曲的斜撑,斜撑由擎檐柱蜕变而来*"(杨鸿勋,1984:254)之说。此反映出檐处的插栱不必然源于穿斗传统。但就福州华林寺大殿的构架来看,殿内插栱是因应内外柱不同高问题而产生。在内柱高于外柱的条件下,为能维持水平层叠的北方殿

堂构架意象,并对内柱与橼栿交角角度的固定提供帮助,以避免构架在遭受水平力时,因柱与橼栿间角度变化过大而倾覆,遂将栱插于柱上形成插栱。此源于内外柱不同高所产生的插栱,确实与穿斗结构有所关连。

福州华林寺大殿(964年)、北宋宁波保国寺大殿(1013年)、莆田元妙观三清殿(1015年)之插栱为单边出栱,栱身插在柱上(图4.12、图4.13)。而宋《营造法式》中的"厅堂式"插栱(图4.14)、宋构潮州开元寺天王殿当心间左右缝架之后内柱插栱、南宋绍兴及干道年间兴建的福建泰宁甘露庵诸殿之插栱(图4.15),均是由素枋或橼栿穿出柱身,或栱穿过柱身向两侧出栱构成。穿过柱身的作法,类同于穿斗式之横向穿枋穿过柱身,有更浓厚的穿斗构架意味。亦即,此时插栱存在着两种作法,其中后者为日本所引进与模仿,并成为镰仓时期"大佛样"的源头。

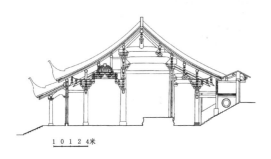

图4.12　北宋宁波保国寺大殿横剖图

资料来源:郭黛姮,2003:36

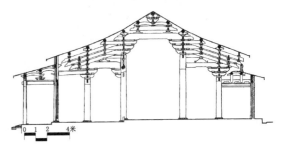

图4.13　莆田元妙观三清殿横剖图

资料来源:陈文忠提供

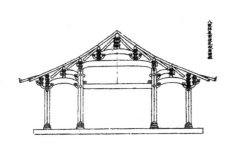

图4.14　《营造法式》中的"厅堂式"

资料来源:李诫,1956g:16

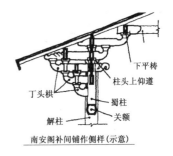

图4.15　宋代泰宁甘露庵南安阁构架

资料来源:傅熹年,1998:274

"大佛样"旧称"天竺样",是公元12世纪末由日本名僧重源从南宋引进的建筑式样。据日本史料记载,重源曾三次入宋,到过明州(今宁波市),助修过阿育王寺舍利殿。但其所引进的"大佛样"却与具江浙地区特点的"禅宗样"截然不同,也和江浙地区现存的宋元遗构异趣(傅熹年,1998:268)。针对"大佛样"的来源,日本建筑史家作过很多的研究,他们根据"大佛样"中大量出现"丁头栱"(日本称为"插栱")的特点,推测其可能属于福建建筑式样(田中淡,1975),此说法确实与闽东南当时所留下实例相呼应。

日本兵库县净土堂与东大寺南大门为"大佛样"的代表,其构架中之内外柱均升高至橼栿下,甚至高于橼栿(图4.16、图4.17),致使柱身高度之橼栿、素枋、栱木均插在柱上,素枋或栱木穿过柱身形成出栱,作法相仿于潮州开元寺天王殿与福建泰宁甘露庵诸殿。此两栋建筑的年代恰为南宋,由年代的相仿与作法的相同来看,日本大佛样确实有极高的可能源自福建。且就名称来说,江南与《营造法式》使用"丁头栱"而不用"插栱",但日本与福建却均以"插栱"称谓,或为"大佛样"来自福建提供间接的证据。

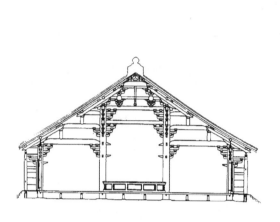

图 4.16 日本兵库县净土堂横剖图

资料来源:浅野清,1986:54

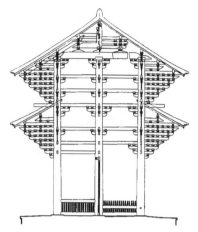

图 4.17 日本东大寺南大门横剖图

资料来源:浅野清,1986:55

福州华林寺大殿与莆田元妙观三清殿之插栱表现为斗栱插入柱身,未若日本"大佛样"之将橼栿或斗栱穿过柱身形成出栱,此或代表其对北方"殿堂式"层叠传统意象的遵循,故而舍弃穿斗特征过于明显的作法,或是此作法在北宋以前尚未普遍成熟所致。南宋以后,此作法确实可见已应用于殿堂构架中(大多是重要性较低者);到了明代则应用更为普遍,案例之重要性亦增高。泉州文庙大成殿前槽檐柱前后乳栿与斗栱出栱(图 4.18)、福州狮峰寺大殿中的草架枋木出栱均是其例(图 4.19)。虽然目前尚不明白华林寺大殿与莆田元妙观三清殿为何未出现"大佛样"中橼栿及斗栱插入柱身出栱的作法,但二者层叠构架中仍有内柱不同高与插栱作法,是五代末至北宋闽东南北方层叠与南方穿斗并存与互动现象的反映。

图 4.18 泉州府文庙大成殿前槽

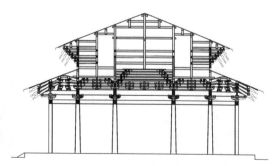

图 4.19 明代的狮峰寺大殿横剖图

资料来源:姚洪峰提供

与福州华林寺大殿相同的构架形式,在北宋大中祥符八年(1015 年),时隔 51 年,又再次出现在莆田元妙观三清殿(表 4.3)。此现象除反映北宋时,福州与其南一百多千米外的莆田两地间密切的文化关系外,也说明福州华林寺大殿的构架在当时实非孤例,甚至可能是当时殿堂构架普遍使用的主流形式。其源于闽地南北殿堂木构文化互动所形成的阶段性风貌,不仅表现殿堂的尊贵与庄严,且以更佳的结构性适应了闽地常有台风与地震侵袭的环境条件。且在南宋以后,随着整体木构潮流发展,成为闽东南独特的'叠斗式'构架之原始形式。

表4.3 闽东南"殿式厅堂式"案例大木构架形式

案例名称	规模	结构关系分析图
福州华林寺大殿 (五代 964 年)	三间八椽架 外檐七铺作	1.内外柱不同高 2.使用丁头栱 3.身内双槽 4.前檐有平棊 5.椽栿断面为圆形
莆田元妙观三清殿 (北宋 1015 年)	三间八椽架 外檐七铺作	1.内外柱不同高 2.使用丁头栱 3.身内双槽 4.椽栿断面为圆形

4.1.2 "叠斗式"

"叠斗式"系指在内柱椽栿上逐层叠以斗栱承槫的大木构架形式。泉州府文庙大成殿是现存较早使用"叠斗式"构架的殿堂案例,根据记载,其重建于南宋咸淳年间(1265—1274 年)(泉州历史文化中心,1991:74),亦有其为明代构架之说。文庙大成殿面宽七间,副阶周匝,进深十四椽架,外檐五铺作,内转六铺作,单抄单下昂,下昂上又增加二层由昂,使五铺作呈现三重昂的外观;明间、次间补间铺作两朵,梢间一朵;重檐庑殿顶(图4.20、图4.21)。

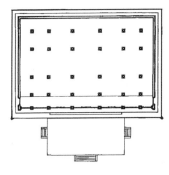

图4.20 南宋泉州府文庙大成殿平面图

资料来源:泉州历史文化中心,1991:74

图4.21 南宋泉州府文庙大成殿"叠斗式"构架

1)"叠斗式"的源起探讨

"叠斗式"构架的形式来源为何？林会承认为是宋代"厅堂式"传入岭南,经匠师巧手变化所致:"依据宋《营造法式》一书之记载,宋代之制式梁架有'殿堂式'与'厅堂式'之分,前者用于大型建筑(特别是大式建筑),以后继续演变成清代之制式抬梁式构架;后者用于小型建筑,以后似被民间所沿用,并因汉民族数次南迁而传入岭南地区。岭南地区之匠师因受远离政治中心及师徒相传等因素之影响,保存了古法之精神,但凭借长久累积之经验将少数结构意义不大之构件去除不用或缩小;后又因生活环境改善、经济潜力雄厚,民间对装饰趣味之要求增高,加上匠师彼此较量手艺之推波助澜,即将'瓜柱'改成相互叠组之斗栱,同时加重其雕饰分量,遂形成现今所见之精巧繁复的'叠斗式'构架。"(林会承,1987:65)。李乾朗则认为"叠斗式"与北方的"抬梁式"存在着深厚渊源,故而在解释"抬梁式"一词时,以"台湾匠师称为趄瓜叠斗栋架"(李乾朗,2003:94)释之。

曹春平亦认为"叠斗式"与《营造法式》中的"厅堂式"有密切关系,并将福州华林寺大殿与莆田元妙观三清殿视为"厅堂式",是"叠斗式"的原始形态:"在福州市华林寺大殿(五代吴越国,964年)、莆田市元妙观❶三清殿[北宋大中祥符八年(1015年)]明间左右两缝梁架都属于《营造法式》厅堂图中的'八架椽屋前后乳栿用四柱'形式,前后内柱之间以四椽栿上承平梁。从结构逻辑上看,前后内柱间的四椽栿上承平梁,可以说就是'二通三瓜'❷原始形态。"(曹春平,2006:41-42)。

若由闽东南殿堂建筑"叠斗式"构架形式来看,上述的说法似有其根据。明清时期典型"叠斗式"之檐柱低于内柱(闽南称"金柱"),乳栿由檐柱铺作层或柱身向内插于内柱,内柱上之四椽栿或六椽栿(闽南称"大通")置于柱头栌斗处,椽栿上置蜀柱(闽南称"瓜筒")及斗栱承二椽栿或四椽栿(闽南称"二通"),组构关系确实与《营造法式》中的"厅堂式"相类似,其下层椽栿支撑上层椽栿也存在抬梁式的意味。而福州华林寺大殿与莆田元妙观三清殿之椽栿间及椽栿与檩间的斗栱叠组,与"叠斗式"作法相同,也反映出二者确实有着密切的关系。

然"叠斗式"是由厅堂式而来的吗?作为"叠斗式"原始形态的福州华林寺大殿与莆田元妙观三清殿是否就是"厅堂式"向"叠斗式"衍化的中间形式?就用材、组构关系、文化传播发展模式以及现有实例年代来看,后者的答案似乎是否定的。就用材而言,华林寺大殿的用材是"殿堂式"的尺度,而非"厅堂式"的尺度。就组构关系而言,华林寺大殿的"殿式厅堂式"与"厅堂式"皆是以下层梁抬上层梁的结构逻辑关系,是北方层叠构架的影响,"殿式厅堂式"的柱头斗栱层数多,柱、铺作、屋架逐层叠组的关系十分清楚,"厅堂式"柱头仅一层斗栱,柱、铺作、屋架并非逐层累叠,较似穿斗式的穿插组构(图4.3)。也就是说,"殿式厅堂式"更多"殿堂式"特征,反映其更接近北方文化传播至南方的原型,而"厅堂式"则是更多地域手法的呈现,是北方殿堂式南传后经过更多调整与改变的结果。因此,就文化传承模式来看,"殿式厅堂式"的形式年代应属较早,这在现存之"殿式厅堂式"的福州华林寺大殿与宁波保国寺大殿之兴建年代早于"厅堂式"的甪直保圣寺大殿可得见之。由此来看,"殿式厅堂式"的华林寺大殿之形式年代极可能是早于"厅堂式"的。更进一步来说,"殿式厅堂式"用于重要殿堂,"厅堂式"用于等级较低的厅堂,故殿堂建筑构架应非来自厅堂式构架的繁复化,而是厅堂

---

❶　曹文中误植为"玄妙观",本书修正为"元妙观"。

❷　叠斗式的作法称谓。

建筑使用殿堂构架之简化。也就是说,华林寺大殿构架应是来自北方殿堂式传播到南方后,与南方穿斗融和而使用于殿堂的形式,非由"厅堂式"衍化而来。曹春平透过橑栿以上的形式比对,认为"叠斗式"原型来自华林寺大殿构架之说法是有极大可能的,而华林寺大殿构架源于北方殿堂式的衍化,而非来自"厅堂式",因此,"叠斗式"是源于北方层叠构造之"殿堂式"的源流发展。

透过与佛光寺东大殿的比较,华林寺大殿有"单栱素枋交替重叠"、"斗底倒棱"等北方中唐以后逐渐消失的古老作法,但由于缺乏更早遗物,我们尚无法完整看见华林寺大殿之"殿式厅堂式"构架由北方层叠构架而来的衍化轨迹。但由现存宋代以后闽东南殿堂构架实例来看,"殿式厅堂式"发展到明清典型"叠斗式",则是经过了橑栿下移、弯曲剳牵成为定式、橑栿间以蜀柱取代斗栱、构件艺术化处理、内柱上升至槫下等衍化过程。

(1) 橑栿下移

北方层叠构架手法中,槫木(或与槫木相连的襻间枋、替木)直接置于橑栿上,屋面荷重透过槫木传至橑栿上,再由橑栿间的驼峰、斗栱、蜀柱与下层橑栿,以阶梯式递降的路径传至柱。在《营造法式》所绘月梁造"厅堂式"中,其构架虽亦为下层梁抬上层梁之抬梁形式,但槫木却未直接置于橑栿,而置于橑栿上的斗栱,此作法的产生,旨在透过将斗栱垫高以处理月梁状橑栿两端卷杀造成的两端断面高度低于中央的问题(图4.22)。然在闽东南地区的"叠斗式",槫木与橑栿之间被垫以更多层数的斗栱,其目的并非仅调整月梁状橑栿两端卷杀,最主要的原因还是因"橑栿下移"。

橑栿下移作法出现甚早,在佛光寺东大殿,就已出现四橑栿下移,并在其上增加四橑草栿的作法。其目的当是在减少柱头斗栱层数量,并提高构架稳定性。闽东南地区五代福州华林寺大殿就已出现橑栿下移的作法,其明间左右两缝架四橑栿与槫木间有两层斗栱高的落差。此外,在宋代福州罗源陈太尉宫大殿遗构中,亦可见到平梁下移的作法(图4.23)。

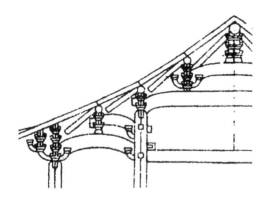

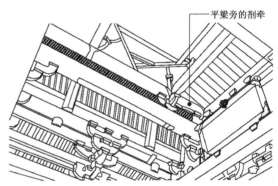

平梁旁的剳牵

图4.22　《营造法式》"厅堂式"局部
资料来源:李诫,1956g:16

图4.23　罗源陈太尉宫平梁旁的剳牵

橑栿下移时,其两端或延伸至下一架槫木底(福州华林寺大殿),或增加"剳牵"(罗源陈太尉宫),橑栿横向拉系因此而提高。在闽东南,甚至南端潮州地区之宋代至清代殿堂建筑木构架中,橑栿下移发展过程益加明显。举例言之,宋构潮州开元寺前殿当心间橑栿在内柱四层斗栱之上,明代海阳学宫大成殿橑栿在内柱三层斗栱之上(图4.24),到了清构揭阳学宫大成殿橑栿与内柱间已无斗栱,橑栿就直接插在内柱上(图4.25)。

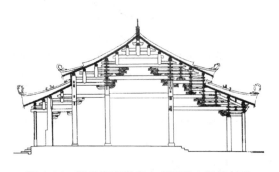

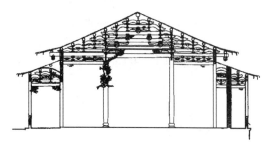

图 4.24　潮州海阳学宫大成殿当心间横剖图

资料来源:李哲阳,2005:111

图 4.25　揭阳学宫大成殿当心间横剖图

资料来源:李哲阳,2005:115

　　相较于北方层叠式结构所形成的抬梁式构架未出现椽栿下移作法,闽东南地区所出现的椽栿下移,其目的除了借由椽栿下移,延长或增加劄牵使其与下一架斗栱组相连,提高屋架稳定性外,南方穿斗传统的模仿,亦是主因。潮州海阳学宫大成殿与揭阳学宫大成殿当心间,其下移的椽栿与双重椽栿的作法,椽栿加上劄牵形成类同于穿斗式中柱梁穿插,增加层叠构架整体稳定性。也就是说,椽栿的功能除承重外,亦有前后拉系的功能,其在构架中所扮演的角色,更像穿斗构架中穿枋,而非仅如北方抬梁式中的"梁"的角色。

　　椽栿下移并成定式的关键在于因应斗栱用材的减少。宋代以后斗栱用材已有递减趋势,元明持续并一直延续到清,明清斗栱明显小于宋代与宋代以前之建筑。由于斗栱用材减小,斗口亦随之缩小,但椽栿因涉及跨距的要求,断面无法减小,甚至在木构发展趋势中有增大的趋势,因此椽栿再无法置于缩小的斗口之上,遂下移至断面不受斗栱用材减少影响之柱头栌斗处,甚至下移直接插在柱身。实例中,五代福州华林寺大殿之最下层椽栿置于柱头上三层斗栱之上,华林寺大殿用材超过《营造法式》所规定之一等材,到了南宋(或明代)之泉州文庙大成殿,斗栱用材缩小近 1/3,肥硕的椽栿不再能稳定置于柱头之多层斗栱之上,遂下移至柱头栌斗。然其下方仍以插栱方式表现与五代福州华林寺大殿相同的椽栿下三跳斗栱支撑之繁复意象(图 4.26、图 4.27)。

图 4.26　福州华林寺大殿四椽栿下的叠斗出栱

图 4.27　泉州文庙大成殿六椽栿下的插栱出栱

　　(2)曲木劄牵成为定式

　　在椽栿下移中,椽栿或向两端延伸,或增加劄牵使椽栿与槫木相连,一方面增加各架间的拉系,一方面榑木下方因有橼栿延伸或剳牵的支承而减少滚动滑落的损坏。福州华林寺大殿及莆田元妙观三清殿橼栿系向两端作平直延伸(图4.28、图4.29),罗源陈太尉宫大殿剳牵则已出现中央拱起的弯曲造型(图4.23),惟二者之左右两端仍为等高的设计,反映遵循"以材为祖"的设计原则。明清以后,随着陡峭与曲折("举折")屋面的普及,榑木位置不再遵循"以材为祖"的设计原则,而作上下调整。为能适应榑木位置的调整与改变,两端等高的剳牵遂改变,形成配合两端高度调整的各种不同曲木之形式。而剳牵也不全然从橼栿两端向前延伸,亦出现由橼栿下端斗栱层出栱的作法。莆田元妙观西岳殿平梁下叠斗出栱即是其例(图4.30)。这些配合屋面变化的曲木剳牵在匠师之巧手变化下,或维持同高,或内高外低,或外高内低,衍生出诸多造型的变化,甚至成为地域性特色的表征(图4.31)。潮汕因其造型而有"弯板"之称谓,泉州则因其拉系前后架之功能而被称为"束仔"。

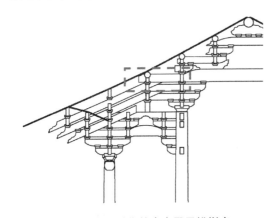

图4.28　福州华林寺大殿平栱剳牵

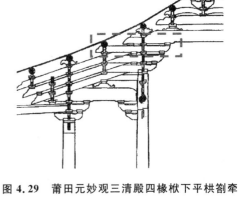

图4.29　莆田元妙观三清殿四橼栿下平栱剳牵

图4.30　莆田元妙观西岳殿平梁叠斗出曲木剳牵

图4.31　泉州县城隍庙四橼栿端出曲木剳牵

(3)橼栿间蜀柱取代斗栱

针对叠斗式橼栿层间的支持与交接,叠斗与蜀柱究竟何者为先,学界至今仍有不同的看法。林会承与曹春平认为"蜀柱先于叠斗"。林会承说:"将'瓜柱'❶改成相互叠组之斗栱,同时加重其雕饰分量,遂形成现今所见之精巧繁复的'叠斗式'构架"(林会承,1987:65)。曹春平亦有:"叠斗式构架的产生……即在原来金柱、瓜柱上段部位以层叠的斗代替,或者全用叠斗代替瓜筒,斗

---

❶　即"蜀柱"。

与斗之间再穿插层层枋木(横向的束木、束楣纵向的丁头栱、横枋等),可以防止柱头上榫卯过于集中而开裂,同时也利于现场施工,叠斗由下而上层叠,可以现场组装"(曹春平,2006:43)。

然张十庆透过江南厅堂的研究,认为椽栿层间的支持与交接,叠斗应早于蜀柱。他说:"江南厅堂的抬梁式结构中,层叠椽栿的支持交接,有叠斗与蜀柱这两种作法。二者是地域之分,还是时代之别?由许多现象分析来看,时代性与地域性兼有。从时代衍化而言,大致唐宋以前多为叠斗抬梁,辽宋以后北方出现蜀柱承脊檩作法,推测宋以后蜀柱抬梁作法始出现于江南厅堂构架中,并形成与叠斗抬梁并用的形式。也即同一地域,叠斗作法早于蜀柱作法,蜀柱作法实际上是以蜀柱替代叠斗的简化形式。"(张十庆,2002:155)。

若从现存实例来看,闽东南并无宋代以前以蜀柱作为椽栿层间之支持与交接的实例。福州华林寺大殿、莆田元妙观三清殿等叠斗式原型的案例,椽栿层间均为叠斗。在椽栿下移的演变中,椽栿位置的移动亦是以斗栱层高为基准,而椽栿上的构件量度单元多为斗栱层高。依此来看,椽栿层间的支持与交接,似乎是叠斗早于蜀柱的。另外,就福州华林寺大殿与莆田元妙观三清殿这两座"殿式厅堂式"案例源起于北方层叠式源流来看,亦反映叠斗为先的可能。此外,如果椽栿间的支持与交接是蜀柱早于叠斗的话,椽栿或因已插于柱上,不会发生椽栿的下移,且椽栿层间高度不必然会与斗栱层高发生关系。

诚如张十庆所说:"蜀柱抬梁是对叠斗抬梁的简化作法,实际上也是铺作退化的表现"(张十庆,2002:156)。在闽东南,此为"叠斗式"构架形式开启丰富表现的契机。从实例来看,福州华林寺大殿、泉州府文庙大成殿、莆田兴化府城隍庙大殿等从五代至明的案例,其构架形式均以中脊为中心作左右对称安排,柱间最大进深为六椽架,跨距 6 米。但明末的泉州承天寺大殿、清中期的泉州天后宫大殿,以蜀柱作为椽栿层间的支持与交接,不仅形成不对称的叠斗式构架(这种构架泉州称"跛脚架"),也因使用减柱而创造出柱间 8 米以上的进深(图 4.32、图 4.33)。这是椽栿间以叠斗支撑的作法,不可能产生的形式。

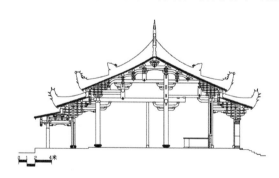 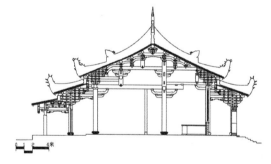

图 4.32 泉州承天寺大殿横剖图
资料来源:姚洪峰提供

图 4.33 泉州天后宫大殿横剖图
资料来源:姚洪峰提供

(4) 构件艺术化处理

从明代开始,木构架之斗栱就已出现艺术化处理。闽东南依循此潮流,从明到清,发展出多种造型不同的斗栱,部分特殊形式甚至成为地域特色的辨识依据。叠斗式构架中,除斗栱之艺术化处理外,其他构件也出现调整形式与艺术化处理,以及结构辅助构件增添与艺术化处理的现象,造就叠斗式构架的日趋繁复与华丽。

使用雀替,并将之艺术化甚至造型立体化,是叠斗式构架调整形式与艺术化处理最鲜明的案例。福州华林寺大殿或莆田元妙观三清殿等叠斗式的原型构架中,橡栿层间的斗栱(或蜀柱)及柱网中的立柱与橡栿接续处,系以设出栱或插栱维持水平与垂直交角稳定。然明清以后,特别是到了清代的叠斗式,此部位改用三角形的雀替(闽南称为"插角")替代。雀替表面作浮雕处理,甚至以龙、凤、鳌鱼等立体造型呈现,透过此艺术化处理,柱与橡栿间,较原有之出栱或插栱作法更为华丽。

　　橡栿或劄牵下方添加繁复雕刻处理的枋木,是结构辅助构件增添与艺术化处理的实例。橡栿或劄牵下方添加枋木,结构意义上有增加断面高度、加强承载屋架重与抵抗水平外力的功能。然在闽东南宋代以前的叠斗架案例均未见此作法,在明清以后才有较多案例使用下方添加枋木的作法,在清代闽南地区的叠斗式则多成定式。这些增加的枋木,均为方形断面,厚度不厚,下端多处理成卷草造型,较讲究者(通常是清代中期以后的案例)表面亦刻有富有吉祥或教化意义的图样。

　　透过斗栱及其他构件的艺术化处理,闽东南叠斗式构架遂由原有仅为层叠与穿插之力学表现之传达(实例如福州华林寺大殿),走向以图样、造型、工艺美学之表现(实例如泉州安海龙山寺大殿),在构架中斗抱、出栱、瓜筒、束仔、鸡舌(替木)等构件纷纷艺术化处理下,叠斗式构架呈现繁复华丽之意象。此趋势之起因或诚如林会承所说的,是来自:"*生活环境改善、经济潜力雄厚,民间对装饰趣味之要求增高,加上匠师彼此较量手艺之推波助澜。*(林会承,1987:65)"在艺术化过程中,有时也会并同组接形式的改变,发展出具地域特色的作法,闽南的"趖瓜筒"即是其例。在闽南,蜀柱造型多以"瓜"的主题作艺术化处理,其或于表面刻垂直线形成瓜棱,或雕成长条木瓜或矮短南瓜,惟其均置于橡栿。清代时,出现将蜀柱以穿过橡栿方式来安装,蜀柱尖端鸟喙造型遂因此拉长,外观上呈现蜀柱勾拉橡栿,而非压住橡栿。此种蜀柱闽南称其为"趖瓜筒",其改善蜀柱与橡栿的连接,增加构架稳定性,是极具地域特色的作法(图4.34)。

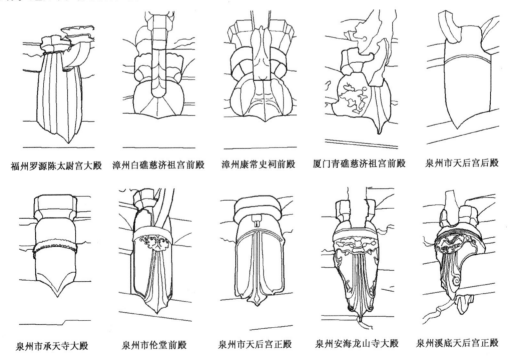

福州罗源陈太尉宫大殿　　漳州白礁慈济祖宫前殿　　漳州康常史祠前殿　　厦门青礁慈济祖宫前殿　　泉州市天后宫后殿

泉州市承天寺大殿　　泉州市伦堂前殿　　泉州市天后宫正殿　　泉州安海龙山寺大殿　　泉州溪底天后宫正殿

图4.34　闽东南各种不同形式的瓜筒

(5) 柱上升至槫下

"殿堂式"构架由柱网、铺作层与屋架叠组而成,早期叠斗式原型的"殿式厅堂式",柱头与槫木间存在着铺作层与屋架。南宋(或明)的泉州府文庙大殿与明代的莆田兴化府城隍庙大殿,柱头与槫木间仍有斗栱与橼栿。然明清以后,特别是清代案例中,有更多案例出现直接将柱直通至槫下的作法。其或柱网中所有柱子,例如:清初泉州晋江城隍庙大殿前后内柱、平柱均升高至槫下(图4.35);或柱网中的部分柱子,例如:安海龙山寺大殿升高殿身后平柱,前内柱降低与檐柱同高,配合列柱头上逐层叠组斗栱、枋木、橼栿、瓜筒,形成具有"殿堂式"前槽特色的"叠斗式",形塑更具装饰性的梁架(图4.36)。

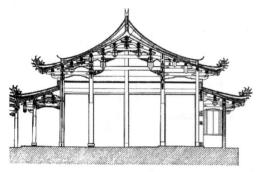

图4.35 泉州晋江城隍庙大殿横剖图	图4.36 泉州安海龙山寺大殿横剖图
资料来源:姚洪峰提供	资料来源:姚洪峰提供

就橼栿的下降,橼栿两端劄牵的延伸,以及柱上升至槫下的变化过程来看,受北方"殿堂式"影响所产生之闽东南的"殿式厅堂式",其衍化过程受到本地区原有穿斗传统影响极深,甚至可以说叠斗式是"殿式厅堂式"穿斗化与艺术化演变的结果。若将五代末至明清"殿式厅堂式"与"叠斗式"案例依年代排序,叠斗式由其原型闽东南的"殿式厅堂式"构架发展而来的过程昭然若揭(图4.37)。首先是橼栿下移至柱头上栌斗处,这大概在南宋以后就已开始,泉州文庙大成殿系为代表。其次出现以蜀柱取代叠斗的作法,这大概也是在明代前后就已开始。其后,构架不断的艺术化,"跂脚架"、内柱升高作法亦出现,遂形成多样、丰富、华丽的叠斗架,其在闽南特别流行,一直到清末仍在使用,形成本地独特的风貌。

2) 叠斗式的普遍化

叠斗式在地区殿堂建筑中被使用之几率甚高❶,许多重要殿堂之大木构架均采此形式,并成为具地域特色之木构架。其受重用的原因大抵有三:

(1) 包含"殿堂式"的特征

其由源自具"殿堂式"特征的"殿式厅堂式"衍化而来,自然与殿堂式关系密切。"叠斗式"透过橼栿与柱间纵架襻间上的铺作叠组层数的增加,配合斗栱的出跳,形成与"殿堂式"相同分槽叠组的意象。明末兴建的莆田兴化府城隍庙,其叠斗式构架所形成的殿身内槽(图4.38),与"殿堂式"漳州文庙大成殿内槽进深方向二层橼栿的构成及外观几乎相同,差别仅在平棊(天花板)的有无(图4.39)。

---

❶ 在福州、莆田地区叠斗式案例甚少,多数现存使用叠斗式的殿堂建筑大抵集中在闽南一带。

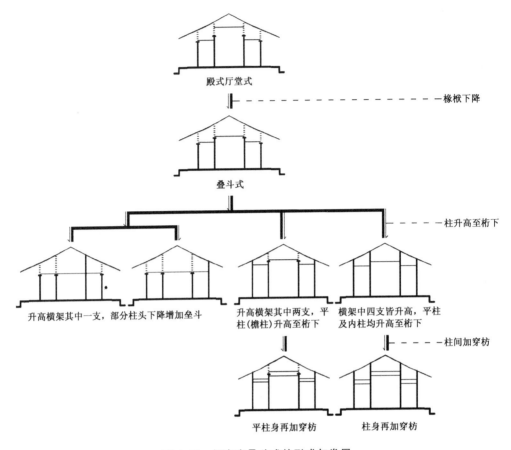

殿式厅堂式

──椽栿下降

叠斗式

──柱升高至桁下

升高横架其中一支,部分柱头下降增加坐斗　　升高横架其中两支,平柱(檐柱)升高至桁下　　横架中四支皆升高,平柱及内柱均升高至桁下

──柱间加穿枋

平柱身再加穿枋　　柱身再加穿枋

图 4.37　闽东南叠斗式的形成与发展

图 4.38　莆田兴化府城隍庙正殿内槽

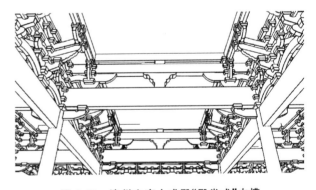

图 4.39　漳州文庙大成殿"殿堂式"内槽

（2）更华丽的表现

叠斗式无平棊,其纵深表现面系由中脊到柱顶的横面,远大于有平棊的"殿堂式"。为匠师在构架横面上提供更大的创作表现空间。明代以后,叠斗式构件朝向艺术化表现,增加插角与檐板等构件,并配合细木雕刻加强构架整体华丽感(图4.40)。这种作法,甚至也对原有"殿堂式"的作法产生影响。明代中叶兴建的漳浦文庙即是实例,其构架原属官式"殿堂式",但匠师借由对柱上铺作层叠斗层数与横枋尺度的巧妙安排,前檐柱至前内柱之

前槽处的铺作层与屋架以叠斗式构架取代,形成前槽"叠斗式"、内槽及后槽"殿堂式"构架的特殊构架形式(图4.41)。此例中将"叠斗式"与"殿堂式"作结合,实也反映出两者间组构上的渊源关系。

图4.40　泉州安海龙山寺大殿外檐叠斗　　　　**图4.41　漳浦文庙大成殿前槽叠斗**

(3) 可因应斗栱用材缩小的影响

明清以后,斗栱用材朝向日渐缩小发展。由于斗、栱、枋间之接续面缩小,对"殿堂式"在受水平力时,利用铺作层相对位移形成的"柔颈"作用来吸收地震能(吴玉敏,张景堂,陈祖坪,1996)的抵抗机制造成影响。故而,在闽东南多震多台风的自然条件下,"殿堂式"遂朝向增加斗栱用材、缩小建筑规模或加入穿斗作法以增加构架刚性来因应。叠斗式从"殿式厅堂式"衍化而来,发展过程中增添诸多穿斗手法于构架形式中,最下层椽栿下移与柱头斗相接,甚至插在柱上。椽栿两端增加剳牵及剳牵下枋木拉系,椽栿下加枋木,柱或蜀柱与椽栿之间添加雀替(即"插角")。横向系材断面加大,接头刚性增加,在多震多台风的闽东南,叠斗式在营建大规模殿堂上,与"殿堂式"相比,是具有一定优势。

表4.4　叠斗式柱网中柱头阑额或柱身枋木的连接与殿身柱是否升高

案例名称	平面类型	殿身柱是否升高
泉州府文庙大成殿(宋)	身内双槽	前平柱:无　前内柱:无 后内柱:无　后平柱:无

案例名称	平面类型	殿身柱是否升高
莆田兴化府城隍庙大殿 (明 1564 年) 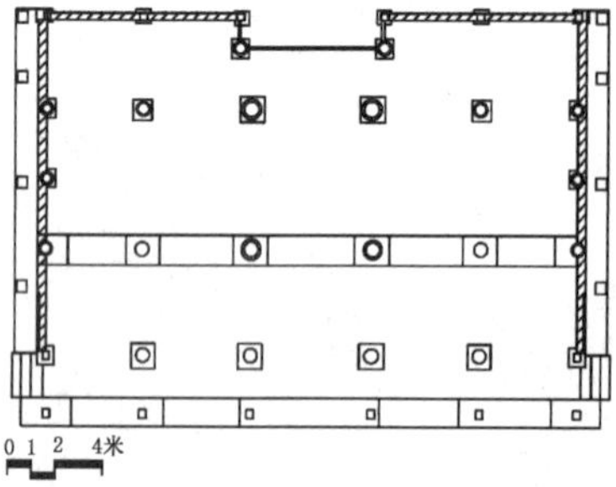	身内双槽	前平柱:有　前内柱:无 后内柱:无　后平柱:有 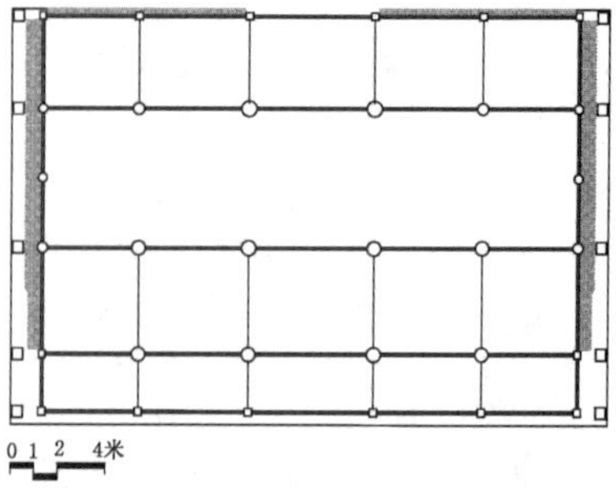

泉州承天寺大雄宝殿(明末) 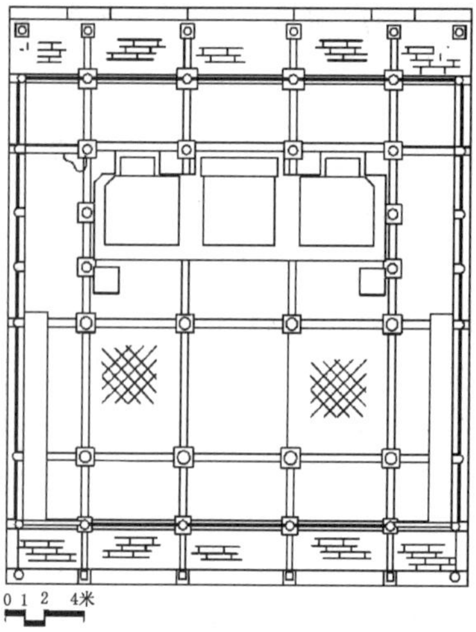	前后双槽	前平柱:无　前内柱:减柱 后内柱:有　后平柱:有 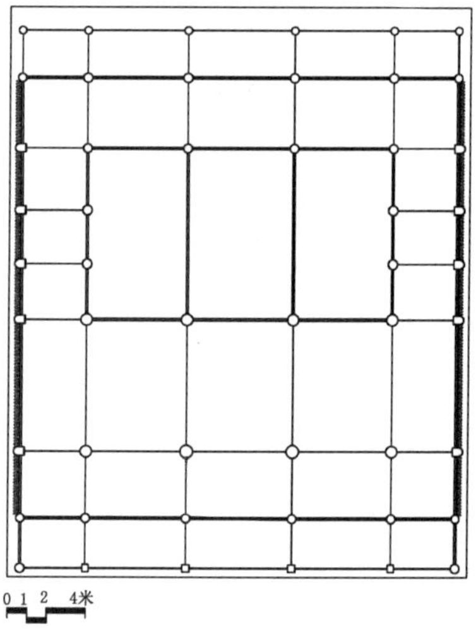

泉州崇福寺大雄宝殿 (明末,近代重建) 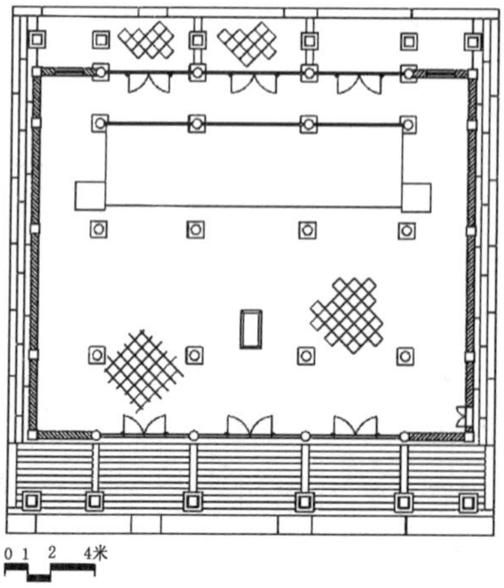	身内双槽	前平柱:有　前内柱:有 后内柱:有　后平柱:有 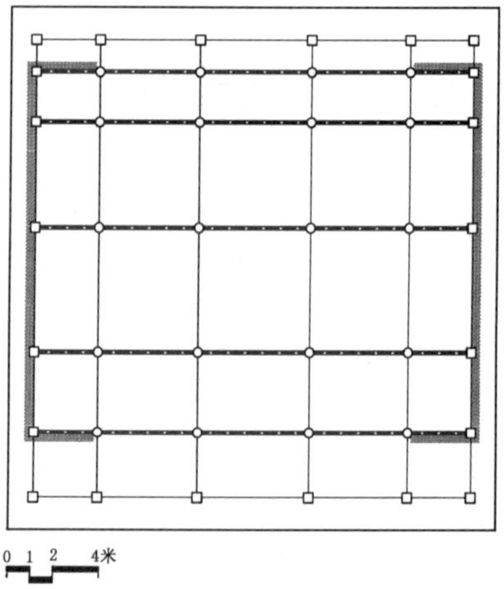

案例名称	平面类型	殿身柱是否升高
泉州晋江县城隍庙大殿 （清 1752 年） 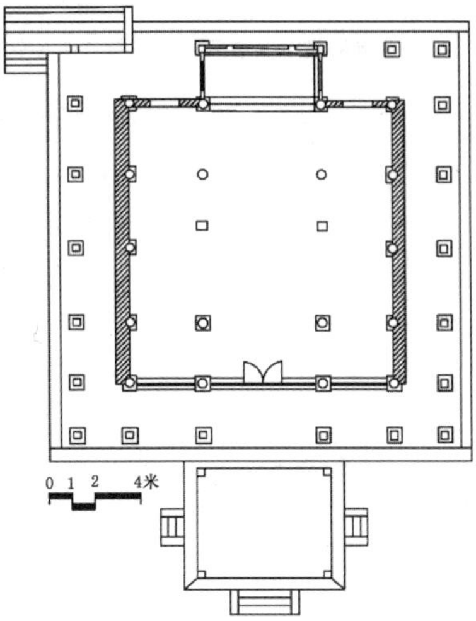	身内双槽	前平柱：有　前内柱：有 后内柱：有　后平柱：有 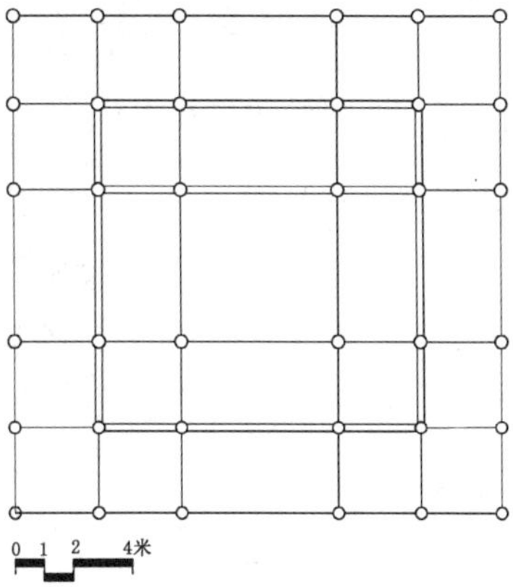

泉州同安文庙大成殿 （清 1767 年） 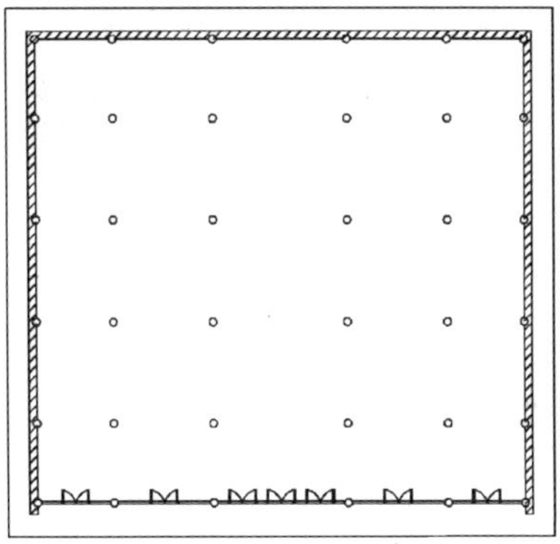	身内双槽	前平柱：有　前内柱：有 后内柱：有　后平柱：有 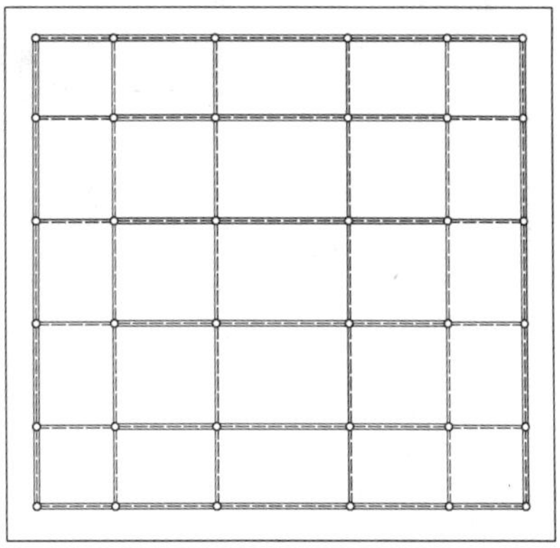

泉州天后宫大殿 （清道光年间） 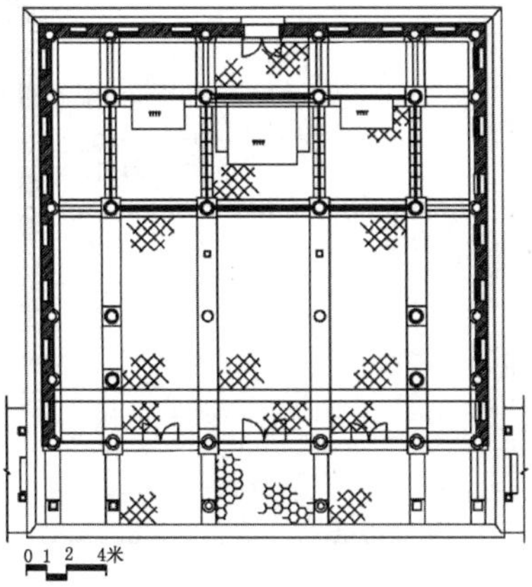	前后双槽	前平柱：无　前内柱：减柱 后内柱：有　后平柱：无 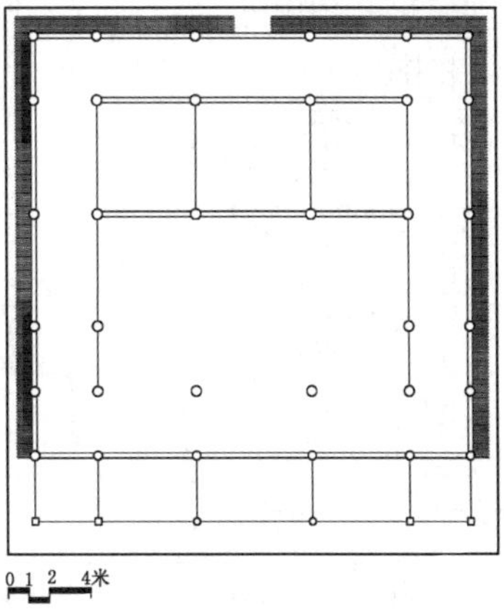

续表 4.4

案例名称	平面类型	殿身柱是否升高
泉州安海龙山寺大殿 （清道光年间）	身内双槽	前平柱:无　前内柱:下降 后内柱:下降　后平柱:有
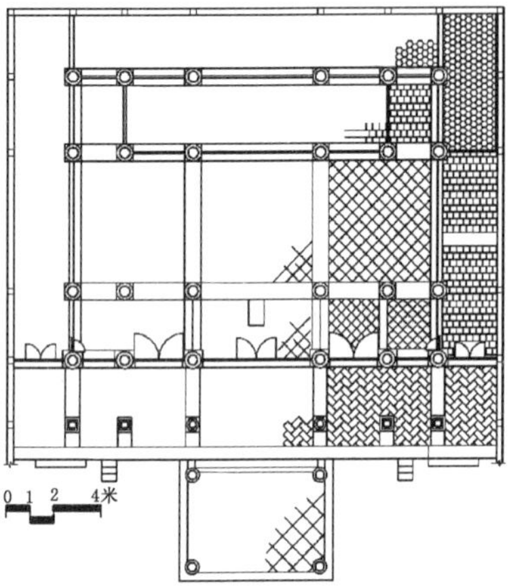		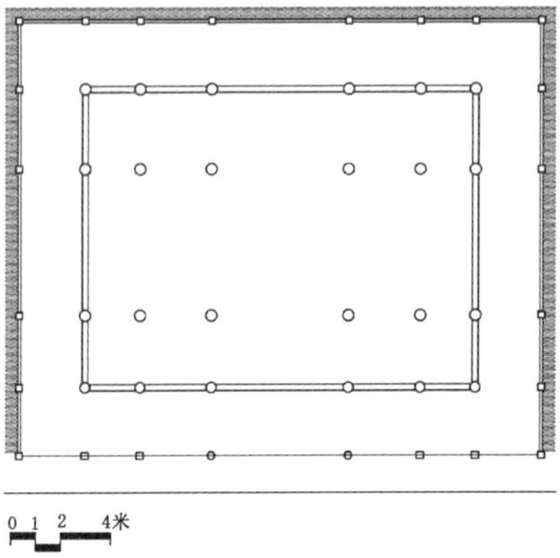
泉州惠安文庙大成殿 （清 1892 年）	身内双槽	前平柱:有　前内柱:无 后内柱:无　后平柱:有
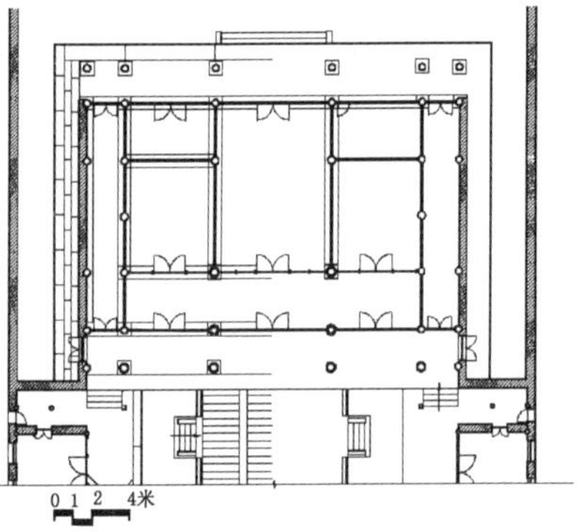		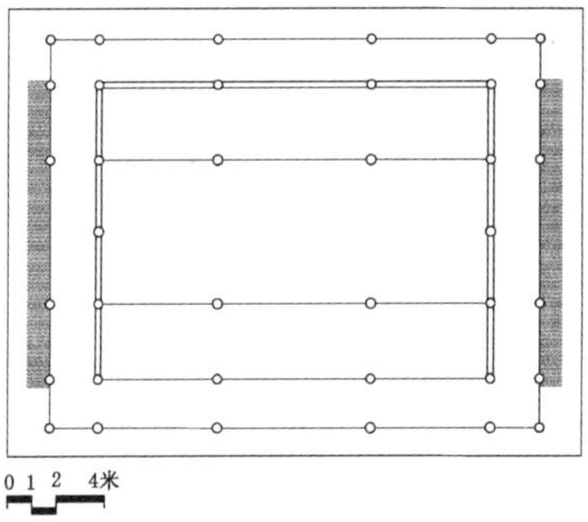
厦门南普陀寺大雄宝殿 （民国 1922 年）	身内双槽	前平柱:有　前内柱:有 后内柱:有　后平柱:有
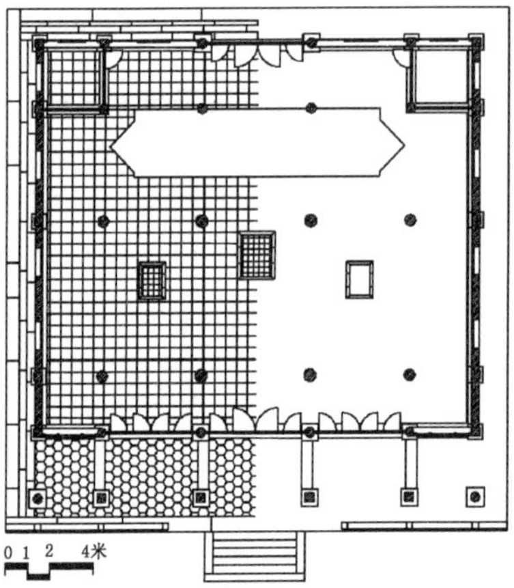		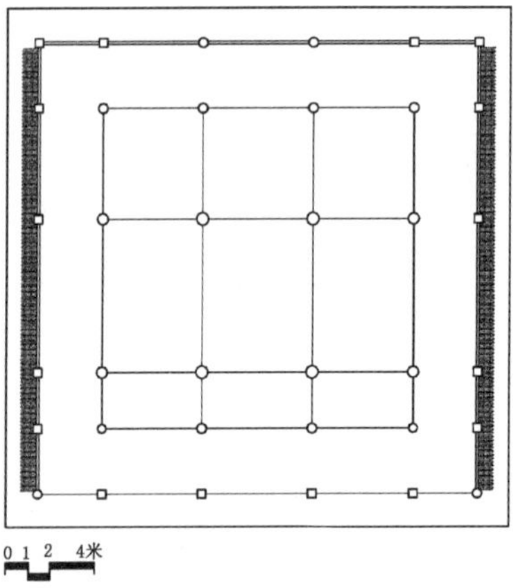

注:图示单线为圆梁,双线为穿枋,虚线为下层的穿枋

表 4.5　闽东南"叠斗式"案例大木构架形式

案例名称	规模	横剖构架形式
泉州府文庙大成殿(宋)	七间十四椽架,副阶周匝,上下外檐五铺作	1.叠斗式,外檐单抄双下昂(进架) 2.内外柱不同高 3.使用丁头栱 4.身内双槽无落地中柱 5.无平棊 6.椽栿断面为圆形
此案例未收集到实际测绘图		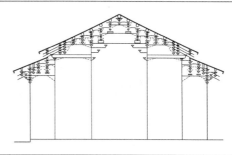
莆田兴化府城隍庙大殿(明 1564 年)	五间十四椽架,副阶周匝,上檐五铺作	1.叠斗式,外檐单抄双下昂 2.内外柱不同高 3.使用丁头栱及插角 4.身内双槽 5.无平棊 6.椽栿断面为圆形
此案例未收集到实际测绘图		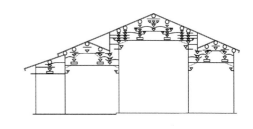
泉州承天寺大雄宝殿(明末)	五间十四椽架,副阶周匝,上檐六铺作	1.叠斗式,以瓜柱取代叠斗,前檐铺作接吊筒柱,后檐柱顶桁,不对称架(进架) 2.内外柱不同高 3.使用插角与丁头栱 4.身内双槽,减柱 5.无平棊 6.椽栿断面为圆形
	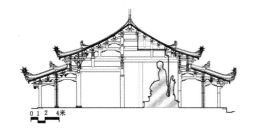	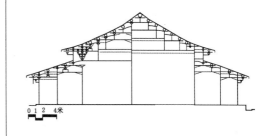
泉州崇福寺大雄宝殿(明末,近代重建)	五间十二椽架,副阶周匝,上檐五铺作	1.叠斗式,以瓜柱取代叠斗,前檐铺作接吊筒柱,前后檐柱及殿身内柱顶桁,不对称架(进架) 2.内外柱不同高 3.使用插角与丁头栱 4.满堂柱柱网 5.无平棊 6.椽栿断面为圆形
	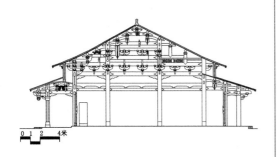	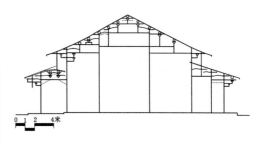

续表 4.5

案例名称	规模	横剖构架形式
泉州晋江县城隍庙大殿 (清1752年)	五间十二椽架,副阶周匝,上檐四铺作	1.叠斗式,以瓜柱取代叠斗,前檐四铺作,殿身前后内柱及后檐柱顶桁 2.内外柱不同高　3.使用插角与丁头栱　4.身内双槽 5.无平棊　6.椽栿断面为圆形

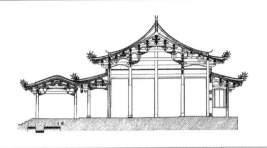 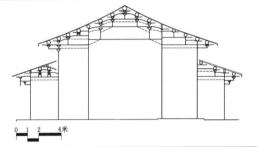

| 泉州同安文庙大成殿
(清1767年) | 五间十二椽架,副阶周匝,上檐五铺作 | 1.叠斗式,以瓜柱取代叠斗,不对称架 2.内外柱不同高
3.使用插角与丁头栱 4.满堂柱柱网 5.无平棊 6.椽栿断面为圆形 |

此案例未收集到实际测绘图

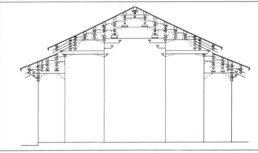

| 泉州天后宫大殿(清道
光年间) | 五间十椽架,副阶周匝,上檐五铺作 | 1.叠斗式,以瓜柱取代叠斗,前后檐铺作接吊筒柱,不对称架(进架)
2.内外柱不同高 3.使用丁头栱 4.满堂柱柱网 5.无平棊 6.椽栿断面
为圆形 |

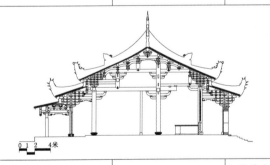 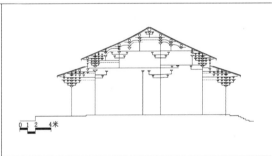

| 泉州安海龙山寺大殿
(清道光年间) | 五间十二椽架,副阶周匝,上檐四铺作 | 1.叠斗式,以瓜柱取代叠斗,前槽铺作出挑,后檐柱直接顶桁,不对称架
2.前檐柱殿前后内外柱同高 3.使用插角与丁头栱
4.满堂柱柱网 5.无平棊 6.椽栿断面为圆形 |

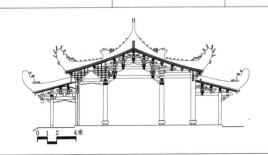 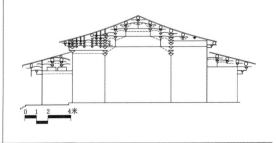

案例名称	规模	横剖构架形式
泉州惠安文庙大成殿 (清 1892 年)	五间十二椽架,副阶周匝,上檐五铺作	1.叠斗式,以瓜柱取代叠斗,后檐柱直接顶桁,对称架 2.内外柱不同高 3.使用丁头栱 4.身内双槽 5.无平棊 6.椽栿断面为圆形
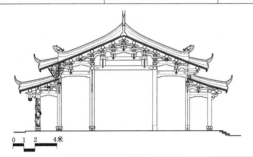		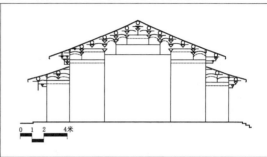
厦门南普陀寺大雄宝殿 (民国 1922 年)	五间十二椽架,副阶周匝,上檐五铺作	1.叠斗式,以瓜柱取代叠斗,柱直接顶桁,不对称架 2.内外柱不同高 3.使用丁头栱与插角 4.满堂柱柱网 5.无平棊 6.椽栿断面为圆形
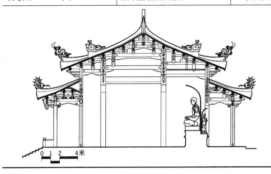		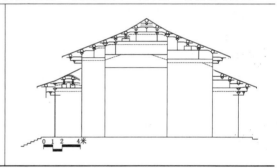

4.1.3 从"殿堂式"到"拟殿堂式"

闽东南现存以同高柱列、铺作、屋架水平层叠的"殿堂式"构架,多是宋元时期所建的单开间小殿,如福州罗源陈太尉宫正殿宋构部分、福州永泰明山室血盆洞宋代佛殿(图 4.42)以及清源山弥陀岩的元代石构(图 4.43)等。其他绝大多数表现柱列、铺作、屋架水平层叠之"殿堂式"意象的案例,均有不同于纯粹"殿堂式"之特殊作法。若依现有歇山殿堂实例作归纳,其包括:柱网中的柱局部或全部上升以直接承桁、平棊之下进深方向两层椽栿以及柱间增加穿枋连接等作法(表 4.6)。

图 4.42 福州永泰明山室血盆洞宋代佛殿

图 4.43 泉州清源山弥陀岩元代石构

资料来源:泉州历史文化中心,1991:134

表 4.6　闽东南"殿堂式"案例中的穿斗手法

案　例	穿斗手法	案　例	穿斗手法
泉州开元寺大雄宝殿	插栱、局部内柱直接承桁	福州西禅寺大雄宝殿	插栱、柱皆升高承桁
漳州文庙大成殿	插栱	莆田仙游文庙大成殿	插栱、柱皆升高承桁
漳浦文庙大成殿	插栱	莆田广化寺大雄宝殿	插栱、柱皆升高承桁
漳州比干庙大殿	插栱、柱间进深增加穿枋	安溪文庙大成殿	插栱、柱皆升高承桁
福州文庙大成殿	插栱、柱皆升高承桁	漳州南山寺大雄宝殿	插栱、柱皆升高承桁
福州涌泉寺大雄宝殿	插栱、柱皆升高承桁	漳州南山宫正殿	插栱、柱皆升高承桁

1）局部或全部柱上升与屋架结合

　　在抵抗风与地震所带来的水平外力上，"殿堂式"是依靠"高位不倒翁"与"柔颈作用"两种因素，来避免大木结构的损坏。"柱头和栌斗、柱头和柱础的连接为平摆浮搁。在水平惯性力的作用下，柱偏摆，屋顶重量又使其复位，形成'高位不倒翁现象'。当柱头摇摆时，栌斗随之位移。当克服了华栱与栌斗接触面之摩擦力之后，两者即发生相对位移，称为'柔颈作用'。'高位不倒翁现象'与'柔颈'这两个因素造就了殿堂型建筑的优良抗震性能。"(吴玉敏、张景堂、陈祖坪,1996:32)

　　然在飓风或大能量地震的摇晃下，铺作层间的柔颈作用，有可能因过大的变位，而产生永久的变形与损坏，使得斗栱因而歪闪破损，或是屋架与柱位间产生位移。在"殿堂式"的水平分层叠组的模式下，其改善之道以加大斗栱，借由接触面的增加，提高摩擦力来降低永久位移现象的发生。另一种方式则是改变"殿堂式"水平分层叠组关系，局部或全部将柱网中的柱升高，借以增加构架垂直面之刚性。此方法，椽栿及铺作层或插或穿过柱，形成与穿斗体系同样的结构关系。

　　苏州玄妙观三清殿是现存"殿堂式"构架中，将柱升高至槫下，借此以加强构架抵抗水平力能力的最早案例。玄妙观三清殿建于南宋(1179 年)，面宽九间 43 米，进深六间 25 余米，高度 27 米。其构架为"殿堂式"之柱列、铺作、屋架水平层叠，然其中轴线两侧当心间与左右次间与梢间等五开间之殿身后内柱及后檐柱向上升高至槫下，与屋顶草架连结成一体，借此以提高构架之垂直方向刚性，加强抵抗水平外力的能力。柱升高后，与升高柱相接之铺作层均以插栱取代，椽栿亦插在柱上。

　　泉州开元寺大雄宝殿是闽东南现存"殿堂式"将柱上升，与屋架立柱结合的较早案例。开元寺大雄宝殿始建于唐垂拱二年(686 年)，根据《开元寺志》与方拥的研究(泉州历史文化中心,1991:48)，自唐代创立之后，大殿共历经三次重建。第一次是在南宋绍兴二十五年(1155 年)火灾之后的重建，原五开间规模，扩张为七开间。第二次是元至正十七年(1357 年)大殿又遭焚，明洪武二十二年(1389 年)进行重建，此次重建增建四周副阶，成为面阔九间的重檐大殿。明永乐六年(1408 年)，在僧至昌的主道下，添加前后廊，并增阔露台，奠定了今日所见的格局(图 4.44)。第三次为明崇祯十年(1637 年)的重建，主道者为大参曾公樱及总兵郑芝龙，此次重建将殿柱悉易以石。清代亦有整修，惟整体形貌并无大的改变。

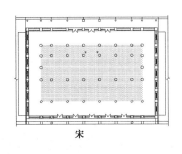
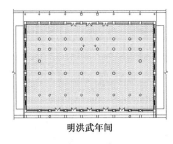
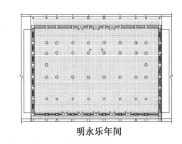

宋　　　　　　　　　　　明洪武年间　　　　　　　　　　明永乐年间

图 4.44　泉州开元寺大殿历代平面规模变迁

现存大殿为柱网、铺作层、屋架叠组的"殿堂式"构架,惟中央五开间之后内柱均升高,与穿斗式屋架结合,作法与苏州玄妙观三清殿相同。郭黛姮认为苏州玄妙观三清殿的柱升高是明代整修结果,刘杰则认为其为南宋兴建时的原始作法:"郭黛姮发现'(屋顶)梁架与明清常见穿斗架有诸多相似之处,故推测为明清期间重修之物。'(郭黛姮,2003:519)其实,笔者认为也存在这样一种可能:当南宋淳熙六年(1197 年)重建时,它就没有按照北宋流行的以北方殿堂风格为主流的建筑风格进行营造,代之以吴越当地的建筑风格,于是出现了更多穿斗架式作风。"(刘杰,2009:194)就后内柱周边构架关系来看,泉州开元寺大殿后内柱升高较偏向原设计规划即如是,极可能是地域建筑特色的直接呈现,其来自穿斗体系的传统,目的是为了让大规模"殿堂式"构架,有足以应付闽东南多强风地震环境条件的构架强度。

这种将柱升高与穿斗式屋架立柱结合的作法,至清代发展到高峰。闽东南诸多殿堂出现将殿身前后内柱,甚至前后平柱均升高与穿斗式屋架立柱相连的构架形式(表 4.7)。如此,椽栿与铺作均插在柱上,且将椽栿与柱身穿枋作一体设计,椽栿与穿枋上层叠斗栱与素枋。形成呈现柱列、铺作、平棊、屋架分层之外观形象,结构上却是如穿斗式柱梁穿插相连之"拟殿堂式"。

表 4.7　闽东南"拟殿堂式"案例年代与作法

穿斗式殿堂案例名	年 代	前后平柱	前后内柱	天 花
福州文庙大成殿	清咸丰四年(1855 年)	延伸至桁下	延伸至桁下	斗栱叠组藻井与井口天花
福州鼓山涌泉寺大雄宝殿	清光绪八年(1882 年)	延伸至桁下	延伸至桁下	平棊天花(无斗栱)
福州怡山西禅寺大雄宝殿	清光绪十四年(1888 年)	延伸至桁下	延伸至桁下	斗栱叠组井口天花
莆田仙游文庙大成殿	清以后	延伸至桁下	延伸至桁下	斗栱叠组藻井与井口天花
莆田广化寺大雄宝殿	清光绪年间	延伸至桁下	延伸至桁下	井口天花
安溪文庙大成殿	清	延伸至桁下	延伸至桁下	斗栱叠组藻井与井口天花
漳州南山寺大雄宝殿	清光绪年间重修	延伸至桁下	延伸至桁下	斗栱叠组井口天花
漳州南山宫正殿	清	未延伸至桁下	延伸至桁下	斗栱叠组藻井与井口天花

由于柱升高,铺作层均为插栱,铺作层不再需要以构件间摩擦力产生"柔颈"作用来抵抗水平力,在斗栱用材减少,且装饰化需求加强下,铺作层中斗栱的攒数与层数增多,呈现更为繁复的铺作层意象。以清咸丰四年(1855 年)重建的福州文庙大成殿为例,其面宽七

间,进深五间,副阶周匝。外檐上檐柱头出五跳插栱,并与补间铺作连接,形成八铺作密排的如意斗栱(图4.45)。殿内部分仍保留"殿堂式"设平棊或如意斗栱形成之藻井的作法,或单纯以平棊呈现,或组合藻井与平棊,其并透过平棊及藻井的遮掩,使殿内呈现同高的柱列上叠组繁复铺作层,形塑"殿堂式"构架风貌(图4.46)。由于内柱与平柱均升高至槫下,故而铺作层的斗栱均系插栱。

图4.45　福州文庙大成殿上檐铺作

图4.46　福州文庙大成殿殿身内槽

在"仿殿堂式的穿斗架"案例中,外檐柱头铺作层的插栱或插在殿身平柱(例:仙游文庙大成殿)(图4.47),或插在立于殿身平柱阑额上的短柱上(例:漳州华安南山宫)(图4.48)。福安明代狮峰寺大殿外檐铺作上层出跳的栱身插在柱上,并向内延伸成枋,向内插入殿身内柱上(图4.19),作法同于日本"大佛样"(图4.17),反映"柱升高"、梁枋斗栱穿插在柱身的穿斗作法在闽东南已有长久的传统。

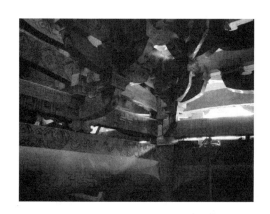

图4.47　仙游文庙大成殿柱身插栱

图4.48　漳州华安南山宫上檐铺作插在草架柱上固定

2) 平棊之下进深方向两层椽栿

北方唐宋时期殿堂建筑平棊之下内槽前后内柱的椽栿以单层为主(图4.49)(表4.8)。苏州玄妙观三清殿内槽平棊之下内柱之椽栿虽以三层枋木叠组,但外观上仍呈现一层椽栿意象(图4.50),符合殿堂内槽单层椽栿的传统。然在闽东南,由现存"殿堂式"构架之案例来看,平棊之下大多为两层椽栿,其并成为本地之传统作法与特色。

图 4.49 正定隆兴寺摩尼殿的内槽

图 4.50 苏州玄妙观三清殿内槽柱头
阑额与前槽作法不同

表 4.8 "殿堂式"殿身柱网与阑额配置

案例名称	平面类型	平棊枋下椽栿
佛光寺东大殿(唐)	身内金箱斗底槽	内柱头上四跳华栱架四椽栿
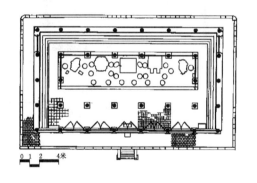		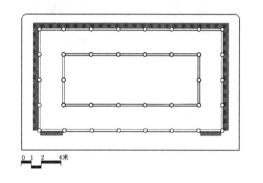
天津蓟县独乐寺观音阁(辽)	身内金箱斗底槽	内柱头上四跳华栱架枋
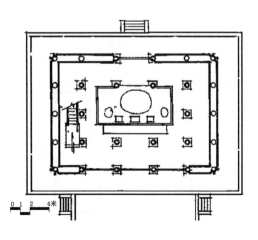		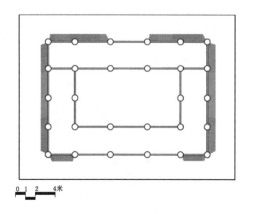

案例名称	平面类型	平棊枋下橑栿
太原晋祠圣母殿（宋）	身内金箱斗底槽	内柱头上三跳华栱加耍头架八橑栿（无平棊）

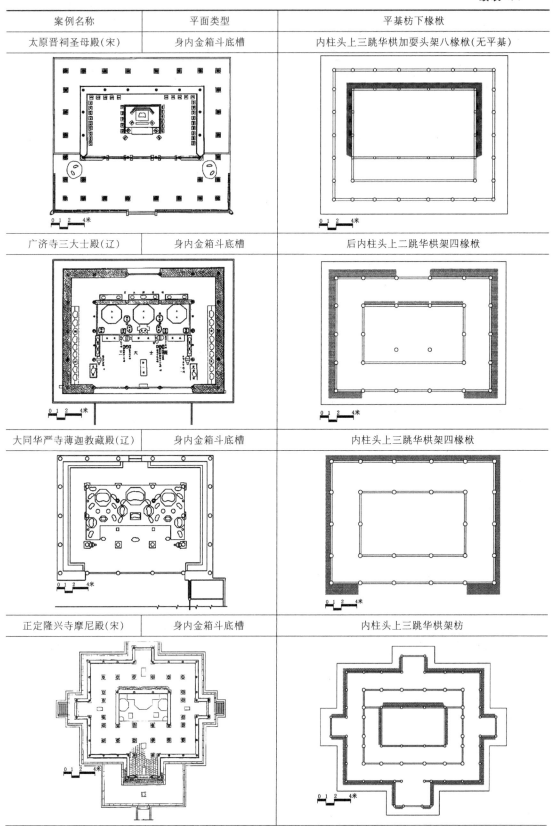

| 广济寺三大士殿（辽） | 身内金箱斗底槽 | 后内柱头上二跳华栱架四橑栿 |

| 大同华严寺薄迦教藏殿（辽） | 身内金箱斗底槽 | 内柱头上三跳华栱架四橑栿 |

| 正定隆兴寺摩尼殿（宋） | 身内金箱斗底槽 | 内柱头上三跳华栱架枋 |

案例名称	平面类型	平棊枋下椽栿
朔县崇福寺弥陀殿(金)	身内金箱斗底槽	内柱头上一跳华栱及一层垫木架四椽栿(无平棊)
苏州玄妙观三清殿(南宋)	满堂柱柱网	柱间以多层枋相拉紧,柱头上出四跳架椽栿
漳州文庙大成殿(明)	身内双槽	内柱头上上下两层椽栿,下层置于柱头栌斗上
漳浦文庙大成殿(明)	身内双槽	内柱头上上下两层椽栿,下层置于柱头栌斗上

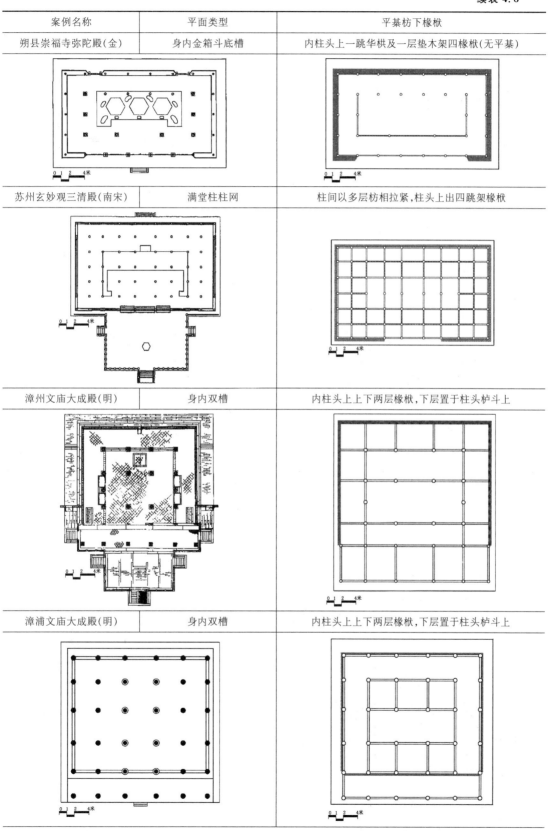

续表 4.8

案例名称	平面类型	平棊枋下橡栿
漳州比干庙大殿(明末清初)	身内双槽	内柱头上上下两层橡栿,下层置于柱头栌斗上
泉州开元寺大雄宝殿(明)	身内双槽	内柱头上叠斗出飞天状插角,上叠斗栱及两层橡栿

注:图示单线为圆梁、双线为穿枋、虚线为下层的穿枋

　　在潮州一带地区的叠斗式构架,例如:宋构的开元寺天王殿、明构潮州海阳学宫大成殿、清构揭阳学宫大成殿,前后内柱均为上下两层橡栿的作法。在闽东南大多数"殿堂式"的构架中,例如:泉州开元寺大殿(明初)、漳州文庙大成殿(明中)、漳浦文庙大成殿(明)以及漳州比干庙大殿(明末),亦均出现殿身平棊下两层橡栿之配置。上层橡栿维持在传统"殿堂式"铺作层上方的位置,下层橡栿则靠近柱头或置于柱头栌斗之上,上下层间夹以斗栱组或斗抱。下层橡栿与内柱间有插栱,借以加强柱与橡栿间的稳定(图 4.51~4.54)。其中,泉州开元寺大殿前槽

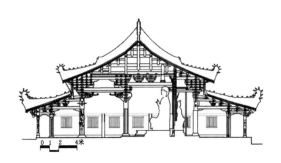

图 4.51　泉州开元寺大殿横剖图

资料来源:姚洪峰提供

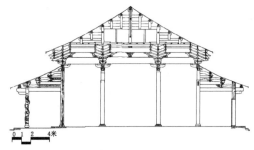

图 4.52　漳州文庙大成殿横剖图

资料来源:杨丽华提供

6.2米宽,柱与下层橼栿间设云状插栱,与铺作层中雕成飞天造型的出栱相连(图4.55),造就出大殿内神圣的佛国意象(图4.56)。

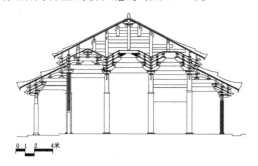

图4.53 漳浦文庙大成殿横剖图

资料来源:王文径提供

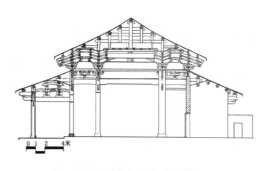

图4.54 漳州比干庙大殿横剖图

资料来源:杨丽华提供

图4.55 飞天出栱旧件

图4.56 泉州开元寺大殿云状丁头栱与飞天出栱

闽东南殿堂将平棊之下一层橼栿增为两层,与苏州玄妙观三清殿内槽橼栿以三层枋木叠组,均是增加橼栿断面高,加强构架对于水平力之抵抗能力的相同考量。惟前者上下橼栿间夹以斗栱或斗抱,较之后者更为美观。在漳州诸殿堂案例之两层橼栿作法中,下层橼栿置于前后两柱头间,上层橼栿较短,架于下层橼栿上的斗栱或斗抱上,上层橼栿两端出劄牵连接前后柱头,形式构成与"叠斗式"上下橼栿关系完全相同。基于此,明代漳浦文庙大殿殿内就出现后槽及内槽为殿堂式两层橼栿,前槽为叠斗式,两者能和谐并存的状况(图4.57)。此或反映出闽东南叠斗式对殿堂式两层橼栿作法的影响。

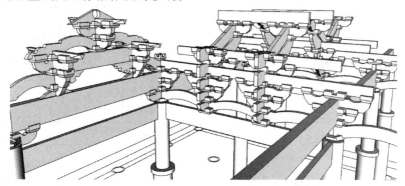

图4.57 漳浦文庙大成殿前槽

3）柱间多穿枋

在苏州玄妙观三清殿，外槽阑额与橑栿下出现添加穿枋的作法。泉州开元寺大殿也有殿身后内柱与后平柱阑额下增加穿枋的作法（表4.8）。明代的漳州文庙与漳浦文庙大成殿❶，内槽、前槽与后槽柱间均无穿枋，与北方殿堂作法相同；漳州比干庙内槽、前后槽则均有穿枋。

表4.9　闽东南"殿堂式"与"拟殿堂式"案例大木构架形式

案例名称	规模	横剖构架形式
罗源陈太尉宫正殿（宋）	疑是三间八椽架、外檐七铺作	1.殿堂式，双抄双下昂外檐铺作 2.内外柱同高 3.无丁头栱 4.疑是身内双槽 5.有平棊 6.椽栿断面为圆形
	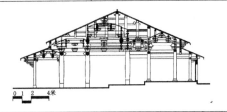	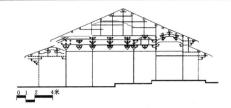
泉州开元寺大雄宝殿（明 1389 年）	九间十六椽架、副阶周匝、上檐七铺作	1.殿堂式，加入穿斗式柱顶桁的作法，上檐四抄（进架） 2.殿身平柱与前内柱同高，与殿身后内柱及后平柱不同高 3.使用丁头栱 4.身内双槽 5.有平棊 6.椽栿断面为圆形
	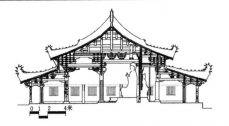	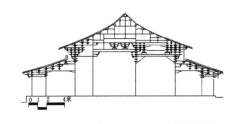
漳州文庙大成殿（明 1482 年）	五间十四椽架、副阶周匝、上檐五铺作	1.殿堂式，上檐单抄双下昂 2.内外柱同高 3.使用丁头栱 4.身内双槽 5.有平棊 6.椽栿断面为方形
	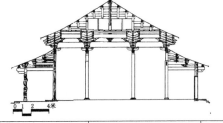	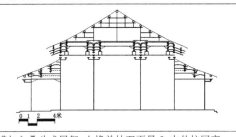
漳浦文庙大成殿（明）	五间十四椽架、副阶周匝、上檐五铺作	1.殿堂式，前槽加入叠斗式屋架，上檐单抄双下昂 2.内外柱同高 3.使用丁头栱 4.有平棊 5.椽栿断面为方形
	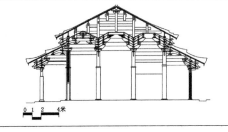	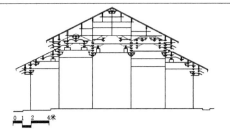

❶　漳浦文庙大成殿现貌中，前后槽虽设有穿枋，但从枋材断面高度低于开榫孔高度，反映其是构架完成后后加之物，故而原应无枋木，现有枋木应是兴建后某次的维修中新加入的构件。

案例名称	规模	横剖构架形式
漳州比干庙大殿（明末）	三间十椽架、前后副阶、上檐五铺作	1.殿堂式,侧檐及后檐以砖墙承阑额,上檐单抄双下昂 2.内外柱同高 3.使用丁头栱 4.前后槽 5.有平棊 6.椽枋断面为方形
	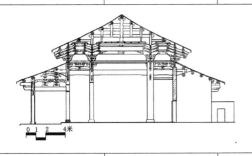	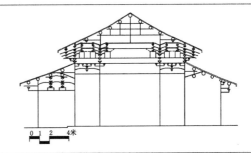
泉州安溪文庙大成殿（清重建）	五间十二椽架、副阶周匝、上檐五铺作	1.殿堂式外观,穿斗式结构,殿身内外柱直接顶桁 2.内外柱不同高 3.有平棊 4.椽枋断面为方形
	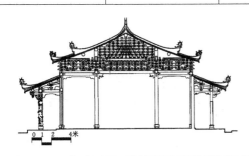	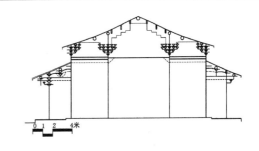
白礁慈济宫正殿（清1816年）	三间四椽架、副阶周匝、上檐六铺作	1.殿堂式,前上檐双抄双下昂,假昂,后上檐三抄 2.前后柱同高 3.有平棊 4.椽枋断面为方形
	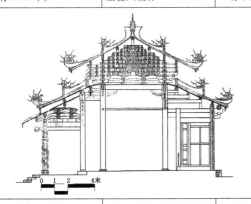	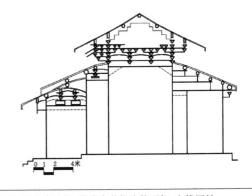
永泰孔庙大成殿（清1822年）	五间十椽架、副阶周匝、上檐七铺作	1.殿堂式外观,穿斗式结构,殿身内外柱直接顶桁,上檐四抄 2.内外柱不同高 3.前后槽 4.有平棊 5.椽枋断面为方形
	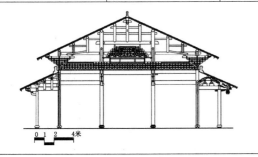	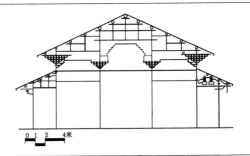

续表 4.9

案例名称	规模	横剖构架形式
福州文庙大成殿（清 1855 年）	七间、副阶周匝、上檐八铺作	1.殿堂式外观，穿斗式结构，殿身内外柱直接顶桁，上檐五抄及斜栱 2.内外柱不同高 3.前后槽 4.有平棊 5.椽栿断面为方形
此案例未收集到实际测绘图		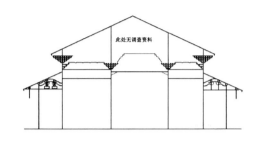
福州鼓山涌泉寺大雄宝殿(清 1882 年)	三间十二椽架、副阶周匝、上檐五铺作	1.殿堂式外观，穿斗式结构，殿身内外柱直接顶桁，上檐硬挑 2.内外柱不同高 3.身内双槽 4.有平棊 5.椽栿断面为方形
此案例未收集到实际测绘图		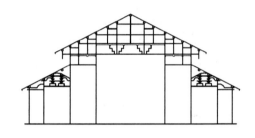
莆田广化寺大雄宝殿（清光绪年间）	三间十六椽架、副阶周匝、上檐五铺作	1.殿堂式外观，穿斗式结构，殿身内外柱直接顶桁，上檐硬挑，无补间铺作 2.内外柱不同高 3.中柱在明间及次间落下 4.局部有平棊 5.椽栿断面为圆形
此案例未收集到实际测绘图		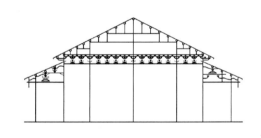
漳州南山寺大雄宝殿（清光绪年间）	三间、副阶周匝、上檐五铺作	1.殿堂式外观，穿斗式结构，殿身内外柱直接顶桁，上檐硬挑，内有昂（进架）2.内外柱不同高 3.满堂柱柱网 4.有平棊 5.椽栿断面为方形
此案例未收集到实际测绘图		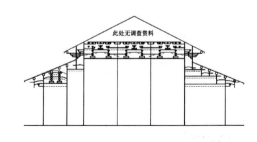

案例名称	规模	横剖构架形式
漳州华安南山宫正殿（清）	五间十椽架、副阶周匝、上檐六铺作	1.殿堂式外观,穿斗式结构,殿身内外柱直接顶桁,上檐三抄 2.内外柱不同高 3.前后槽 4.满堂柱柱网 5.有平棊 6.椽栿断面为圆形
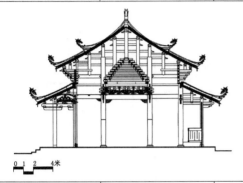 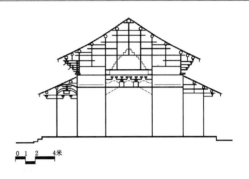		
莆田仙游文庙大成殿（清）	五间十二椽架、副阶周匝、上檐七铺作	1.殿堂式外观,穿斗式结构,殿身内外柱直接顶桁,上檐三抄 2.内外柱不同高 3.前后槽 4.满堂柱柱网 5.有平棊 6.椽栿断面为圆形
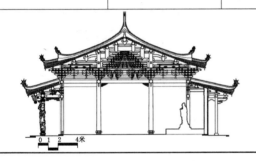 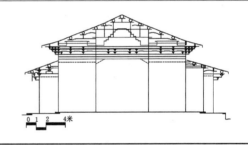		

　　漳州文庙大成殿、漳浦文庙大成殿以及漳州比干庙大殿三座殿堂之大木构架均为殿堂式,构件形式极为相近,有同源的关系。而漳州比干庙在漳州文庙大成殿右侧不远处,二者之密切关系更是不言而喻。漳州文庙大成殿建于明中叶成化十八年(1482 年)(国家文物局,2007:218);漳浦文庙大成殿据《漳浦县志》所载,乃明初或明中叶的作品;漳州比干庙大殿兴建年代虽无确实记载,但诸多专家的鉴定均认为其具有明、清的风格❶,故而应是明末清初的作品。漳州文庙大成殿与漳浦文庙大成殿同为殿身三间、副阶周匝,漳州比干庙大殿则仅三间面宽加前后廊。

　　为何邻近漳州文庙,形式与漳州文庙类同,且规模更小的漳州比干庙,要添加漳州文庙大成殿所没有之穿枋来增高构架抵抗水平力的能力? 又漳浦文庙大成殿本无穿枋,为何在后来的整修中要添加穿枋来提高构架抵抗水平力的能力? 这段在明末清初所产生添加穿枋加强构架抵抗水平力的能力之背后驱动力,极可能来自明末大地震的影响。

　　明万历三十二年(1604 年)12 月 29 日(阴历十一月初九),福建发生史载规模最大的莆田大地震❷,其震度达八级,震央位于福建省南部的南日岛海外(119.5 E,25.0N 莆田乌丘海

---

❶ 罗哲文、单士元、朱光亚等诸位古建专家都对漳州比干庙进行过鉴定,认为其保存明至清的风格。

❷ 互动百科词条《莆田大地震》,网址:http://www.hudong.com/wiki/%E8%8E%86%E7%94%B0%E5%A4%A7%E5%9C%B0%E9%9C%87

域）。此次地震能量巨大,致使浙江省、江西省、江苏省、广东省许多县市,甚至连广西桂林、安徽铜陵、胡南陵零、上海等均有受其影响的记录。莆田和泉州距离震央最近,因此受害也最大,不仅"山谷海水皆动",且"城内外庐舍圮",泉州明末诸多大殿堂重修即可能来自此地震所造成的破坏。

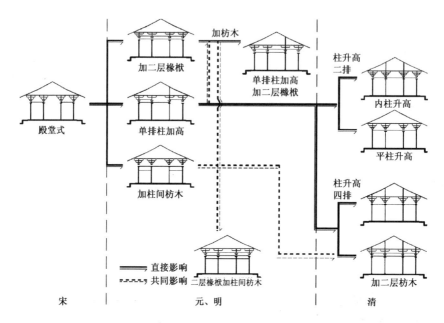

图 4.58 闽东南"殿堂式"到"拟殿堂式"的衍化

漳州邻近泉州,自然也受害严重,根据相关志书记载,离漳州府治所在较远的漳浦县、平和县城内建筑均有受损,漳州府治自当更无法幸免,在《漳州府志》中即有"地大震,有声。连震二十余日"的记载。其后的万历三十五年(1607年)及三十七年(1609年)又各发生一次六级左右的余震。明末这几场前所未有的大地震,不仅造成人员与建筑上严重的伤害,势必也影响其后建筑的重修与新建。较之漳州在大地震后清代所营建的殿堂式建筑,如漳州南山寺、华安南山宫,其殿身内柱及平柱均已直接升至榑下,形成刚性更强的穿斗式殿堂。现存漳州比干庙的年代经专家考证为明清风格,兴建时间点大致亦落在明末清初,其或在此次大地震中受到重创而重建,经过匠师在地震后对于殿堂建筑损坏的观察,与长期执行木构营建经验的主道,因而发展出在前后槽及内槽柱间增加柱间穿枋的手法。由于进深方向柱头间均有穿枋的设置,原殿堂式"槽"的范围,遂缩小到四根柱所围范围内,与其后之穿斗式殿堂相同。源自北方殿堂式内槽在柱头上数间连成一气的表现,也因此在闽东南殿堂建筑中消失。

4.2 歇山顶构架特色

4.2.1 少作收山与收山距离小

"收山"在北方殿堂中,指的是确定山花板位置的法则(马炳坚,2003:7)。山花板位于出际桁木外侧,保护末端免受日晒雨淋。闽东南歇山殿堂,并非都有山花板的设置,故而文中使用

"收山"一词所代表的意思是"山面构架向殿内的移动"。在泉州,此作法称为"退架","架"指椽架,使用"退架",反映泉州地区山面构架以椽架宽作为向殿内移动之距离单位,这自是角梁以45度斜出及需搭于山面构架上之必然结果。

北方殿堂多以较大的收山,搭配较宽的出际,以保护山面构架。闽东南早期的殿堂,如"殿式厅堂式"的福州华林寺大殿即采用此方式,其收山距离达385厘米,出际长则有140厘米。明代以后,随着构架形式的改变与保护山面方法的更新,遂朝向不收山或收山距离小,以及不出际或出际距离小的方向衍化,福州华林寺大殿之大尺度的收山与出际不复见。

在"殿堂式"和"拟殿堂式"的案例中,屋顶草架直接置于柱头,形成不收山或收山一开间(仅出现在九开间的泉州开元寺大殿)的作法。"叠斗式"案例中,亦少见收山,而有收山者,山面构架内移距离大约也只有一至二椽架,并常将山面构架架在上檐铺作之里跳斗栱尾端,借此使铺作内外达到平衡(图4.59)。福州、莆田殿堂出际长度在3尺以内,山面钉薄砖保护(图4.60)。泉州地区殿堂以不出际为主,山面以红砖叠砌墙保护之(图4.61)。漳州殿堂或出际或不出际,出际者之长度亦在3尺以内,山面保护的方式计有砖砌、木板壁二式,其中,木板壁保护是漳州明代殿堂的地域特色(图4.62)。

图 4.59 泉州承天寺大殿山面构架在铺作层里跳之上

图 4.60 莆田广化寺大殿山面穿瓦衫

图 4.61 泉州开元寺大殿以红砖组砌山面

图 4.62 漳州文庙大成殿山面木条板壁

4.2.2　延长出檐的"进架"技法

明清以后,随着外檐保护砖材的普及,斗栱用材减少,出檐亦随之缩短。举例言之,五代福州华林寺大殿由檐柱中心到檐口出檐长有 4.5 米左右,但到了清代泉州安海龙山寺,檐柱中心到檐口之出檐长仅有 1.2 米。出檐的缩短连带影响到歇山顶角脊(岔脊)的长度,进而影响歇山顶整体比例的美观。

无论是"殿堂式"或"叠斗式",为加强构架垂直向度的强度,有越来越多案例将柱向上延伸,铺作层遂成为插栱的方式。诸多歇山重檐殿堂之插栱出檐的上檐,为避免柱身过多开孔影响柱的受力,故而取消斜栱出跳,两向檐槫(挑檐桁)遂成悬挑相接,进而影响置于其上之角梁的稳定。

檐槫下立柱是解决延长角脊长度,并确保角梁稳定的作法。一般歇山顶以四周加柱廊方式,达到檐槫下方立柱的需求;而歇山重檐之上檐,檐槫下立柱则是立在下檐构架之上。根据立柱的位置与数量,计有"擎檐柱"与"进架"两种作法。

"擎檐柱"是在转角处之两向檐槫(挑檐桁)交接处下方立短柱,借此提高角梁与角脊的稳定,莆田广化寺大殿上檐即为其例(图 4.63)。"进架"是擎檐柱作法的衍生,多流行在闽南地区。其除了在转角处立擎檐柱外,亦在殿身平柱外设置立于下檐构架上的短柱,由其与擎檐柱协助或直接支撑檐槫(挑檐桁)。如此,出檐稳定性获得确保,亦借此拉长出檐的长度。短柱及擎檐柱所立位置在平柱外一椽架宽处,出檐因此向外延长一椽架宽,故称"进架"(图 4.64、图 4.65),现存最早案例为泉州文庙大成殿与泉州开元寺大殿。由案例年代来看,最迟在明代,"进架"于泉州地区即已存在。

图 4.63　莆田广化寺大殿上檐擎檐短柱

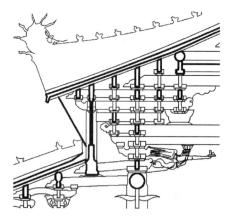

图 4.64　开元寺大殿上檐"进架"剖面

"进架"不仅延长出檐长度,两厦椽木与角梁长度亦随之延长。在泉州承天寺大殿、泉州天后宫大殿、泉州崇福寺大殿中,上檐角梁长度因"进架"而使原不足两椽的状况,成为"转过两椽"。再者,角梁中段也因有擎檐柱的支撑,故而提高稳定性。角梁的延长也增长角脊(闽南称岔角)长度,改善中脊与角脊长比例差过大而影响外观的问题。以安溪文庙大成殿为例,无进架的作法,角脊与中脊的比例为 0.18,加上进架之后,比例增加到 0.26(表 4.10)。角脊增长,翼角更为延展,亦增加立面的美观(图 4.66)。"进架"作法中,蜀柱与蜀柱、蜀柱与擎檐柱间,多置以透空格栅,保护殿身平柱上的铺作层,减少其受日晒雨淋的破坏(图 4.67、图 4.68)。

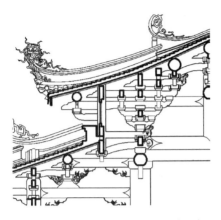
图 4.65　承天寺大殿上檐"进架"剖面

图 4.66　安溪文庙大成殿上檐角脊因进架而增长

图 4.67　泉州开元寺大殿上檐铺作前格栅

图 4.68　泉州承天寺大殿上檐格栅取下后外观

表 4.10　闽东南殿堂收山、进架、出际、角脊与中脊比例

案例名称	大木结构形式	收山(厘米)	进架	出际(厘米)	角脊/中脊	两厦桷仔尾端支撑
福州华林寺大殿	殿式厅堂式	有,385	无	有,153	0.92	山面构架底端横梁上
莆田元妙观三清殿	殿式厅堂式	非原貌	无	**	0.32	非原貌
罗源陈太尉宫正殿	殿堂式	非原貌	有	有,118	0.23	
泉州开元寺大雄宝殿	殿堂式	有,254	有	无	0.32	山面构架旁的副梁上
漳州文庙大成殿	殿堂式	无	无	有,80	0.11	山面构架底端横梁上
漳浦文庙大成殿	殿堂式	无	无	有,59	0.16	山面构架底端横梁上
莆田兴化府城隍庙正殿	叠斗式	无	有	**	*	山面构架底端横梁上
泉州承天寺大雄宝殿	叠斗式	有,108	有	无	0.27	山面构架底端横梁上
泉州崇福寺大雄宝殿	叠斗式	有,110	有	无	0.42	山面构架底端横梁上
漳州比干庙正殿	殿堂式	无	无	有,70	0.12	山面构架底端横梁上
泉州安溪文庙大成殿	穿斗式殿堂	无	有	无	0.26	山面构架底端横梁上

续表 4.10

案例名称	大木结构形式	收山(厘米)	进架	出际(厘米)	角脊/中脊	两厦桷仔尾端支撑
泉州县城隍庙正殿	叠斗式	无	无	无	0.18	山面构架旁的付梁上
漳州龙海白礁慈济宫正殿	殿堂式	无	无	无	0.14	山面构架底端横梁上
永泰文庙大成殿	穿斗式殿堂	无	无	无	0.20	山面构架底端横梁上
泉州天后宫正殿	叠斗式	有,133	有	无	0.39	山面构架底端横梁上
泉州安海龙山寺正殿	叠斗式	无	无	无	0.53	山面构架旁的副梁上
福州文庙大成殿	穿斗式殿堂	无	无	**	*	山面构架底端横梁上
福州鼓山涌泉寺大雄宝殿	穿斗式殿堂	无	有	**	*	山面构架底端横梁上
泉州惠安文庙大成殿	叠斗式	无	无	无	*	山面构架旁的副梁上
莆田广化寺大雄宝殿	穿斗式殿堂	无	无	**	*	山面构架底端横梁上
漳州南山寺大雄宝殿	穿斗式殿堂	无	有	无	*	山面构架底端横梁上
莆田仙游文庙大成殿	穿斗式殿堂	无	无	有,33	0.20	山面构架底端横梁上
厦门南普陀寺大雄宝殿	叠斗式	有,150	无	无	0.44	山面构架底端横梁上
漳州南山宫正殿	穿斗殿堂式	有,87	无	有,48	0.44	山面构架底端横梁上

* 无数据资料

** 外观可见出际,但无出际尺寸资料

4.2.3 以"大角梁法"为主

闽东南歇山殿堂的角梁,以置于檐桁上出檐之"大角梁法"为主。殿堂式构架设有平棊,因此檐桁上的角梁过山面构架后,会再向内延伸一段距离,使尾端置于檩桁上(图 4.69),或插在檩桁上(图 4.70),压在檩桁下作法甚少见(图 4.71)。叠斗式构架无天花,为彻上明造,角梁过山面构架,再向内延伸时,其尾端便会暴露在室内空间,影响美观。为使不延伸入室内之角梁有足够稳定性,匠师遂发展出"收山"、"擎檐柱"、"进架"等作法。即或出现将角梁尾端伸入室内的作法,匠师也会用柱身出斜向插栱的作法来遮掩,此插栱的作用非支撑,而是美化。惠安文庙大成殿内角梁尾端的插栱即是其例(图 4.72)。

图 4.69 惠安文庙大成殿前檐角梁尾置于桁上

图 4.70 漳州文庙大成殿角梁尾插于桁上

资料来源:杨丽华提供

图4.71 永泰文庙大成殿角梁尾置于槫下 **图4.72 惠安文庙大成殿后檐角梁尾置于插栱上**

4.2.4 多样的转角木构作法

因应构架形式不同与上下檐之别,闽东南歇山殿堂转角处之木构遂出现多样形式。转角处有铺作层叠的构架,为解决转角铺作斜出斗栱与昂尾内外平衡问题,以槫枋压住里跳斗栱(昂)末端,实例如"殿式厅堂式"的福州华林寺大殿(图4.73)、"殿堂式"的漳州文庙大成殿(图4.74)以及"叠斗式"的安海龙山寺(图4.75)等。而在山面收山(闽南称"退架")作法中,山面构架系直接置于平柱柱头铺作里跳斗栱尾端,形成转角木构形式,泉州承天寺大殿与泉州天后宫大殿均为其例(图4.76)。

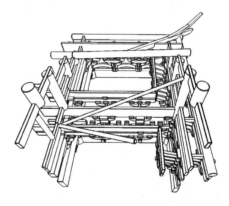

图4.73 福州华林寺大殿转角透视 **图4.74 漳州文庙大成殿上檐转角透视**

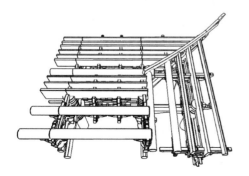

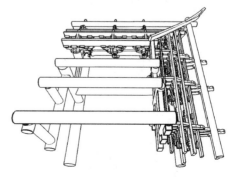

图4.75 安海龙山寺上檐转角透视 **图4.76 泉州天后宫上檐转角透视**

柱向上延伸使铺作层以插栱呈现者,丁字插栱未延伸入殿内,转角木构以立柱与45度方向斜角梁(泉州称为"串角梁")构成,实例如漳州华安南山宫大殿。插栱延伸入殿内者,或将插栱抵在角梁下端,用榫枋木压住插栱尾端,福州永泰文庙即为用榫枋木压住插栱尾端的实例(图4.77)。

单檐歇山及重檐歇山下檐的大木结构转角,为支撑面阔与进深两向交叠的桁木,以及交叠处上方的角梁,会在45度方向增加斜角栿梁架的设置。大多数"斜角栿"(泉州称为"串角梁")案例是内侧插在柱身上,外侧插在铺作层或柱身上,并向外延伸成为出栱(图4.78)。泉州开元寺大殿为解决收山一开间所造成的角梁中段支撑问题,亦出现上檐转角设置斜角栿(串角梁)的作法(图4.79)。此外,在北方殿堂转角处常见的抹角梁,罕见于闽东南地区殿堂转角,泉州开元寺大殿殿内下檐串角梁下的"抹角梁"(泉州称"斜角梁"),是调查过程中惟一发现的案例(图4.80)。

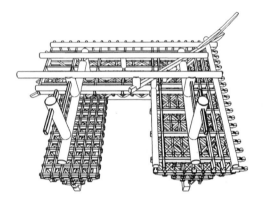

图4.77　福州永泰文庙上檐转角透视

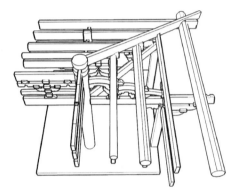

图4.78　安海龙山寺下檐转角透视

图4.79　泉州开元寺大雄宝殿上檐斜角栿

图4.80　泉州开元寺大雄宝殿下檐抹角梁

4.2.5　出现具地域性特色的子角梁作法

随着中国曲面屋顶的发展,殿堂翼角子角梁由无到有,由简单到复杂,由低平到高翘。宋代案例中,闽东南就已出现角梁上添加子角梁的作法。宋干德年间泉州崇福寺的应庚塔翼角,老角梁上即叠有子角梁,子角梁由下而上内凹再外扬的起翘线条(图4.81),与南宋始建湖北当阳玉泉寺大殿极为相似(图4.82)。北宋元丰五年(1082年)建于福州南郊龙瑞院的陶塔(后移至福州鼓山涌泉寺天王殿前),子角梁插在老角梁上,撑起优美的翼角起翘(图4.83)。南宋莆田广化寺石塔与泉州开元寺东西塔子角梁亦是斜插于老角梁上(图 4.84)。

图 4.81　泉州崇福寺应庚塔的翼角

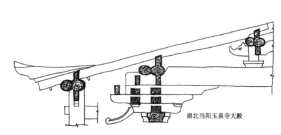

图 4.82　湖北当阳玉泉寺大殿的翼角构成

图 4.83　福州龙瑞院陶塔的翼角

图 4.84　泉州开元寺石塔的翼角

　　殿堂建筑中,五代末福州华林寺大殿是依宋《营造法式》所载,子角梁叠于老角梁的形貌复原。明代中叶兴建的漳州文庙大成殿,子角梁斜插于老角梁上,两者间夹角在 140 至 150 度之间(图 4.85),作法近似泉州开元寺石塔。现存明清闽东南殿堂建筑,除子角梁斜插于老角梁上的作法外,尚有无子角梁及子角梁叠在老角梁上的形式(表 4.11)。无子角梁的作法用于规模较小及等级较低的殿堂,如漳州白礁慈济宫正殿、岱山岩康长史祠正殿。子角梁叠在老角梁上的作法,子角梁斜叠在老角梁上,老角梁下方位于桁前处,并外突作线角表现(图 4.86)。在泉州,还有一种以子角梁斜插于老角梁上的作法演变进化的"风嘴"(亦有称"风吹嘴")作法。

图 4.85　漳州文庙大成殿的老角梁与子角梁

资料来源:杨丽华提供

图 4.86　莆田匠师吴开裕的作品

表 4.11　子角梁的作法

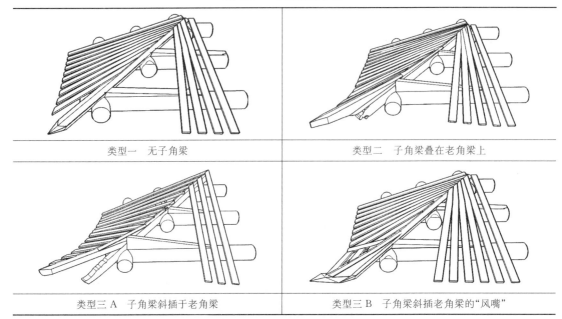

| 类型一　无子角梁 | 类型二　子角梁叠在老角梁上 |
| 类型三 A　子角梁斜插于老角梁 | 类型三 B　子角梁斜插老角梁的"风嘴" |

　　风嘴的作法是将高度不足 1 尺的子角梁(泉州称为"观音手"),以 120 度夹角斜插在老角梁尾端(图 4.87),子角梁与老角梁间以三角形垫木相连,由于老角梁旁钉有椽仔,垫木在老角梁上再钉椽仔,致使翼角处有上下两层椽仔,形成称之为"暗厝"❶的形式。故而,此垫木称"暗厝脊",其功能旨在将子角梁和老角梁拉系在一起。子角梁在屋檐檐板上方正面与侧面外侧,用三角型板料包覆,板料越靠近转角端越向外倾斜,若由上观之,三角型板料在转角端接续形成如船头的形状,故泉州地区称其为"船头板"(图 4.88)。这种改良型的子角梁斜插于老角梁上作法,普遍见于泉州殿堂,其他地区则罕见之,无可置疑应是源自泉州地区大木工匠的创意与匠艺,是表现泉州地域特色之翼角形式。

图 4.87　泉州承天寺大殿角梁与观音手

图 4.88　泉州承天寺大殿翼角的船头板

　　风嘴作法产生的原因,应与其名称中的"风"有相关性,是为了减少风雨对翼角木料损坏的

---

　　❶　"暗厝"是在已钉好椽木的屋面上,局部或全部再加一层架高的屋面,借此以增加屋脊或翼角的起翘,是闽南地区普遍的作法。

改良作法。由于子角梁斜插在老角梁上,当雨水打在子角梁上时,会顺着子角梁倾斜面下流至与老角梁接续处,甚至渗入榫口。受潮过久,此处便容易产生腐朽而影响子角梁的稳定(图4.89)。福州、莆田、漳州地区是透过两向封檐板接续处外钉挂下悬垂板进行角梁保护,莆田地区称此垂板为"角垂板",漳州地区称为"檐板坠",福州地区则称"角鱼板"(图4.90)。然此垂板在日晒风吹之下,久易腐坏,且在强风之中,亦有受风力折断的可能。故而,泉州匠师降低子角梁,并在外面包覆一定厚度的船头板,以彻底解决提高翼角所产生的日晒、风雨对木料破坏的问题。

**图 4.89　老角梁与子角梁交
接处受潮腐朽**

资料来源:杨丽华提供

图 4.90　福州文庙大成殿的"角鱼板"

4.2.6　板椽扇骨状布椽

闽东南殿堂椽木以板椽为主(当地称"桷木"、"桷仔"),并少用飞椽。椽头用封檐板。翼角布椽的方式是利用尾端削窄的板椽,由山面构架尾端向外辐射,辐射起点较短的在殿身平柱(檐柱)柱头顶端(无收山案例),或向内延伸到里跳斗栱顶端,或向内二椽架的位置。板椽前端约略等间距,椽尾或集中于一点,或在角梁上某一段距离内向外辐射,系扇骨状布椽手法的应用(表4.12)。

表 4.12　歇山大殿殿身(非副阶)角梁构成与布椽

案例名称	子角梁与老角梁关系	起翘高度(厘米)	椽木形式	转角布椽	向外辐射起点	有无飞椽
福州华林寺大殿	叠在老角梁上	79	板椽	扇骨状布椽	里跳斗栱尾端	无
福州文庙大成殿	斜插老角梁上	无资料	板椽	扇骨状布椽	殿身平柱柱头	有
福州鼓山涌泉寺大殿	斜插老角梁上	无资料	板椽	扇骨状布椽	殿身平柱柱头	无
罗源陈太尉宫正殿	斜插老角梁上	34	板椽	扇骨状布椽	平柱向内二架	无
莆田元妙观三清殿	叠在老角梁上	49	板椽	扇骨状布椽	平柱向内二架	无
莆田仙游文庙大成殿	叠在老角梁上	35	板椽	扇骨状布椽	殿身平柱柱头	无
莆田广化寺大殿	叠在老角梁上	无资料	板椽	扇骨状布椽	殿身平柱柱头	无
泉州安溪文庙大成殿	风嘴	38	板椽	扇骨状布椽	殿身平柱柱头	无
泉州惠安文庙大成殿	风嘴	18	板椽	扇骨状布椽	殿身平柱柱头	无
泉州开元寺大雄宝殿	风嘴	90	板椽	扇骨状布椽	殿身平柱柱头	无

续表 4.12

案例名称	子角梁与老角梁关系	起翘高度（厘米）	椽木形式	转角布椽	向外辐射起点	有无飞椽
泉州承天寺大雄宝殿	风嘴	35	板椽	扇骨状布椽	里跳斗栱尾端	无
泉州崇福寺大雄宝殿	风嘴	66	板椽	扇骨状布椽	里跳斗栱尾端	无
泉州天后宫正殿	风嘴	74	板椽	扇骨状布椽	里跳斗栱尾端	无
泉州安海龙山寺正殿	风嘴	43	板椽	扇骨状布椽	殿身平柱柱头	无
泉州县城隍庙正殿	风嘴	14	板椽	扇骨状布椽	殿身平柱柱头	无
厦门南普陀寺大雄宝殿	风嘴	84	板椽	扇骨状布椽	里跳斗栱尾端	无
龙海白礁慈济宫正殿	无子角梁	29	板椽	扇骨状布椽	殿身平柱柱头	无
漳州文庙大成殿	斜插老角梁上	117	板椽	扇骨状布椽	殿身平柱柱头	无
漳浦文庙大成殿	斜插老角梁上	77	板椽	扇骨状布椽	殿身平柱柱头	无
漳州比干庙正殿	斜插老角梁上	129	板椽	扇骨状布椽	殿身平柱柱头	无
漳州南山寺大殿	风嘴	无资料	板椽	扇骨状布椽	殿身平柱柱头	无
漳州南山宫正殿	无子角梁	24	板椽	扇骨状布椽	殿身平柱柱头	无

4.3　斗栱的形式与特色

闽东南传统歇山殿堂构架中的斗栱主要出现在柱头以上铺作层与屋架各层椽枋间的支撑与交接处,有叠组斗栱及插栱两种。组构方式包括双向交叠的计心造斗栱、单向交叠的偷心造斗栱以及加入斜栱交叠的如意斗栱等。斗栱形式随时代发展而变化,特别是明代以后斗栱艺术化处理的潮流下,出现各种斗、栱、昂的形式,有些甚至成为地域性特色的代表。

4.3.1　斗

斗底下方向外突出的内斜棱线,称为"倒棱"(曹春平,2006:67),是斗底"皿板"退化所留下的痕迹。"皿板"作用在于扩大斗底置放面,并作为斗高的细微调整。在北方,汉代建筑中经常可见;北魏时,云冈石窟第十窟佛龛柱柱头斗底下斜棱垫木即为皿板(图 4.91);唐代以后,北方便未再见到其形象。惟在闽东南,从五代福州华林寺大殿、宋代罗源陈太尉宫大殿(图4.92)、南宋泉州开元寺双石塔,到清末的诸殿堂中,均得见斗底皿板以斗底"倒棱"线脚方式保存下来,并成为本地斗造型中最大的特色(图 4.93)。

图 4.91　云冈石窟第十窟龛柱斗底斜棱

图 4.92　罗源陈太尉宫大殿斗栱斗底斜棱

在台湾,斗底"倒棱"线脚被称为"斗底线",其高度约为斗高的1/10～1/12左右。澎湖地区的殿堂建筑中,斗底斜棱被保留成为斗制作时的定制,在战后民国三十六年(1947年)所建的林投凤凰殿中仍可见到(图4.94)。

图4.93　清光绪福州怡山西禅寺山门斗底斜棱

图4.94　澎湖林投凤凰殿斗底斜棱

宋《营造法式》卷四中,针对各种不同部位的斗,其斗耳、斗平与斗欹之比例为2∶1∶2❶,斗耳加斗平的高度高于斗欹(图4.95)。闽东南宋代以后殿堂建筑的斗之斗耳与斗平的比例落在2∶1至1∶1之间,斗耳加斗平的高度与斗欹(闽南称"斗腰")的高度比在3∶2到1∶1之间,反映出闽东南的斗与宋《营造法式》中所记载的斗相比,有"低斗耳,高斗欹"的特色(曹春平,2006:69)。

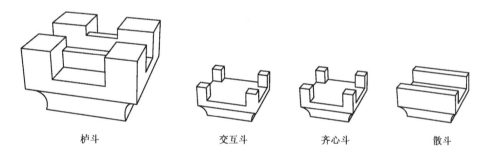

　　　　　　　栌斗　　　　　　　　交互斗　　　　　　　齐心斗　　　　　　　散斗

图4.95　宋《营造法式》中所载之栌斗、交互斗、齐心斗、散斗

明清以后,斗的造型日渐增多。除了承袭宋代以来的方斗(又称为"四方斗")外,尚有圆斗(又称"碗公斗")、八角斗(又称"八阁斗")、六角斗(又称"六阁斗")、四角边角收两段圆弧相接的"桃弯斗"以及各种模仿花形的造型斗,例如:莲斗、梅花斗、海棠斗等(图4.96)。由于这些斗来自不同匠师的创作表现,在执业范围的限制下,遂成地域性特色之表现。泉州多桃弯斗及圆斗(图4.97),福州则多四瓣花叶组成的海棠斗(图4.98),闽东南殿堂斗的形式如表4.13所示。

---

❶　《营造法式》卷四:"一曰栌斗施之于柱头,其长与广皆三十二分……高二十,上八分为耳,中四分为平,下八分为欹……二曰交互斗,施之于华栱出跳之上,其长十八分,广十六分。三曰齐心斗,施之于栱心之上,其长与广皆十六分。四曰散斗,施之于栱两头,其长十六分,广十四分。凡交互斗、齐心斗、散斗皆高十分,上四分为耳,中二分为平,下四分为欹。开口皆广十分,深四分"(李诫,1956a:86—88)。

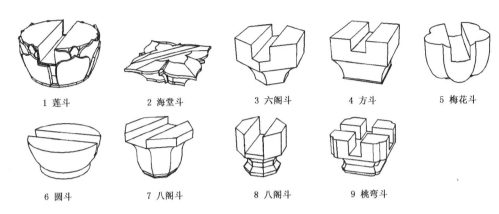

1 莲斗	2 海棠斗	3 六阁斗	4 方斗	5 梅花斗
6 圆斗	7 八阁斗	8 八阁斗	9 桃弯斗	

图 4.96   明清时期闽东南歇山殿堂使用之各种类型的斗

表 4.13   闽东南殿堂斗的形式

案例名称	年代	斗的形式	案例名称	年代	斗的形式
福州华林寺大殿	五代	4	泉州同安文庙大成殿	清	6、9
莆田元妙观三清殿	北宋	4	漳州龙海白礁慈济宫正殿	清	4、9
罗源陈太尉宫正殿	宋	2、4、9	永泰文庙大成殿	清	4、8、9
泉州文庙大成殿	南宋	1、4	泉州天后宫正殿	清	1、4、9
泉州开元寺大雄宝殿	明	1、4、9	泉州安海龙山寺正殿	清	1、4、6、8、9
漳州文庙大成殿	明	4	福州文庙大成殿	清	2、4、9
漳浦文庙大成殿	明	4、8	福州鼓山涌泉寺大雄宝殿	清	2、9
莆田兴化府城隍庙正殿	明	4	泉州惠安文庙大成殿	清	1、9
泉州承天寺大雄宝殿	明	4、6、8、9	莆田广化寺大雄宝殿	清	4
泉州崇福寺大雄宝殿	明	1、4、9	漳州南山寺大雄宝殿	清	4
漳州比干庙正殿	明	4、9	莆田仙游文庙大成殿	清	4、9
泉州安溪文庙大成殿	清	1、6、8、9	厦门南普陀寺大雄宝殿	清	4、9
泉州县城隍庙正殿	清	6、9	漳州南山宫正殿	清	4

注:斗的形式之编码参照图 4.96

图 4.97   泉州安海龙山寺前殿补间铺作圆斗

图 4.98   福州四瓣花叶组成的海棠斗

"斗抱"又称"柁墩"、"驼峰"、"斗座"、"斗座草"等,是在橡枋坐斗两旁向外扩张的造型构件。最早在福州华林寺大殿襻间处就已出现(图4.99)。南宋泉州开元寺双石塔,襻间亦有涡卷造型之斗抱。明代以后,卷草斗抱增多。清代的斗抱造型则更趋多样,有四季花卉、狮、象、麒麟、梭猊等各种兽类,以及历史典故、演义故事等人物题材,是构架中装饰性极高的构件(图4.100)。

图4.99 福州华林寺大殿襻间斗抱

图4.100 泉州殿堂兽类造型的斗抱

4.3.2 栱

北宋莆田元妙观三清殿栱头,基本上遵照宋《营造法式》所载的《造栱之制》,以每头分瓣卷杀造卷头,再加上内颤的处理,形成极为特殊的栱头形式(图4.101)。五代福州华林寺大殿、宋代罗源陈太尉宫大殿栱的栱头卷杀为圆弧状,不作分瓣(图4.102)。明清以后,栱头卷杀形式增多,产生各种造型栱,包括关刀栱、葫芦栱(葫芦平栱)、草仔栱、象鼻栱、螭虎栱、飞天栱等形式(图4.103、表4.14)。

图4.101 北宋莆田元妙观三清殿的栱

图4.102 五代福州华林寺大殿的栱

关刀栱为关刀形状的栱(李乾朗,2003:90),栱身上缘有一缺口,栱身前端切斜面,并略作卷杀。葫芦栱栱身前端切斜面,下接斜S形的曲线卷杀,形如半个葫芦,故又称葫芦平栱(李乾朗,2003:91)。葫芦栱出现甚早,南宋泉州开元寺双石塔塔内插栱就已见使用,其后在泉州明清殿堂中更是普遍应用的形式。惟其在漳州、莆田、福州地区却少见使用或未使用,可以说是泉州地区的特色作法。草仔栱是栱身前端卷杀成卷草的栱,依卷草造型的不同,有着多样的形式。漳州文庙大成殿草仔栱是栱端卷杀成三段上扬的顺时针涡卷(图4.104);泉州开元寺大殿则是三段上扬的顺时针涡卷加上逆时针涡卷草叶,并有两段卷、三段卷、三段卷加逆时针涡卷等不同造型(图4.105)。象鼻栱是在顺时针涡卷加上逆时针涡卷草叶造型的变化,形成大象举如意头的形式,在泉州承天寺大殿中可看到由草仔栱发展而来的过程(图4.106)。

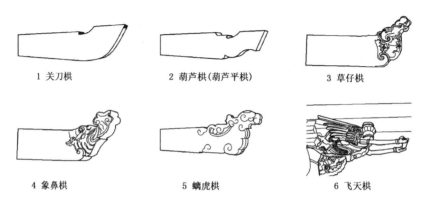

1 关刀栱　　　　2 葫芦栱(葫芦平栱)　　　3 草仔栱

4 象鼻栱　　　　5 螭虎栱　　　　6 飞天栱

图4.103　明清时期闽东南歇山殿堂使用之各种类型的栱

表4.14　闽东南殿堂栱的形式

案例名称	年代	栱的形式	案例名称	年代	栱的形式
福州华林寺大殿	五代	1	泉州同安文庙大成殿	清	1、2、3
莆田元妙观三清殿	北宋	1	漳州龙海白礁慈济宫正殿	清	1、2、3、6
罗源陈太尉宫正殿	宋	1	永泰文庙大成殿	清	3、5
泉州文庙大成殿	南宋	1、2、3	泉州天后宫正殿	清	1、2、3
泉州开元寺大雄宝殿	明	1、2、3、4、6	泉州安海龙山寺正殿	清	1、2、3、5
漳州文庙大成殿	明	1、3	福州文庙大成殿	清	1
漳浦文庙大成殿	明	1、3	福州鼓山涌泉寺大雄宝殿	清	1、5
莆田兴化府城隍庙正殿	明	1、3	泉州惠安文庙大成殿	清	1、2、3
泉州承天寺大雄宝殿	明	1、2、3、4	莆田广化寺大雄宝殿	清	2
泉州崇福寺大雄宝殿	明	1、2、3	漳州南山寺大雄宝殿	清	1、3、6
漳州比干庙正殿	明	1、3	莆田仙游文庙大成殿	清	1、2
泉州安溪文庙大成殿	清	1、2、3	厦门南普陀寺大雄宝殿	清	1、2
泉州县城隍庙正殿	清	1、2、3	漳州南山宫正殿	清	1、2、3

注:栱的形式之编码参照图4.103

螭虎栱又称夔龙栱,系在栱头卷杀处采单元涡卷以不同方向连接成类似龙形的图纹造型。其以漳州地区使用较为普遍;在台湾,清光绪年间被漳州派匠人使用在栱头上,逐渐取得流行地位(李乾朗,2003:91)。

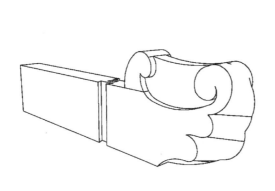

图 4.104　漳州文庙大成殿草仔栱

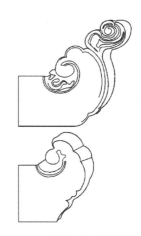

图 4.105　泉州开元寺大殿草仔栱

草仔栱　　　　　　　　　　　　象鼻栱

图 4.106　泉州承天寺大殿使用之草仔栱与象鼻栱

　　飞天亦是明清以后闽南地区栱头卷杀处造型处理的另一种选项,现存最早且最具表现性的案例为泉州开元寺大雄宝殿与甘露戒坛柱头上的飞天华栱。大雄宝殿处的二十四尊飞天华栱,手执文房四宝、青素瓜果、各式乐器,下方并以云形墩插栱支撑,烘托出大殿之佛国意象(图4.107)。清代中后期以后,泉州、厦门一带的殿堂受到开元寺的影响,亦在构架中出现各种形式飞天造型栱(图 4.108)。闽东南殿堂中栱的各种形式如表 4.14 所示。

图 4.107　泉州开元寺大殿使用飞天华栱

图 4.108　叠斗式构架中的飞天造型栱

4.3.3　昂

　　在闽东南,昂的功能亦呈现由真昂到假昂之逐渐退化的趋势,然造型上却趋艺术化表现。

福州华林寺大殿、莆田元妙观三清殿、泉州开元寺双石塔、罗源陈太尉宫等宋代建筑,昂嘴雕成简单的三弯曲线。明泉州文庙大成殿,昂嘴在三弯曲线的基础下,作突起的小变化。明代漳州文庙大成殿昂头雕饰近似螭虎,漳浦文庙大成殿为琴面昂昂嘴的造型,华安县南山宫假昂昂嘴则是以涡卷曲线所构成(图4.109、表4.15)。

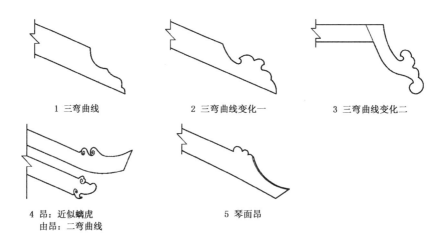

1 三弯曲线   2 三弯曲线变化一   3 三弯曲线变化二

4 昂:近似螭虎
由昂:二弯曲线

5 琴面昂

图4.109   明清时期闽东南歇山殿堂使用之各种类型的昂

表4.15   闽东南殿堂昂的形式

案例名称	年代	昂的形式	案例名称	年代	昂的形式
福州华林寺大殿	五代	1	漳州文庙大成殿	明	4
莆田元妙观三清殿	北宋	1	漳浦文庙大成殿	明	5
罗源陈太尉宫正殿	宋	1	漳州比干庙正殿	明	4
泉州文庙大成殿	南宋	2	漳州南山宫正殿	清	3

注:昂的形式之编码参照图4.109

4.4   小结

本章对闽东南殿堂大木构架发展作历时性的讨论。五代至宋,现存闽东南殿堂的大木构架案例是兼具"厅堂式"与"殿堂式"特征的"殿式厅堂式",已存在着南方穿斗与北方层叠结构混合的特征。明以后,殿堂穿斗特征更为明显,有掺有穿斗手法之"殿堂式",以及由"殿式厅堂式"衍化而来的"叠斗式"之使用。清代延续明代的脉络,穿斗表现更为明显,"殿堂式"衍化成使用穿斗架的"拟殿堂式","叠斗式"内柱与平柱升高至槫桁下。这种衍化过程除了是南方原有穿斗传统的影响外,斗栱用材缩小的趋势,也是促使殿堂大木构架产生衍化与调整的因素。

由此衍化过程可看出,闽东南在接受来自北方中原文化以层叠为主的"殿堂式"构架的影响上,由几乎是全盘接受,到局部调整,而后又逐渐回归原有穿斗体系脉络的过程,呈现穿斗文化在闽东南木构文化中长久而顽强存在的事实。

就构件装饰化来看,闽东南在明代以后构件装饰化的表现即十分明显,到清中后期则更为兴盛。其除反映了本地精湛的工艺传统外,也呈现出本地对美的特殊品味。

5 台湾歇山殿堂大木构架特色与发展

汉人在台历史自 1624 年荷兰人占领台湾始,共历经荷据、明郑、清领、日治、战后五个阶段。荷据之初,荷人为开垦台湾,遂从闽粤沿海招募汉人入台,汉文化建筑技术开始在台湾生根。明郑时期,大量汉人进入台湾,明永历十九年(1665 年)郑经接受谘议参军陈永华建议,在东宁天兴州宁南坊(今台湾台南孔庙现址)兴建"先师圣庙",旁置明伦堂,这是台湾官建殿堂建筑最早的记录之一。清康熙二十二年(1683 年)郑克塽降清,次年,台湾被划属福建省,并置分巡台厦兵备道、台湾知府,纳入清王朝的版图。从清领之初的"草昧初开,因陋就简",经过台湾先民的戮力经营,社会逐渐富裕,在建筑上留下了不少歇山殿堂实例。光绪二十年(1895 年)中日甲午战争爆发,中国战败,台湾与澎湖被割让与日本,成为日本的殖民地。此时期,随着日本的现代化,台湾也跟着日渐繁荣富裕,在维系汉文化的传统下,有更多歇山殿堂被兴建,其形式亦受到当时代潮流与工匠来源的影响。民国三十四年(1945 年)中日战争日本投降,战后日人撤离台湾,将台湾、澎湖政权交给中华民国政府。此后,以大木构架兴建的歇山殿堂逐渐式微,被钢筋混凝土造之仿木结构所取代。

由于缺乏文献描述与实物留存,无从得知荷据与明郑时期殿堂建筑的确切形貌。战后(1945 年以后)大木结构又因钢筋混凝土结构的普遍而被取代,纯大木构架殿堂案例变少。故而,有关台湾传统歇山殿堂大木构架讨论的时间点,遂置于台湾入清以后到日本殖民统治时期末,并将其分成清领时期与日治时期两阶段进行讨论。

5.1 清领时期(1683 年至 1896 年)

台湾清领时期所营建的歇山殿堂,主要是作为崇祀高身份者或地位崇高神祇之空间。包括:为皇帝朝贺祝寿的万寿亭、万寿宫,祭祀孔子及重要先贤的文庙大成殿、朱子祠,祭祀列入官祀之帝后神祇的关帝庙、天后宫,以及部分民间信仰中祭祀观音、玉皇上帝等具崇高地位神祇的庙宇。其遵循着歇山顶使用于高等级建筑之传统规制,并在人群主要集居处的府、县、厅治或繁荣的商业中心兴建。据统计,清领时期兴建,至今仍留存的歇山殿堂计有七处,包括一处歇山单檐殿堂与六处歇山重檐殿堂❶,其建筑规模、形式有以下几个特征:

1. 歇山顶殿堂多为小规模且形式特殊之歇山重檐;
2. 使用立柱升高至桁下或直接顶桁之叠斗式构架;
3. 使用较原乡更为厚实之砖墙;
4. 上檐角梁多仅转过一椽架;
5. 并列辐射布椽与扇骨状布椽两种布椽方式。

---

❶ 现存单檐歇山大殿为南投登瀛书院大殿,主祀文昌帝君。

兹分述于下。

5.1.1　歇山顶殿堂多为小规模且形式特殊之歇山重檐

由现存史料来看,台湾清代歇山殿堂规模均以三开间为主,且多为重檐,属小规模殿堂建筑。其有殿身三间加副阶周匝者,例如:台南府城万寿宫❶(已拆)、彰化孔庙大成殿、鹿港龙山寺大殿、新竹孔庙大成殿(已拆)、宜兰孔庙大成殿(已拆);有殿身三间无副阶者,例如:台南孔庙大成殿与台南祀典武庙,为殿身三间,副阶未落柱之硬挑出檐的重檐大殿;有在次间内增柱,形成实际宽度仅三开间,却包含副阶之重檐大殿者,例如:金门朱子祠与彰化元清观,其次间与副阶加起来总宽等同于正常次间宽(表5.1)。其中,台南孔庙大成殿与台南祀典武庙硬挑出上下檐的形式(图5.1、图5.2),原乡罕见之。

表5.1　清领时期台湾的歇山殿堂

名称	创建年代 建物年代	祭祀对象	建筑规模	平　面　图　示	
台南孔庙大成殿	明郑时期 清康熙五十八年(1719年)	至圣先师孔子	殿身面阔三间,进深十二椽架,副阶由殿身平柱悬挑出檐		
金门浯江书院朱子祠	清康熙二十六年(1687年) 清乾隆四十六年(1781年)	朱熹	殿身面阔三间,进深六椽架,次间宽度不足明间一半,甚至小于副阶		
彰化孔庙大成殿	清雍正四年(1726年) 清道光十年(1830年)	至圣先师孔子	殿身面阔三间,进深十椽架		

---

❶　清代万寿宫作为每逢岁时庆贺遥拜皇帝的场所。日本殖民统治时期,日人原将万寿宫作为"临时法院"使用,待新法院兴建完成后,万寿宫遂遭拆除。

名称	创建年代 建物年代	祭祀对象	建筑规模	平 面 图 示
鹿港龙山寺大殿	清乾隆五十一年（1786年） 清道光十一年（1831年）	观音	殿身面阔三间，进深十椽架。左右及后侧副阶空间后纳入室内	
台南祀典武庙正殿	明郑时期 清道光二十一年（1841年）	关帝	殿身面阔三间，进深十椽架，副阶由殿身平柱悬挑出檐	
彰化元清观正殿（岳帝庙）	清乾隆二十八年（1763年） 清同治五年（1866年）重修，光绪十三年（1887年）完工。	玉皇大帝	殿身面阔三间，进深十二椽架，次间宽度不足明间一半，甚至小于副阶	
南投登瀛书院大殿	清道光二十七年（1847年）	文昌帝君	殿身面阔三间，进深十二椽架	

图 5.1　台南孔庙大成殿　　　　　　　图 5.2　台南祀典武庙大殿

　　清代台湾歇山重檐殿堂规模偏小的主因,应与台湾入清之初,朝廷对台湾的消极管理态度,以及经济实力不足等因素有关。至于部分非殿身三间加副阶周匝之形式特殊的歇山重檐殿堂之产生,则主要源于其改建自原三开间规模的硬山顶建筑,因基地宽度不足,故而采用权宜手法来构成歇山重檐大殿形象。台南孔庙大成殿与台南祀典武庙大殿采用的是副阶不落檐柱,上下檐施以插栱的手法;金门朱子祠与彰化元清观则使用次间增柱的手法。台南孔庙大成殿与台南祀典武庙大殿以承重墙插栱出檐形构歇山重檐的形象,作法极为特殊。惟若追究此二案例创建与改建的历史,基地宽度不足的因应,应是此形式产生的主要原始动机。

1) 以硬挑出檐手法形成之歇山重檐殿堂

　　台南孔庙大成殿前身为明郑时期的先师圣庙,系郑经接纳参军陈永华建议,在明永历十九年(1665 年)所兴建国学内之圣殿❶。根据石万寿的研究,其初建规模为:"大门与圣殿、后屋共三进,两庑矮屋数间而已,并无泮池、明伦堂、启圣殿、衙斋等项。""圣殿只有一间,以梁搁壁,不设别柱。"(石万寿,1992:25)在当时动荡的年代中,先师圣庙虽仅采简陋的单开间规模、承重墙搁檩的形式,但格局仍遵循原乡主殿居中之殿堂建筑群布局。入清以后,清康熙二十三年(1684 年)巡道周昌及知府蒋毓英在郑经兴建的国学❷基础上,建立台湾府学。明郑所建三进建筑,仍被沿用。康熙三十九年(1700 年)巡道王之麟重修台湾府学,此次整修在原府学东侧新建明伦堂一座。清康熙五十一年(1712 年)台湾府学又再次重修,此次整修规模较大,巡台厦道陈璸加建大成殿周边的围墙,并建礼门、义路、泮池、朱子祠、文昌阁与大成坊等,孔庙今日之规模即为此次重修所奠定。

　　据傅朝卿(2011:43)所述,大成殿改建成重檐的形式系在清康熙五十八年(1719 年)巡道梁文瑄手上完成。若由其改建时间点来看,此时孔庙整体格局早已底定,要将大成殿改建成重檐,势必需在既有的基址宽度上进行,如此便受限于原规模格局。根据先前历史来看,原有大成殿规模并不大,甚至可能仅是一开间的硬山顶建筑。较之台湾现存清代兴修之殿身三间副阶周匝的歇山重檐殿堂,彰化孔庙大成殿面宽 20 米,新竹孔庙大成殿面宽 18 米,台南孔庙大成殿基址仅有 15 米宽,实无足够空间形构殿身三间副阶周匝的形式。因

---

❶　郑经云:"开辟业已就绪,屯垦略有成法,当速建圣庙,立学校。"语出江日升著《台湾外记》十三卷。

❷　明永历十九年至清康熙二十二年隶属承天府,郑经时称为国学,国学中的孔子庙称为先师圣庙。

此,孔庙大成殿的改建遂采用其他作法来表现歇山重檐大殿的意象。当时使用的手法为何并不清楚,惟由清乾隆十七年(1752 年)《重修台湾县志》中的府学宫图中,大殿山面内缩的意象来看(图 5.3),似乎是以次间增柱的方式构成。清乾隆四十二年(1777 年)蒋元枢又重修台湾府学,在描绘当时整修完成的图绘《重修台郡各建筑图说》中,虽然大成殿被画作是一座近乎六角形的殿堂,但由其有内缩收山形象来看,仍维持以次间增柱的作法最有可能(图 5.4)。

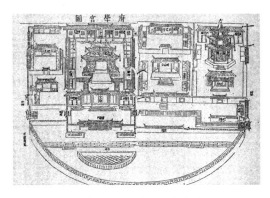

图 5.3　清乾隆十七年《重修台湾县志》
中的台湾府学宫图

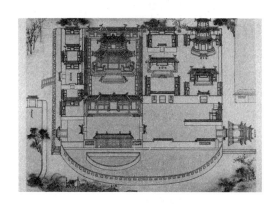

图 5.4　清乾隆四十二年蒋元枢《重修台郡各
建筑图说》中的台湾府学

孔庙大成殿现今所呈现之以殿身平柱向外出挑形成上下檐、副阶不落檐柱的作法,其究竟产生于何时,目前尚无明确证据可供确认。惟由日本殖民统治初期的旧照片即已呈现与现今相差无几的外观,嘉庆与同治年间孔庙曾有因大地震而受损的历史记载,以及现有形式与乾隆年间所采用的次间增柱、山面收山的作法相比,在山面抗震上,确实有更好的功效来看,其或许是源自大地震后的重建。然基址宽度不足以设置殿身三间副阶周匝的形式,仍是其形成今日所见特殊风格的原因之一。

台南祀典武庙大殿同样是副阶不落檐柱,以硬山出挑的重檐殿堂。由历史发展来看,其产生极可能也是来自基址面宽受限下的权宜手法。

台南祀典武庙大殿在明郑时期即已存在;清康熙二十九年(1690 年)由台厦道王效宗主持,依旧址扩建;康熙五十五年(1716 年)再次重修。雍正元年(1723 年)追封关帝祖宗三代为公爵,雍正三年(1725 年)于后殿设三代殿。两年后奉旨,春秋祀以太牢。此为关帝庙晋升为"祀典武庙"之始。

其后,乾隆三年(1738 年)、十七年(1752 年)及三十年(1765 年)均有增修,至乾隆四十二年(1777 年)蒋元枢重修时的形式为:"前为头门三楹,中为大殿,供奉神像,其后正屋一进。庙门外侧有屋两进为官厅,周围绕以高垣。后右侧有屋数楹,内奉大士。旁有屋宇,以祀保生圣母神像。"细观蒋元枢《重修台郡各建筑图说》所绘的祀典武庙图中立柱与造型的关系(图5.5),当时所建大殿已是歇山重檐形式,反映其作为官祀庙宇的重要地位。惟由上檐与下檐关系来看,其整个面宽仅有三开间,外围又围有高垣,因此极可能已是今日所见以硬山插栱出双重檐的方式,形成重檐歇山顶。清道光二十年(1840 年)四月,台南六条街大火,台南祀典武庙遭焚毁(孙全文,1996:4)。隔年重建时,高度密集的街肆无法提供土地给予加宽,故而仍沿用硬山插栱出双重檐之手法,形构歇山重檐意象。

观之祀典武庙改建的历史,其在雍正年间被列入祀典,庙宇地位提高,故而具有形构重檐殿堂的条件。而在乾隆四十二年(1777年)的《重修台郡各建筑图说》中,其确实已是歇山重檐形式。庙地范围虽在清康熙二十九年(1690年)扩建过一次,惟因其周边街肆发展极早,故而其后的重修均是在三开间面宽的基址上。祀典武庙以殿身平柱向外出挑上下披檐,形构歇山重檐形象,究其缘由,应是源于基址面宽受限,欲营建歇山重檐的权宜手法(图5.6)。

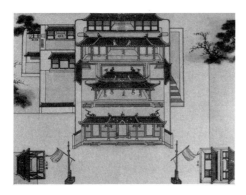

图5.5　清乾隆四十二年蒋元枢《重修台郡各建筑图说》中的祀典武庙

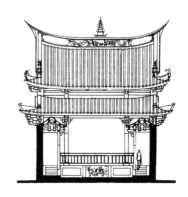

图5.6　祀典武庙

资料来源:孙全文,1987:128

台南孔庙大成殿与台南祀典武庙大殿之歇山重檐殿堂形式,未见于原乡殿堂,亦未见于台湾其他地区之歇山重檐殿堂,即或二者所在的台南,亦仅出现两例。这显示此作法并非新的歇山重檐殿堂形式风格的创造,而极可能是来自兴修改建过程中,受限于基地面宽,匠师权宜手法的巧思。其硬山顶加披檐的质朴外观,成为代表台湾清领时期歇山重檐殿堂形象的主要形式之一。

2)以次间增柱手法形成之歇山重檐殿堂

不同于台南孔庙大成殿与台南祀典武庙大殿,彰化元清观大殿与金门朱子祠是以"次间增柱"的手法,解决基址受限改建歇山重檐的问题。"次间增柱"是在原次间内再加一排"缝架"(台湾称"栋架")❶,作为歇山重檐殿身两山的构架。此作法在原乡亦可见,但原乡"次间增柱"的柱子多落在梁上[例:漳州岱山岩康长史祠大殿(图5.7)],彰化元清观大殿与金门朱子祠"次间增柱"的柱子则均为落地柱形式(图5.8)。

图5.7　漳州岱山岩康长史祠大殿

图5.8　重修后彰化元清观大殿内部

---

❶　台湾之建筑名称异于闽东南地区及法式用语,本章行文以营造法式用语或通用用语为原则,惟该建筑用语第一次于文中出现时,会于后面括号内加注台湾用语以明之,其后则仅列营造法式用语或通用用语。

　　彰化元清观建于清乾隆二十八年(1763 年)。道光二十八年(1848 年)彰化大地震,元清观因受损而有迁建于县城南方之议,后遇中部民变"戴潮春事件"而暂缓。同治五年(1866 年)在原址上开始进行重修,一直到光绪十三年(1888 年)方全部完工。此次重修,元清观维持原面宽三开间的三进两院规模,前殿在次间增柱,中央明间及次间增柱所构成三间之屋顶升高,出角梁成歇山顶,左右梢间则维持硬山顶,构成"断檐升箭口"的屋顶形式(图5.9)。正殿亦在次间增柱,且将明间与次间增柱向上延伸,支撑上层歇山顶,而原次间柱则作为副阶的檐柱,并埋入墙体内,形成殿身次间面宽不足明间二分之一,具有歇山重檐形象的殿堂(图5.10)。

图 5.9　彰化元清观前殿入口正面

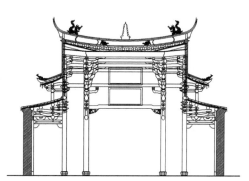

图 5.10　彰化元清观正殿纵剖图

资料来源:庄敏信提供

　　乾隆四十六年(1781 年)浯江书院原址被征收为县丞署,金门朱子祠遂在西侧之义学原址,重新辟建。建筑群分为三进,前为仪门,中为讲堂,后为朱子祠,东西两厢各有学舍八间,祠后方亦有敬字亭。朱子祠一开始便在三开间面宽基址兴建。因此现有之歇山重檐造型,亦系采用与元清观相同的"次间增柱"手法所形构,惟其并无外檐柱,横梁系直接架在砖墙上(图5.11、图5.12)。

图 5.11　金门朱子祠正殿外观

图 5.12　金门朱子祠正殿纵剖图

资料来源:庄敏信提供

3）殿身三间副阶周匝之歇山重檐殿堂

清代台湾完整的殿身三间、副阶周匝的歇山重檐殿堂,计有台南府城万寿宫(已拆)、彰化孔庙大成殿、鹿港龙山寺大殿、新竹孔庙大成殿(已拆)、宜兰孔庙大成殿(已拆)等。万寿宫创建于乾隆三十年(1765 年),乾隆四十二年(1777 年)重修,彰化孔庙大成殿创建于雍正四年(1726 年)以后,新竹孔庙大成殿建于道光四年(1824 年)以后,宜兰孔庙大成殿始建于同治八年(1869 年),这些歇山重檐殿堂的共同特征为未收山、砖砌山墙由台基延伸砌筑到中脊下方❶。

这些案例除鹿港龙山寺外,其余均是官式殿堂。鹿港龙山寺创立于明末清初,系泉州先民移民来台时,自安海龙山寺迎请观音菩萨佛像,于鹿仔港(今鹿港)旧河道边结芦为寺所成。乾隆四十九年(1784 年)鹿港开为"正口"(清廷正式设立的港口),与泉州蚶江对渡,其为第二个台湾与大陆通航,官方设立的正式港口,再加上此时正是台湾中部地区土地开发逐渐成形,稻米大量出口之际,鹿港因此日渐繁荣,商贾云集。鹿港龙山寺遂因信徒日增,空间日益狭促,而有迁建之议。乾隆五十一年(1786 年)鹿港龙山寺迁至远离码头与商业区的鹿港街镇南方(陈仕贤,2004:31-33)。根据《彰化县志》〈卷之五祀典〉记载,当时的规模为"前大殿祀观音佛祖,后祀北极上帝"的两落合院。道光九年(1829 年)鹿港龙山寺大修,此次重修由举人林廷璋及八郊商行、地方士绅共同发起,动员全鹿港之力,经费自是充足,加上鹿港龙山寺当时位于远离码头与商业区之聚落外围,周边有足够腹地进行扩建,遂扩大格局成为具备山门、五门殿(含戏台)、正殿、后殿的三进两院格局(图5.13)。今日所见之具有完整殿身三开间副阶周匝的歇山重檐大殿基本格局即奠基于此时(图5.14)。

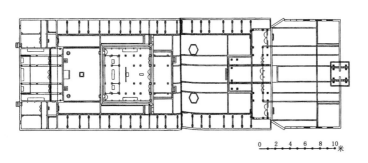

图5.13　鹿港龙山寺总配置

资料来源:符宏仁建筑师事务所提供

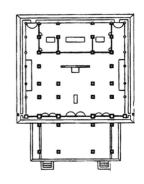

图5.14　鹿港龙山寺正殿平面图

资料来源:符宏仁建筑师事务所提供

由此来看,一直要至清道光年间,在台湾海禁正式解禁以后数十年,中部土地开发逐渐完成时,台湾民间方开始积累出足够经济实力,在自发性营庙行动中营建完整的歇山重檐殿堂,来传达对于神明的崇敬。

5.1.2　使用立柱升高至桁下或直接顶桁之叠斗式构架

在第四章针对叠斗式的发展中,提到原始的叠斗式系在柱头上叠多层斗栱,连接纵向椽栿(横梁)与横向的槫桁。其后因斗栱用材缩小,椽栿(横梁)下移至柱头栌斗位置,且发展出殿身

---

❶　鹿港龙山寺其后改修,为扩大室内空间,遂将下檐两侧砖墙由平柱移至外檐柱处。

前后内柱、平柱增高至桁下或直接顶桁,使椽栿与枋直接插在柱身的作法。椽栿与枋直接插在柱身,接点较插在层叠的斗栱层稳固,构架遂可以在较小的断面及用材量,形构同规模且较稳定的殿堂。

　　台湾清领时期歇山殿堂,除鹿港龙山寺一开间面宽戏台以"殿堂式"手法构成外,其余均采叠斗或叠斗与穿斗组合之构架。其叠斗构架形式承袭原乡清代出现之将殿身前后内柱(台湾称"金柱")、平柱(台湾称"檐柱")均向上延伸至桁木(台湾称"楹仔")底或距桁木底一个斗的位置之叠斗式构架。由于缝架(台湾称"栋架")下方横梁(台湾称"大通")与纵架枋木(台湾称"楣")、圆梁(台湾称"寿梁")均插在柱身,故形成相当稳定的构架关系。叠斗式柱网分前后槽,当心间前后内柱间为三通五瓜,左右次间构架则多为中心柱落地的穿斗式构架。

　　叠斗式中所隐含的"殿堂式"层叠组合关系,在台湾清代殿堂中,遂缩小到仅存于当心间(台湾称"明间")左右缝架前后内柱间、与平柱接续的椽栿以上以及纵向襻间内三处,与原乡清代所建殿堂之殿身平柱以内均为叠斗(例:安海龙山寺大殿)(图5.15)或仅殿身后内柱升高(例:泉州天后宫大殿)(图5.16)的作法相比,台湾立柱增高至桁下或直接顶桁的叠斗式木构架,显得简单而素朴,但就构架垂直方向对水平力的抵抗能力来看,此时台湾叠斗式似乎有较佳的效能。

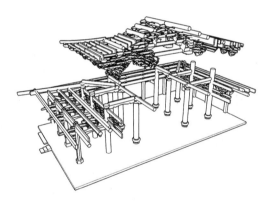 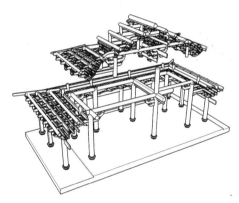

图5.15　安海龙山寺大殿剖透视　　　　图5.16　泉州天后宫大殿剖透视

表5.2　清领时期台湾歇山殿堂之大木构架

名　称	大木构架	剖　面　图　示	
台南孔庙大成殿	叠斗式		

续表 5.2

名　称	大木构架	剖　面　图　示
金门浯江书院 朱子祠	叠斗式 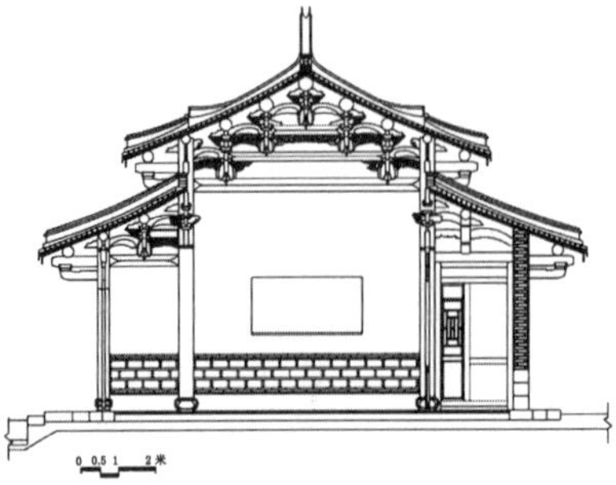 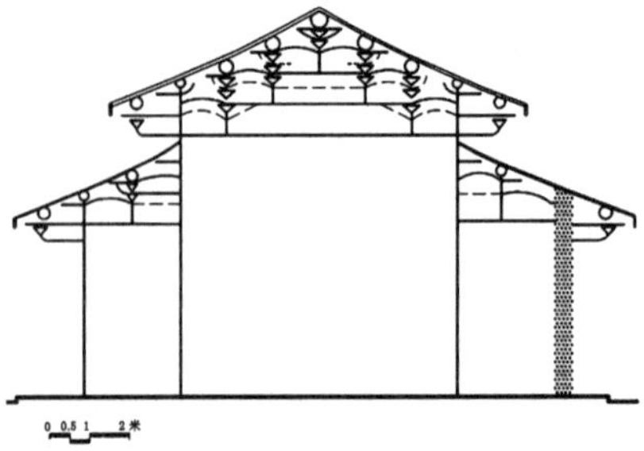	
彰化孔庙 大成殿	叠斗式 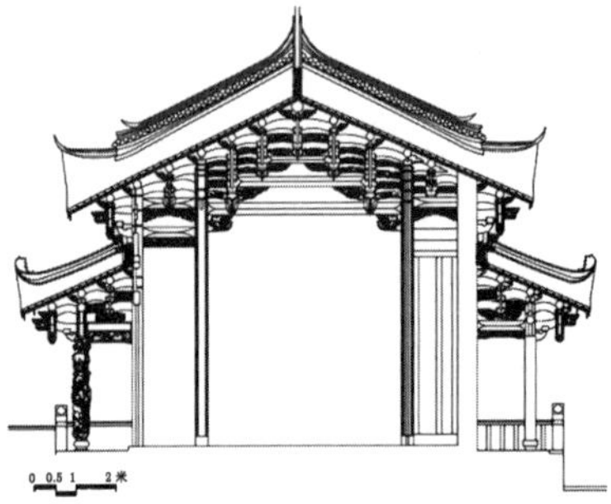 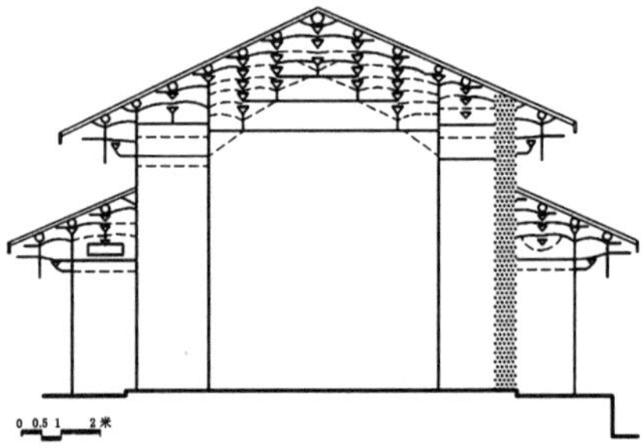	
鹿港龙山寺 大殿	叠斗式 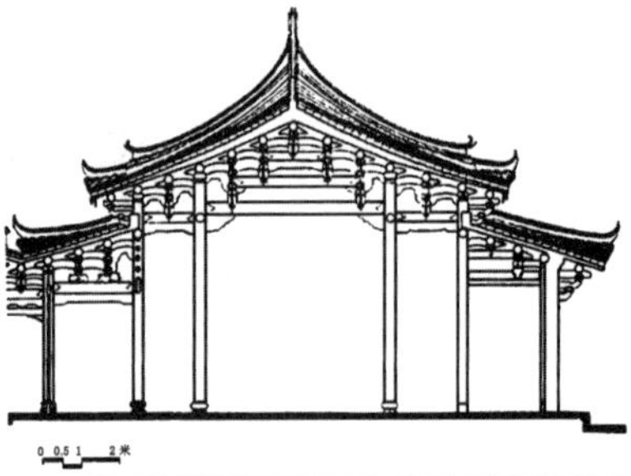 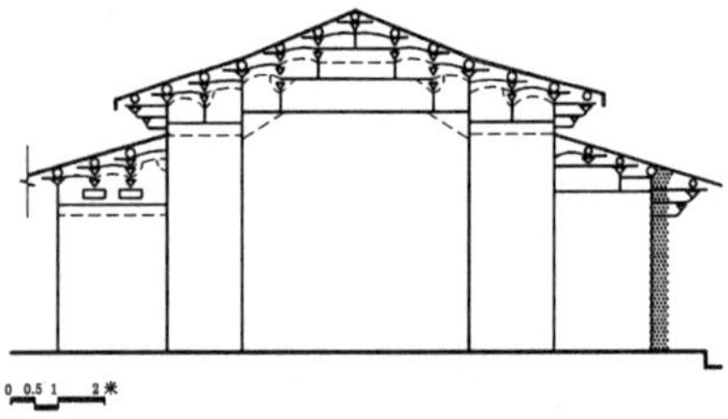	
台南祀典 武庙正殿	叠斗式 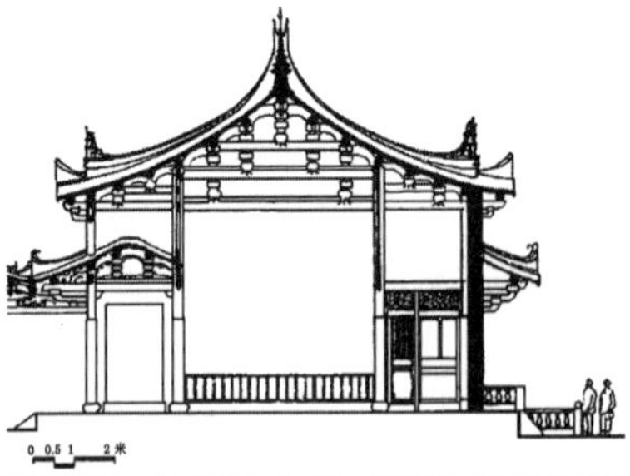 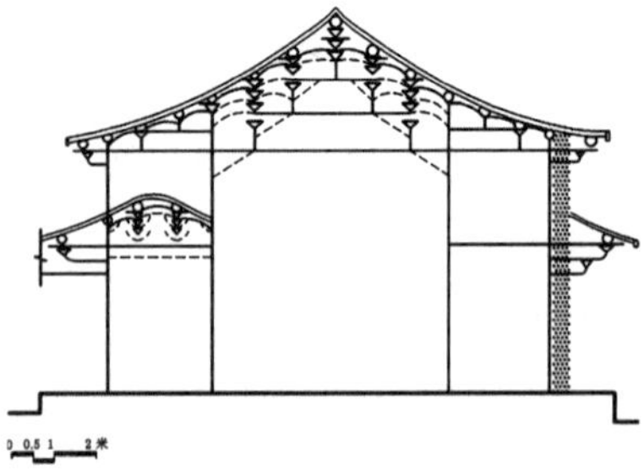	
彰化元清观 正殿(岳帝庙)	叠斗式  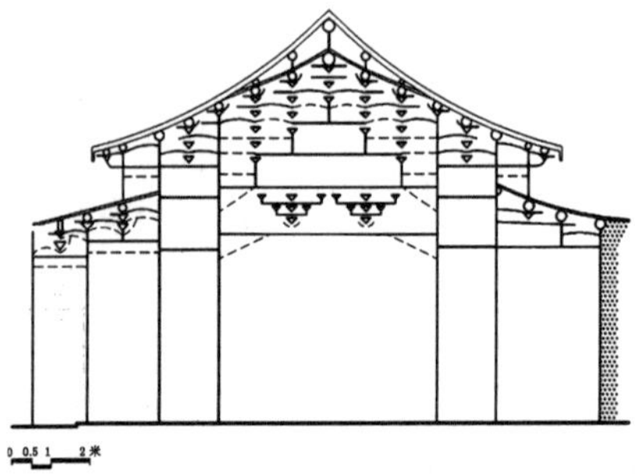	

5.1.3 使用较原乡更为厚实之砖墙

明代以后砌砖技术的进展与砖材的大量使用,不仅出现砖拱结构、仿木建筑的无梁殿,同时也对殿堂建筑的营建产生三个较大影响。一为砖材取代土墼作为殿堂的外檐墙,砖材耐风雨较佳,殿堂建筑不再需要原用来保护土砖的宽大出檐,缩小出檐亦缩小斗栱用材,不仅使斗栱逐渐走向装饰化的发展,并因斗栱功能的衰退,刺激椽栿功能的加重,进而造成以柱梁为主之整体结构形式的变化❶。二为殿堂建筑开始出现砖砌山面的作法,此在闽东南,尤其是泉州一带甚为普遍。三为砖墙优越的承重性,使得砖砌外檐墙开始负担构架承重,而成为承重墙。在闽东南殿堂建筑营建中,漳州文庙大成殿与漳州比干庙大殿均可见以左右山墙与后檐砖墙直接承载殿内栿木及横梁的作法。

台湾清领时期殿堂建筑中,砖墙除具有围蔽殿身左右与后侧的功能外,在结构上亦扮演着更为积极的角色,包括承重与抗震。在作为承重墙的角色上,金门朱子祠副阶无檐柱,构架横梁直接架在砖墙(图5.17),由砖墙协助构架的承重;南投登瀛书院大殿外廊之柱位与室内柱网不相对,以砖墙承载内外构架横梁,亦协助构架的承重(图5.18)。台南孔庙大成殿硬挑出檐甚长,砖墙明显提供协助支撑的角色(图5.19)。此现象亦可在台南祀典武庙大殿及鹿港龙山寺大殿❷的砖墙中见到。彰化孔庙大成殿中,殿身次间山墙内平柱与内柱柱位错置安排(图5.20),反映出砖墙在次间构架上扮演更为重要的排架角色。亦即,在台湾清代歇山殿堂中,砖墙亦负担屋架荷重。北方所称"墙倒屋不塌"的说法,在台湾部分歇山殿堂中是不适用的。

图5.17 金门朱子祠横梁架于砖墙

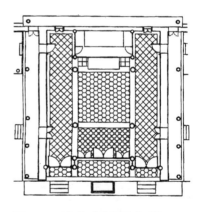

图5.18 南投登瀛书院大殿平面图

资料来源:汉宝德,1985:89

在抗震的协助上,台湾地处多地震的地理环境,清领时期(1683年至1896年)史料上有记载的地震就达87次之多❸。依据统计,大部分地震主要发生在台南、嘉义、彰化、云林等区域,而且平均每隔五年就有一次大地震的发生(张宪卿,1999)。在清领时期留存下来的六个歇山

---

❶ 有关砖墙使用对木结构的影响参潘谷西,2001:12,439所述。

❷ 鹿港龙山寺现貌山面位于上檐,但据李乾朗的说法,以及九二一地震后落架大修时,上檐斗栱木料留有砖墙包覆的痕迹,鹿港龙山寺大殿初建时,山面砖墙与彰化孔庙大成殿相同,是延续至地面。

❸ 参921地震数位知识库。网址:http://kbteq.ascc.net/history/ching-8.html。

图 5.19　台南孔庙大成殿砖墙协助出檐支撑

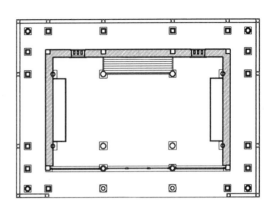

图 5.20　彰化孔庙大成殿平面图

资料来源:庄敏信提供

殿堂案例,除鹿港龙山寺大殿墙体厚度 46 厘米外,其余案例包覆在殿身外檐的砖墙厚度均达 50 厘米以上,与原乡泉州及漳州的案例相较,其建筑规模与高度均较小,但厚度却过之(表 5.3),这反映出匠师加厚砖墙,来减少建筑在地震中受到破坏的可能。就结构角色来看,厚重砖墙在地震中,摆动幅度较小,对殿堂木构架,确实可借由互制作用提供束制,借此避免木构架因过大的位移或变形,产生脱榫或木料破坏,使建筑因而坍塌之严重损坏。

表 5.3　台湾与泉州、漳州建筑高度、砖墙厚度比较

台　　湾				泉州与漳州			
案例	高度	砖墙厚度	墙高与砖厚比	案例	高度	砖墙厚度	墙高与砖厚比
台南孔庙大成殿	约 9 米	53 厘米	17:1	泉州天后宫	约 10.8 米	60 厘米	18:1
彰化孔庙大成殿	约 11 米	54 厘米	20.4:1	泉州承天寺	约 11.8 米	34 厘米	34.7:1
鹿港龙山寺大殿	约 12 米	约 46 厘米	26.1:1	泉州崇福寺	约 10 米	30 厘米	33.3:1
台南祀典武庙正殿	约 9.5 米	53 厘米	17.9:1	泉州安海龙山寺	约 7.3 米	26 厘米	28.1:1
彰化元清观正殿	约 9.5 米	60 厘米	15.8:1	泉州惠安文庙	约 9 米高	42 厘米	21.4:1
南投登瀛书院大殿	约 7 米	70 厘米	10:1	漳州文庙大成殿	约 13 米高	38 厘米	34.2:1
				漳州比干庙大殿	约 10 米	38 厘米	26.3:1

利用砖墙协助殿堂木结构稳定的企图,在“铁剪刀”的应用中更可明显看出。“铁剪刀”又称“壁锁”,其乃清领时期台湾府(即今台南县市一带)流行的作法,追溯其来源,应是荷据时期透过荷兰人引进台湾。其系一端固定于桁木,一端伸出外墙砖面,固定于砖面上状似剪刀的铁件,借由将屋桁与砖墙扣结在一起,以避免地震中,砖墙与木结构出现不同摆动幅度与频率,造成桁木掉落,致使屋顶塌陷,或是附壁的中柱因桁木过大位移而产生弯曲破坏(施忠贤,张嘉祥,2010)(图 5.21、5.22)。这反映出匠师一方面加厚砖墙提高其稳定性,一方面又利用稳定的砖墙来避免木构架产生过大变形损坏的企图。

图 5.21　台南孔庙大成殿山墙的壁锁

图 5.22　台南祀典武庙山墙左右壁锁

5.1.4　上檐角梁多仅转过一椽架

台湾歇山殿堂的上檐,依循南方建筑的传统,将角梁尾端置于桁木之上。不收山与室内彻上明造,角梁未伸入室内的情况下,角梁长度仅转过一椽架(图 5.23、图 5.24)。由于角梁过短,因此上部荷重过大或地震力作用时,常使角梁产生下垂或位移的损坏,连带使上方角脊断裂,因此而产生的漏水情形更加剧角梁之损坏。再者,角梁形式均仅有老角梁,未见子角梁之设,翼角遂呈现平缓起翘的外貌。

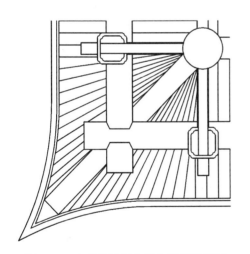

图 5.23　金门朱子祠上檐角梁仰视平面

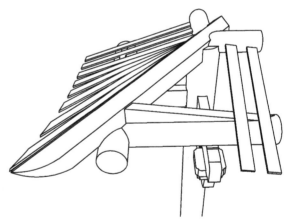

图 5.24　金门朱子祠上檐角梁透视

5.1.5　并列辐射布椽与扇骨状布椽两种布椽方式

椽木以板椽为主,翼角布椽方式有二:一为由角梁尾端开始逐渐缩小椽木(台湾称"桷仔")与角梁夹角,椽木形状均同宽,属并列辐射布椽的作法,鹿港龙山寺正殿上檐即是其例(图 5.25)。二为将椽木尾端并在一起向外辐射,为扇骨状布椽,彰化孔庙大成殿即采此方式,其并为台湾清代殿堂建筑中惟一出现飞椽的案例(图 5.26)。

图 5.25　并列辐射布椽　　　　　　图 5.26　彰化孔庙大成殿飞椽与转角扇骨状布椽

5.2　日治时期(1895 年至 1945 年)

日治时期,台湾虽为日人所统治,但传统歇山重檐殿堂的营建不但没有衰退,反而因民间经济实力的大幅提升,不仅有更多歇山重檐殿堂的营建,且形式更为华丽。其整体发展过程与呈现的现象,可归纳如下:

1. 多以"升庵"手法形成歇山重檐;
2. 构架"殿堂化";
3. 构件用料变大;
4. "进架"技法的普遍应用;
5. 翼角使用风嘴(风吹嘴)技法的案例增多;
6. 受和洋风影响之歇山殿堂的出现。

5.2.1　多以"升庵"手法形成歇山重檐

"升庵"手法在清末彰化元清观的前殿改建中即已出现,至日治时期更为普遍,其主要肇因于日治时期大量旧寺庙的改建,因受限于原格局或基地大小有限,遂使用"升庵"来形构歇山重檐殿堂。此时期现存的案例中,除大龙峒保安宫大殿、艋舺龙山寺大殿、台北孔庙大成殿为标准的殿身三间加副阶的歇山重檐大殿外,其余案例都是殿身不足三开间规模,以"升庵"手法形构之歇山重檐殿堂(表 5.4)。

表 5.4　日治时期台湾新建、改建的歇山殿堂

名称及形式	创建年代	建物年代	主事匠师	平　面　图　示	
台南天坛 正殿 • 升庵	清咸丰四年 (1854 年)	日治明治三 十三年 (1899 年)	不详		

名称及形式	创建年代	建物年代	主事匠师	平 面 图 示
大龙峒保安宫正殿 • 殿身三间加副阶	清嘉庆十年(1805 年)	日治大正六年(1917年)	陈应彬 吴海同 (对场作) 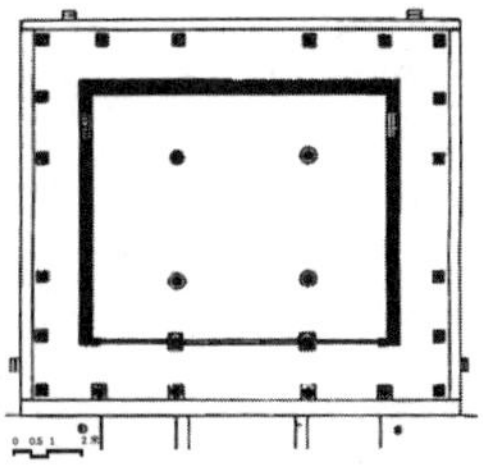 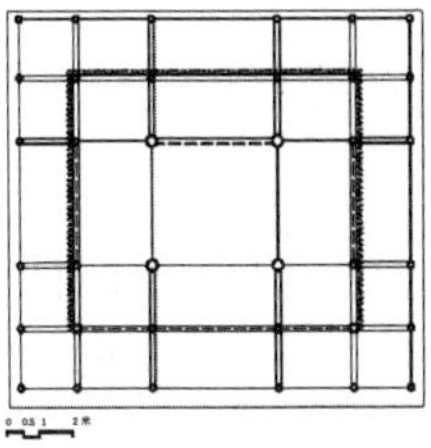	
艋舺龙山寺大殿 • 殿身三间加副阶	清乾隆三年(1738 年)	原大正九年(1920 年)"民国"四十四年 1955 年)依原设计重建	王益顺 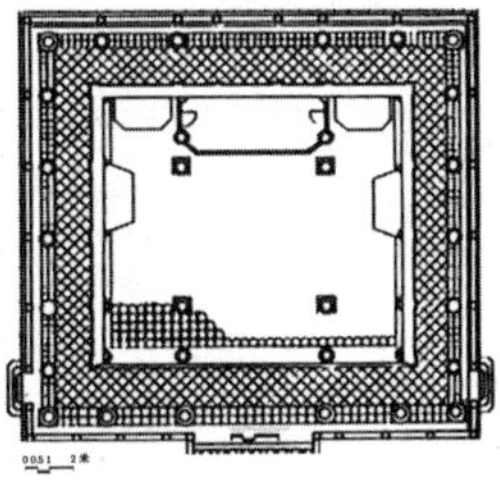 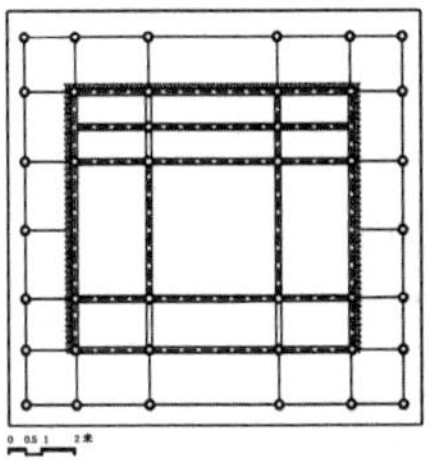	
南鲲鯓代天府正殿 • 升庵	清初	日治大正十二年(1923年)	王益顺 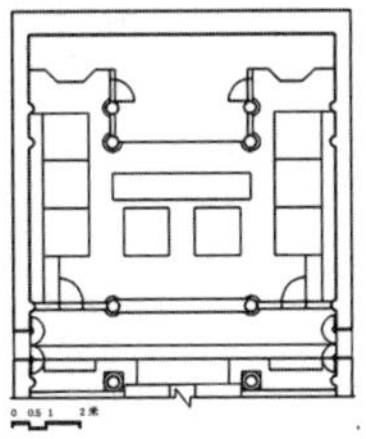 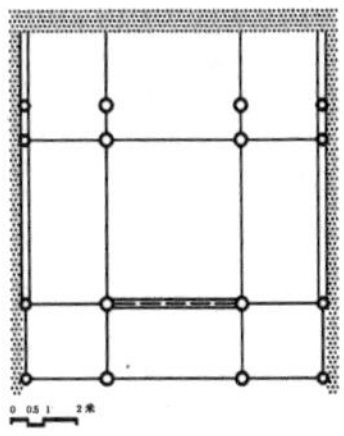	
彰化南瑶宫大殿	清乾隆十四年(1749 年)	日治大正十三年(1924年)	吴海同 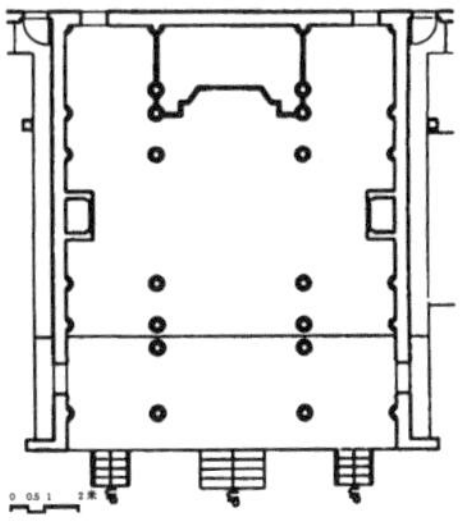 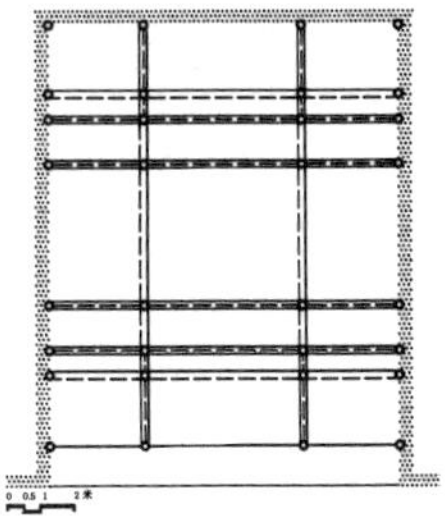	
台中乐成宫正殿 • 次间增柱	清乾隆五十五年(1790年)	日治大正十三年(1924年)	陈应彬 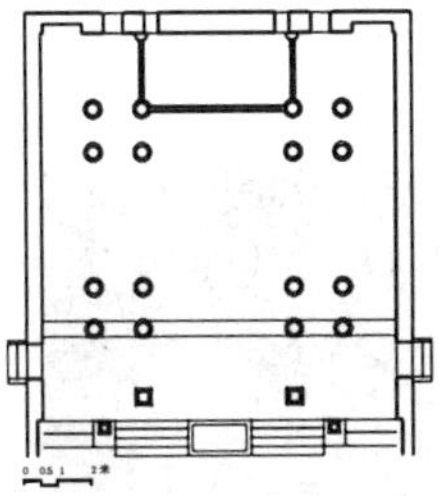 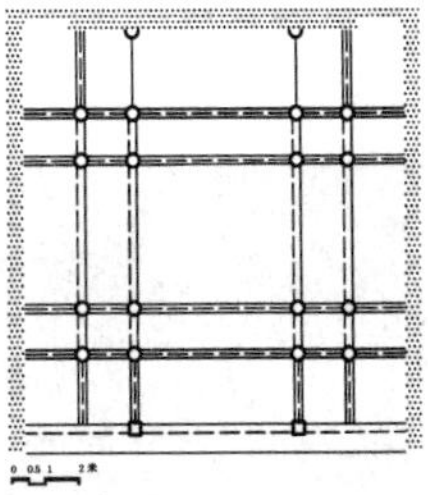	
台北孔庙大成殿 • 殿身三间加副阶	日治大正十四年(1925年)	日治大正十四年(1925年)	王益顺 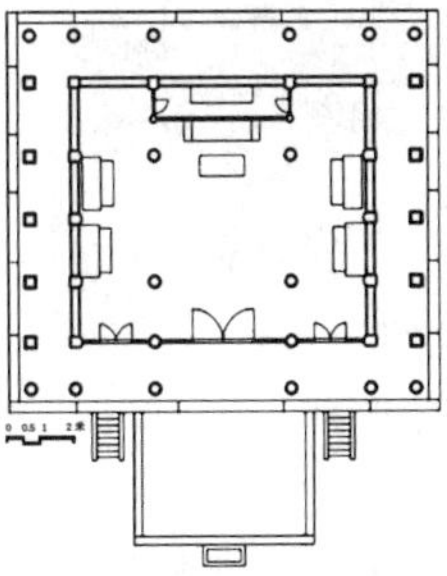 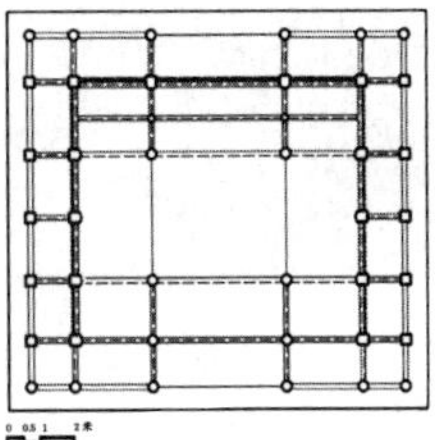	

名称及形式	创建年代	建物年代	主事匠师	平　面　图　示	
鹿港天后宫正殿 • 升庵	清乾隆 (1735 年) 以前	日治昭和 十年 (1935 年) 完工	吴海同		
鹿港天后宫三川殿 • 殿身三间加副阶	清乾隆 (1735 年) 以前	日治昭和 十年 (1935 年) 完工	王树发		
嘉义城隍庙正殿 • 升庵	清康熙 五十四年 (1715 年)	日治昭和 十五年 (1940 年) 完工	王锦木		

平面资料来源:
1. 台南天坛正殿:黄秋月,1996　　2. 大龙峒保安宫正殿:杨仁江,1992　　3. 艋舺龙山寺大殿:1992
4. 南鲲鯓代天府正殿:李政隆建筑师事务所,2009　　　　　5. 彰化南瑶宫大殿:汉光建筑师事务所
6. 台中乐成宫正殿:庄敏信提供　　7. 台北孔庙大成殿:黄天浩提供　　8. 鹿港后宫正殿:庄敏信提供
9. 鹿港天后宫三川殿:庄敏信提供　　10. 嘉义城隍庙正殿:符宏仁建筑师事务所提供,1994

　　所谓"升庵"❶是将局部空间屋顶升高以增加屋顶层次的手法。以"升庵"形构重檐歇山,是将中轴线上当心间(台湾称"明间")或包含局部次间空间之屋顶升高,升高处的屋顶四角出角脊(台湾称"四垂")成歇山,其四周未升高处作披檐,形构出重檐意象。

图 5.27　台南天坛正殿

　　依据升高屋顶位置的不同,有仅升高明间前后内柱(台湾称"四点金柱")范围者,其借由明间前后内柱柱身插栱出檐成两厦,使升高屋顶形成歇山顶,次间与"前后槽"(台湾称"前后大方")未升高屋顶作披檐,为下檐,构成歇山重檐。明治三十三年(1899 年)改建的台南天坛正殿即为实例(图 5.27,表 5.5)。

　　有更多案例是升高明间前后内柱向外一架、两架、甚至三架范围的屋顶,并出两厦形成歇山顶,其余未升高者作披檐成下檐。日治大正十二

---

❶　"升庵"中的"庵",在王益顺的手册中记作"掩",在闽南语中为"掩盖"之意,亦即"屋盖"也。

年(1923年)南鲲鯓代天府正殿、昭和十年(1935年)完工的鹿港天后宫正殿、昭和十五年(1940年)完工的嘉义城隍庙大殿是升高明间前后内柱向外一架的实例(图5.28、图5.29),而大正十三年(1924年)彰化南瑶宫大殿则是升高明间前后内柱向外三架的实例。为增加殿身与副阶空间层次,副阶处有时会以"暗厝"(即两层桷仔形成上下屋盖)手法,增加卷棚屋盖,故常出现同一个位置既位于殿身屋顶下,又是副阶的情形,此在彰化南瑶宫大殿、嘉义城隍庙大殿均得见之(表5.5)。

图5.28 台南南鲲鯓代天府正殿

图5.29 鹿港天后宫大殿

表5.5 台湾日治时期将硬山顶改成歇山重檐顶的案例

案例名称	开间数	原形貌	重建成歇山重檐的手法	图　示
台南天坛正殿	三开间	三开间硬山	当心间左右前后内柱升高为殿身两山,插栱出两厦,次间与前后双槽为副阶	
南鲲鯓代天府正殿	三开间	三开间硬山	山面构架在当心间左右缝架外一椽架宽处,出蜀柱架两厦,副阶一椽架宽	
彰化南瑶宫大殿	三开间	三开间硬山	山面构架在当心间左右缝架外三椽架处,出插栱架两厦,副阶四椽架宽	

续表 5.5

案例名称	开间数	原形貌	重建成歇山重檐的手法	图　示
台中乐成宫正殿	三开间	三开间硬山	次间增立一排缝架作为山面构架	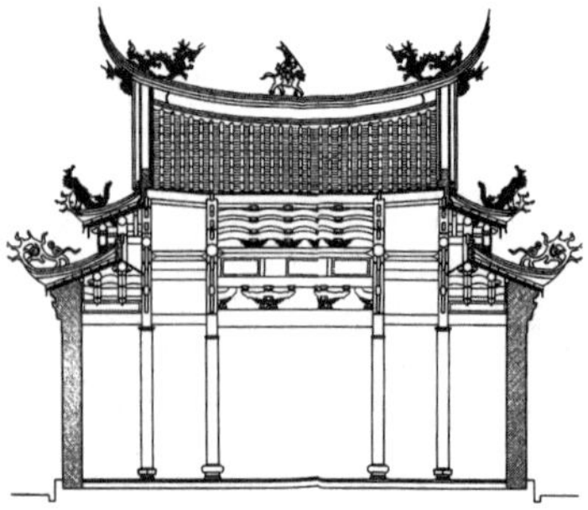
鹿港天后宫正殿	三开间	三开间硬山	山面构架在当心间左右缝架外一椽架宽处,出插栱架两厦,副阶三椽架宽	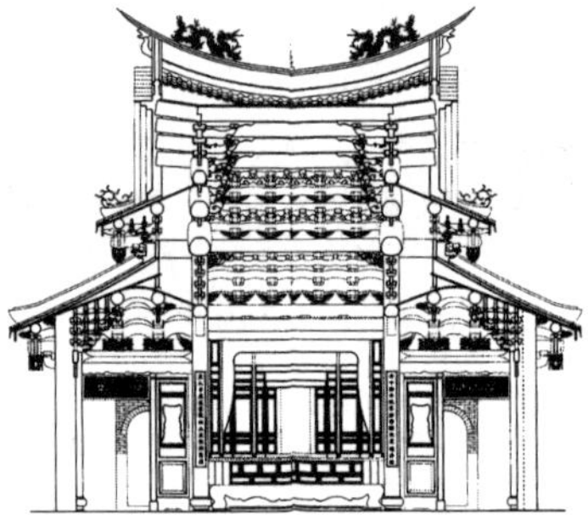
鹿港天后宫三川殿	五开间	三开间硬山	缩小当心间面宽,次间增立一排缝架作为山面构架	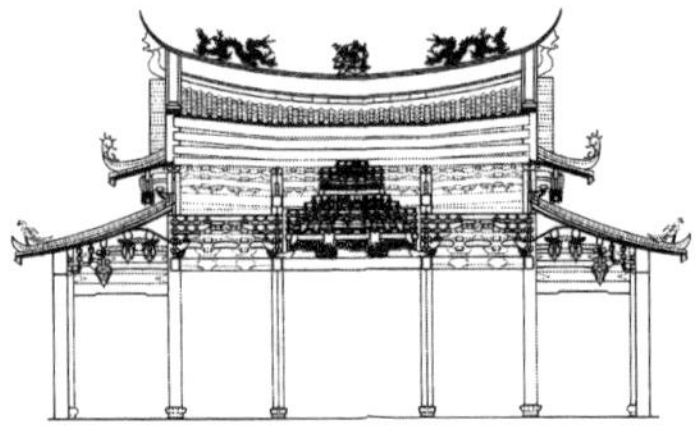
嘉义城隍庙正殿	三开间	三开间硬山	山面构架在当心间左右缝架外一椽架宽处,出蜀柱架两厦,副阶三椽架宽	

纵剖面资料来源:

1. 台南天坛正殿:黄秋月,1996:139
2. 南鲲鯓代天府正殿:李政隆建筑师事务所,2009:测绘图集 9
3. 彰化南瑶宫大殿:汉光建筑师事务所,2002:附录 44—45
4. 台中乐成宫正殿:庄敏信提供
5. 鹿港天后宫正殿:庄敏信提供
6. 鹿港天后宫三川殿:庄敏信提供
7. 嘉义城隍庙正殿:符宏仁建筑师事务所提供,1994:附图 A18

前述升高明间前后内柱向外一架、两架、甚至三架
宽范围的屋顶,其山面支撑系立在乳栿(台湾称"寿
梁")上的梁上短柱,有时为增加结构的稳定性,使用落
地柱取代梁上短柱的作法,便成为"次间增柱"的手法。
大正十三年(1924 年)台中乐成宫大殿即是其例
(图 5.30)。

图 5.30　台中乐成宫大殿

升庵是借由局部拉升既定空间范围内的屋顶,来
形构重檐,此与原殿堂建筑之重檐来自副阶空间的附
加,系不同重檐构成的思考理路。也就是说,升庵不仅
可以形构出一般重檐殿堂的关系,也能形成不同形式
屋顶的分层套叠造型,清末至日治时期流行用在寺庙前殿的"断檐升箭口"(图 5.31)及"太子
楼"(又称"假四垂")(图 5.32),均是不同形式屋顶分层套叠组成之实例。此种手法亦延续使
用到近代钢筋混凝土造的庙宇,配合庙宇高层化,形成多重屋顶庙宇的风格。

图 5.31　彰化南瑶宫前殿"断檐升箭口"

图 5.32　台北大龙峒保安宫前殿"太子楼"

借由升高柱网中部分柱子来提高屋面,反映"柱承桁"构成的思考,暗示着升庵与穿斗结构
的渊源。而升庵时,梁枋以穿插方式与柱相接,系穿斗结构的手法。另外,出现升庵作法的地
区,多是穿斗流行的区域,贵州、湖南等地以穿斗形构的风雨桥(图 5.33),也应用与升庵相同
的手法,证明升庵与穿斗体系的密切关系。

日本殖民统治以后,台湾普遍应用来自原乡的升庵手法,创造歇山重檐意象,"太子楼"形式
的产生亦源于此。"太子楼"非原乡殿堂建筑主流屋顶形式,田野调查中仅见漳州赤岭关帝庙正殿
与后殿(图 5.34)、漳州康长史祠前殿(图 5.35)、闽东北宁德福安的狮峰寺弥陀殿(图 5.36)等例,

图 5.33　湖南的风雨桥

图 5.34　漳州赤岭关帝庙后殿

其在台湾能大量流行,成为庙宇屋顶形式主流,主要是它提供了在规模小的基地上创造丰富屋顶造型的可能。搭配扬起的翘脊与屋脊上的剪黏及泥塑装饰,使庙宇呈现更为丰富、华丽与尊贵的意象。

图 5.35　漳州康长史祠前殿

图 5.36　宁德福安的狮峰寺弥陀殿

5.2.2　构架"殿堂化"

　　叠斗式源于层叠式的殿堂建筑,并逐渐发展成以柱承桁之穿斗意味浓厚的叠斗式❶,台湾清代歇山殿堂叠斗式构架多为此形式。日本殖民统治以后,歇山殿堂建筑开始出现使用更多层叠手法来建构叠斗式,并大量使用源于"殿堂式"建筑中的铺作层、藻井等元素,甚至出现纯粹"殿堂式"构架案例,反映出歇山殿堂大木构架朝向"殿堂化",不同于原乡发展的逆向趋势。

　　由现存案例来看,明治四十一年(1908 年)北港朝天宫的大修开启此潮流之先,其后日治大正九年(1920 年)的艋舺龙山寺大殿更将此潮流带到高峰。其所使用的诸多手法至今日仍影响着台湾庙宇的设计。

　　明治四十一年(1908 年)北港朝天宫大修之大木匠师为陈应彬。陈应彬于前殿殿身内柱柱头上使用叠斗承接纵横向梁、枋与劄牵(台湾称"束仔"),并于襻间处出双向出栱之"计心造"及如意斗栱❷,取代仅以单向出栱的传统作法,使叠斗式也呈现出与"殿堂式"相同之有柱网、铺作、屋架分层叠组的形象(图 5.37)。同时,在龙虎门也使用殿堂式建筑中的藻井(图 5.38),空间因而更有殿堂式的意味。

图 5.37　北港朝天宫前殿叠斗式构架

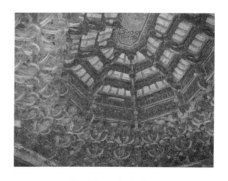

图 5.38　北港朝天宫龙虎门八卦藻井

---

❶　其发展过程详见第四章。
❷　如意斗栱据梁思成著《清式营造则例及算例》之《营造辞解》所载:"是在正面上除互成正角之翘昂与栱外,在此正角四十五度线上,另加翘昂者。"

这种于柱头上叠斗的作法,在原乡清代中期有较多案例,实例如泉州安海龙山寺大殿(图5.15)、泉州天后宫大殿(图5.16),清末之后就较少出现,厦门南普陀寺大殿、天王殿,都是殿身内柱及平柱直升到桁下或接近桁下的作法。也就是说,陈应彬应用了台湾清代殿堂建筑少见,原乡清末亦较少使用的构架作法来营建北港朝天宫的前殿。

陈应彬虽是漳州南靖人,但先祖来台甚早,是在台出生、世居板桥的大木匠师。作为一个在台湾出生、习艺的本土匠师,为何使用这些极可能在台湾过往殿堂建筑中较少出现(由现存案例来看),但原乡早已存在的手法?其创意来源,李乾朗曾有两种推测:一为受到清末光绪年间台北府城兴建之公共建筑的影响。在承接北港朝天宫整修工程之前,陈应彬曾参与清末光绪年间台北府城之公共建筑,以及台北府城东门与小南门的工程(李乾朗,2005:16)。当时台北府城内的文庙、武庙、天后宫、城隍庙及巡抚衙门等都是新建之规模宏伟的建筑,其匠师应聘自原乡。陈应彬在参与过程中,或受教于原乡匠师,或由新建筑之形式中获得启发,因而应用在北港朝天宫的重修中。可惜这些台北府城光绪年间新建的建筑或已不存,或形貌改变,无法透过进一步比较分析验证之。二为来自游历原乡所得的印象。据陈应彬的高徒廖石成称:"**老彬司在十六岁就升为司傅头,二十岁左右(约1883年)到福建观摩古建筑。工夫精进更老练。**"(李乾朗,2005:42)。而据李乾朗所作之陈应彬生平年表所示,据说陈应彬在24岁(1887年)曾随唐山师傅至福建参观,明治四十年(1907年)北港朝天宫整修前,陈应彬因至厦门接妻子财娘回台,顺便考察了厦门一带的建筑(李乾朗,2005:54)。无论是受教于台北府城内光绪年间公共建筑的兴建匠师与成果,或是原乡游历经验的再现,此手法源自原乡应是毋庸置疑的。

就组构关系来说,陈应彬对构架中最主要的柱与缝架的最下层梁(台湾称"大通")接点的作法,与原乡置于柱头栌斗的作法(图5.39)略有差异。其或插在柱上(北港朝天宫前殿),或置于刻意加大尺寸之柱头栌斗上(台北大龙峒保安宫大殿),并将缝架橡栿用料加大,增加橡栿间榫板,减少橡栿间空隙。在力学上,借由构件间接触面的增加,以摩擦力来抵消水平外力能量(图5.40),以提高构架对地震或强风的抵御能力。

图5.39　泉州安海龙山寺大殿柱头大斗

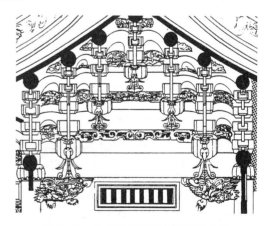

图5.40　大龙峒保安宫大殿柱头大斗

资料来源:杨仁江,1992:272

李乾朗曾说:"陈应彬一直将结网❶视为结构,他心目中的结网基本上是从'四点金

---

❶　台湾与泉州将"藻井"称为"结网"。

柱'❶(殿身当心间前后内柱)伸出来的结构物,易言之,他将'四点金柱'视为树干,斗栱乃是枝叶。"(李乾朗,2005:94-95)。同样的,在北港朝天宫前殿或大龙峒保安宫大殿,陈应彬将缝架的最下层梁(台湾称"大通")插在柱身或置于放大的柱头斗上,以稳固"树干",将柱头斗栱、橡栿、劄牵放大,并增加檐板,形成密集相连的"枝叶",在强风或地震中,借由树干与枝叶间,以及枝叶彼此间的摇晃,消耗外力能量,让树干仍能在安全范围的晃动下,维持构架稳定。这种作法,是台湾在多台风地震的地理环境条件下,除清领时期普遍采行之将内外柱向上伸至桁下、橡栿等插在柱身,使构架形成刚性较强的穿斗构架之外,另一种增加构架稳固的方式。其刚性虽不如穿斗架,但斗栱层叠,襻间置补间铺作,在文化象征与美学上则更趋近殿堂意象的表现,粗大构件也使构架呈现出粗壮结实的风格。

陈应彬应用了"柱头叠斗"与"添加补间铺作形构铺作层意象"等源自殿堂式建筑的手法,使构架更趋向殿堂式建筑的构成关系,塑造尊贵氛围。其并对构架中的构件,以动物与人物故事图像为主题作雕饰处理,以丰富梁架间的趣味。例如:内柱与缝架下层橡栿间的丁头栱,被改以龙状、鳌鱼状或飞凤状的插角,殿身内柱与檐柱间乳栿上的斗座雕塑成狮象状,瓜筒表面雕以蝙蝠悬磬牌,补间铺作上方出栱增加人物立像等(图5.41)。此外,陈应彬更以其所擅长的各式螭虎栱,在不同部位,使用不同的螭虎形象。陈应彬充满创作能量与美学涵养的螭虎栱,不仅成为其所设计庙宇的特色,更带动台湾庙宇大量使用螭虎栱的风潮(图5.42~图5.44)。

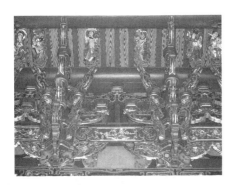

图5.41　北港朝天宫前殿补间铺作顶端之螭虎栱及人物立像

图5.42　北港朝天宫如意斗栱

图5.43　北港朝天宫檐柱补间螭虎栱

图5.44　北港朝天宫螭虎插栱

❶　台湾与泉州将殿身当心间前后内柱称为"四点金柱"。

　　北港朝天宫前殿亦使用升庵手法构成"太子楼"的屋顶造型,这也是目前台湾出现"太子楼"屋顶最早的实例。其设计想法是来自台北府城兴建之公共建筑的营建经验,或是原乡观摩之学习,抑或来自其他管道,今已不得而知,惟若将其设计的台北大龙峒保安宫前殿太子楼屋顶,与邻近厦门的保安宫祖庙白礁慈济宫前殿相比,两者间确实存在着神似的关系(图5.45、图5.46)。

图5.45　台北大龙峒保安宫前殿

图5.46　漳州白礁慈济宫前殿

　　在构架上,太子楼的升庵,原乡案例系以落地柱支撑,或以落于柱间横梁上之蜀柱支撑升高的歇山顶,漳州赤岭关帝庙正殿与后殿、漳州康长史祠前殿为前者实例,后者实例则有福安狮峰寺弥陀殿(图5.47)。陈应彬设计之太子楼的结构以其为本,且更为华丽而有变化。其常将支撑歇山顶的蜀柱立在乳栿(台湾称"步通")间之斗座(或狮座)上,或从柱头上橑栱开始逐层累叠之叠斗上,并以多层横向弯板(束仔)与内柱上叠斗层连结,透过垂直与水平构件的密集交错,形成柔性抗震结构。以嘉义新港奉天宫前殿为例,其檐柱与内柱柱头橑栱上均叠斗至槫桁下,其间以连续弯板(束仔)连接,纵向以枋穿插相连,井干交错的作法,使太子楼成为构件单元密集交错之柔性抗震构架(图5.48)。

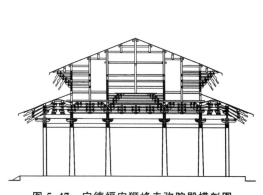

图5.47　宁德福安狮峰寺弥陀殿横剖图

资料来源:姚洪峰提供

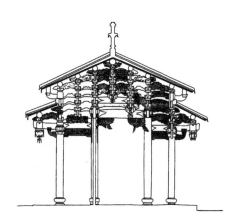

图5.48　嘉义新港奉天宫前殿横剖图

资料来源:李政隆建筑师事务所,1994:106

　　对比于原乡"叠斗式"柱头叠斗逐渐发展成柱升高至桁下的趋势,以及台湾清领时期案例以柱升高至桁下的"叠斗式"为主的现象来看(图5.49),陈应彬的"柱头叠斗"(图5.50)手法,是一种向早期"叠斗式"靠拢的"返祖"现象。

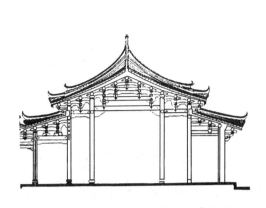

图 5.49　彰化鹿港龙山寺大殿横剖图

资料来源:符宏仁建筑师事务所提供

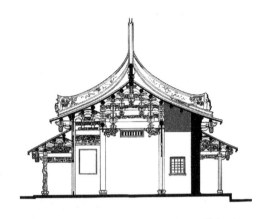

图 5.50　台北大龙峒保安宫大殿横剖图

资料来源:杨仁江,1992:272

陈应彬以"柱头叠斗"、"添加补间铺作形构铺作层意象"、"藻井"等手法为后来殿堂建筑华丽风格开启序幕。然由现存实例来看,日治大正九年(1920 年)的艋舺龙山寺大殿❶是现存台湾传统殿堂真正使用"殿堂式"大木构架形式之最早案例,其主事大木匠师系来自泉州惠安溪底的王益顺。

日治大正五年(1916 年),王益顺在厦门承建黄培松宅邸时,结识了台北富商辜显荣(李乾朗,1983)。其后,王益顺受担任艋舺龙山寺改筑委员会董事长辜显荣之邀,于日治大正八年(1919 年)秋率溪底木匠及惠安石匠、泥匠多人抵台,进行艋舺龙山寺改筑工程。经现场筹划,于大正九年(1920 年)元月十八日正式动工,大正十三年(1924 年)三月二十三日竣工,工期达四年余(李乾朗,1992:31)。

此次改筑,成就了艋舺龙山寺十一开间面宽、进深三殿及左右配置钟鼓楼的全新格局(图5.51)。五开间宽前殿与正殿木构架均呈现"殿堂式"构成意象,极可能是当时全台传统歇山殿堂的首见案例。前殿构架上,当心间到两侧梢间使用以殿堂式过渡到穿斗式的配置方式。当心间前后内柱同高,前平柱、后平柱略高于前后内柱(图5.52),柱头上架梁叠枋,以斗栱与素枋构成铺作层,前步廊(台湾称"步口")铺作层以斜栱与计心造斗栱形成网目斗栱(图5.53),前后内柱间铺作层上安置八角藻井(图5.54),后步廊卷棚顶设计。次间前后平柱则升到桁下(图5.55),前后内柱间同样架梁叠斗架枋,层叠铺作,前檐铺作网目斗栱,前后内柱间铺作为计心造斗栱形成井口天花,镂空斜格网目平顶(图5.56)。梢间除前后平柱升至桁下外,前后内柱亦升至桁下(图5.57),梁枋插在柱身上,梁枋上层叠铺作,柱身插栱,形成铺作层,出计心造斗栱形成井口天花,平顶封板(图5.58)。当心间为柱网、铺作、屋架层叠的"殿堂式",次间部分柱升高,至两侧梢间柱升高,形成"拟殿堂式"。以开间为单元,构架形式由殿堂到穿斗的渐变设计,恰也呈现原乡"殿堂式"逐渐穿斗化的历程。

---

❶ 台湾首见"殿堂式"大木结构殿堂应是台北圆山临济护国禅寺本堂(大雄宝殿)。临济护国禅寺原名"圆山精舍",后因信徒增加而扩大规模,并改名为"镇南护国禅寺"。本堂(大雄宝殿)为当时所建,由阿部权藏设计,始建于明治三十三年(1900 年),大正元年(1911 年)完工。建筑形式为日本"禅宗样",因日式建筑非本书所讨论的范围,故传统殿堂首用"殿堂式"为艋舺龙山寺大殿。

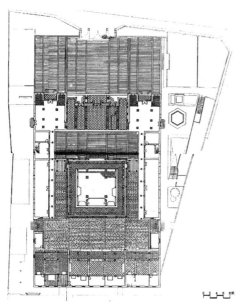

图 5.51　台北艋舺龙山寺全区配置图

资料来源:李乾朗,1992:190-191

图 5.52　台北艋舺龙山寺前殿当心间横剖图

资料来源:李乾朗,1992:206

图 5.53　艋舺龙山寺前殿前步廊网目斗栱

图 5.54　艋舺龙山寺前殿当心间藻井

图 5.55　艋舺龙山寺前殿次间横剖图

资料来源:李乾朗,1992:207

图 5.56　艋舺龙山寺前殿次间井口天花

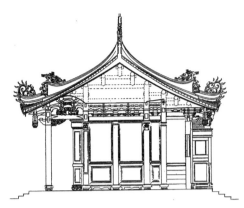

图 5.57　艋舺龙山寺前殿梢间横剖图

资料来源:李乾朗,1992:208

图 5.58　艋舺龙山寺前殿梢间天花

　　艋舺龙山寺正殿在太平洋战争中受损,原貌不存,但根据日人田中大作所著《台湾岛建筑之研究》中所拍摄之日本殖民统治时期重建后的龙山寺正殿外观及藻井❶(图 5.59、图 5.60),并对比前殿作法及王益顺后来设计的台北孔庙大成殿(图 5.61),其构架极可能与台北孔庙大成殿相同,系采柱网、铺作、屋架层叠的殿堂式构架。当心间内槽有圆藻井,藻井内出栱以逆时针方向排列;其他槽内则设井口天花,井口天花顶板为镂空斜格网。现有艋舺龙山寺正殿是由陈应彬的儿子陈己堂与王益顺义子王世南重建,其虽依原规模形式设计,但内柱已调整成升到桁下的作法,非纯粹"殿堂式",而是仿殿堂式的穿斗架(图 5.62)。

图 5.59　《台湾岛建筑之研究》中艋舺龙山寺大殿原貌与现貌比较

左图资料来源:田中大作,2005:134

---

　　❶　根据《艋舺龙山寺全志》载,1945 年 6 月 8 日龙山寺大殿遭美军轰炸而起火,屋顶全毁。"民国"四十四年(1955 年)重建时,外观与大木结构略作调整,包括上檐提高,增加吊筒,殿身内柱及平柱均改成直至桁下,中央圆藻井改成顺时针出栱,取消翼角檐口风嘴的作法等。

图 5.60 《台湾岛建筑之研究》中艋舺龙山寺大殿藻井与现貌比较

资料来源：田中大作，2005：135（左）

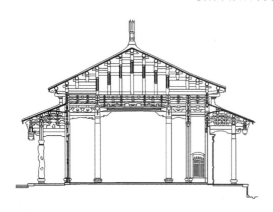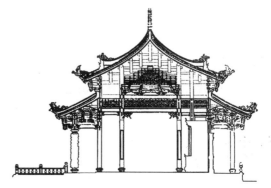

图 5.61 台北孔庙大成殿横剖图

资料来源：黄天浩提供

图 5.62 艋舺龙山寺大殿现貌横剖图

资料来源：李乾朗，1992：206

台北孔庙大成殿则是王益顺引进台湾的殿堂式构架中，现存被完好保存的案例，其规模及作法与艋舺龙山寺正殿大致相同，仅当心间内槽改为八角藻井（图 5.63）。若将之与原乡殿堂式相较，其殿身平柱略高于殿身内柱三个材高的作法，与殿堂式内外柱同高作法略有不同。此种作法使殿身内柱柱头叠斗层之橼栿能插在平柱上，明显是为了增加构架对水平外力的抵抗能力所设（图 5.64），这种檐柱略高于内柱的作法，在艋舺龙山寺前殿中亦可见到。

图 5.63 台北孔庙大成殿当心间藻井

图 5.64 殿身平柱略高于殿身内柱三个材高

　　将极具装饰性的如意斗栱(台湾称"网目斗栱")置于前殿檐口的作法,亦为王益顺在营建艋舺龙山寺所带进来的作法。据《清式营造则例及算例》之《营造辞解》载,如意斗栱是:"在平面上除互成正角之翘昂与栱外,在此正角四十五度线上,另加翘昂者。"(梁思成,1996:78)而据李乾朗《台湾古建筑图解事典》对如意斗栱的解释:"即连成一片的看架斗栱,多使用于三川殿的前檐步口。以斗栱及纵横分列的枋材,互相穿插,搭接成网状,笼罩住整个开间……中国北方牌楼喜用之,可增加华丽感。台北龙山寺前殿的网目,为台湾首次出现。"(李乾朗,2003:97)

　　在"殿堂式"结构关系中,上檐是利用铺作层之斗、栱、翘、昂等构件之出挑,支撑出檐屋顶的重量。因此,上檐下若有斗、栱、翘、昂等构件之铺作层,便成为代表高层级建筑使用之"殿堂式"构架外观基本特征。唐代以后补间铺作开始流行,宋代江南更有补间铺作两朵的特征(清华大学建筑学院,2003:252)。明清以后随着斗栱用材减小,补间铺作斗栱朵数日益增多。随着时代的变迁,"殿堂式"上檐下的铺作层用材虽变小,却因补间铺作增多而日益繁复。在第四章闽东南歇山殿堂大木构架特色与发展的讨论中,有诸多穿斗结构的殿堂,透过上檐所添加结构作用小却繁复的铺作层,强化其殿堂的意象,如福州文庙大成殿、泉州安溪文庙大成殿(图5.65)、漳州华安南山宫大殿等。台湾清领时期的重檐殿堂,上檐是插栱出檐,无补间铺作。柱间则或嵌格扇,或作斗与弯枋构成之襻间,或填砖作水车堵装饰。自从艋舺龙山寺改筑后,透过檐下如意斗栱的使用,也把正统殿堂檐下铺作层外观特色带进台湾❶(图5.66)。

图5.65　泉州安溪文庙大成殿上檐

图5.66　新竹都城隍庙前殿檐下网目斗栱

　　如意斗栱除使用在出檐外,也应用于襻间与藻井上。艋舺龙山寺前殿殿身内柱与前檐柱间另增一排门柱,前檐柱间系枋上如意斗栱向外形成檐下铺作层,向内与门柱上的如意斗栱相连,形成类似方形藻井的作法,以增加入口华丽氛围。由门柱向内出挑的如意斗栱,则与八角藻井连成一气。分析前殿基本构成概念,仍是列柱、铺作、屋架水平层叠的"殿堂式",只是檐柱略升高,铺作层应用繁复华丽的如意斗栱而已。

　　艋舺龙山寺改筑时,王益顺同时承作了艋舺晋德宫黄府将军祠(1920年);龙山寺改筑后,

---

❶　陈应彬设计的大龙峒保安宫年代虽早于艋舺龙山寺,但根据现有形式与现场痕迹,其上檐网目斗栱应非原貌,其原应为与前殿及正殿后上檐相同之砖砌水车堵,内嵌花砖及交趾陶。其乃在艋舺龙山寺完成后,受龙山寺影响而在正面三开间内加上网目斗栱的。

王益顺又设计了南鲲鯓代天府(1923年)、新竹都城隍庙(1924年)、台北孔庙大成殿(1925年)、鹿港天后宫(1927年)。日治昭和五年(1930年)回到厦门建南普陀寺观音殿,隔年因病卒于故里❶。这些案例中,台北孔庙大成殿是"殿堂式"大木结构,新竹都城隍庙、鹿港天后宫前殿应用襻间如意斗栱结合藻井,为"殿堂式"的手法。而南鲲鯓代天府前殿当心间虽是如意斗栱与"叠斗式"的结合,次间则是如意斗栱构成的藻井,还是具有相当程度的"殿堂式"意味。

王益顺的作品,在造型及结构上皆突破以往台湾寺庙的格局,不仅造成一时的轰动,并成为各地匠师观摩与模仿的对象(李政隆建筑师事务所,1994:55)。其如意斗栱与藻井(台湾称"蜘蛛结网")的手法,影响了当时与后来诸多庙宇殿堂的设计。甚至,在台湾庙宇逐渐钢筋混凝土化的过程中,如意斗栱与藻井这种脱胎自"殿堂式"的元素,也因与钢筋混凝土水平分层的施工性相呼应,故而被延续且大量的应用,以塑造殿堂的空间氛围。因此,王益顺所带来的"殿堂式"诸多手法,也影响战后台湾寺庙的发展。

王益顺出生习艺均在原乡泉州,承袭着泉州溪底派的大木作技术传统,其生命中最后十年的创作精华主要均在台湾,不仅为台湾歇山殿堂留下精彩的作品,并影响了日后寺庙殿堂的发展。在其所留下的手册中,记有多间大殿的空间规模数据及手绘立面简图,包括泉州天后宫、泉州承天寺、天地观(有图)、泉州魁星楼(有图)、泉州东、西、南(有图)、北鼓楼、泉州开元寺(有图)、泉州晋江城隍庙(有图)、南安魁星楼(有图)、福州鼓山涌泉寺。此或为王益顺受教于泉州溪底派前辈匠师所留下,但由规模均记以整数"丈"值来看,更可能是王益顺参访学习的观摩笔记(图5.67、图5.68)。无论来源为何,其反映出此一代能匠出师后仍努力不懈的由旧有传统吸收养分的精神。

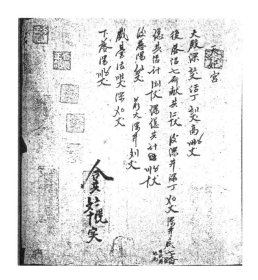

图5.67　王益顺手册中泉州天后宫尺寸

资料来源:李乾朗,阎亚宁,徐裕健,1996:94

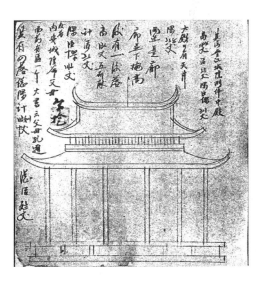

图5.68　王益顺手册中泉州晋江城隍庙尺寸

资料来源:李乾朗,阎亚宁,徐裕健,1996:99

❶　王益顺年表及作品参李乾朗、阎亚宁、徐裕健,1996,《清末民初福建大木匠师王益顺所持营造资料重刊及研究》,"内政部",台北。

表 5.6　日治时期台湾歇山殿堂之大木构架

名称	规模	大木构架	剖 面 图 示	
台南天坛正殿	面宽三间，进深六椽架	叠斗式 殿身内柱直接顶桁	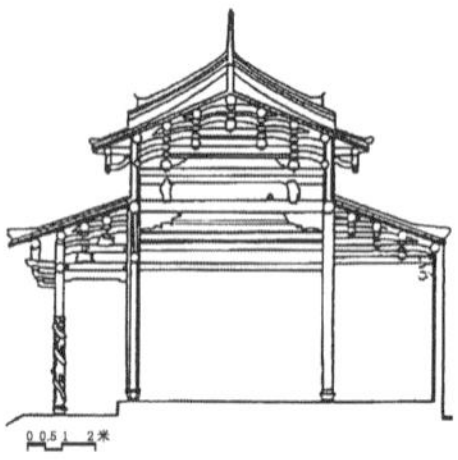	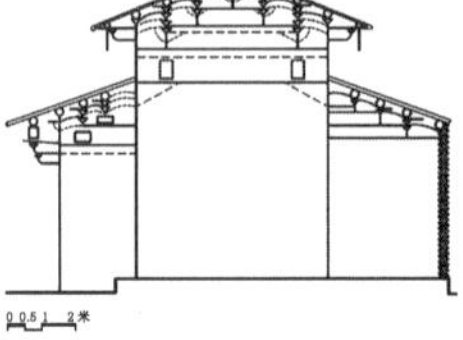
大龙峒保安宫正殿	面宽三间，进深十二椽架	叠斗式 殿身内柱柱头叠斗承梁枋	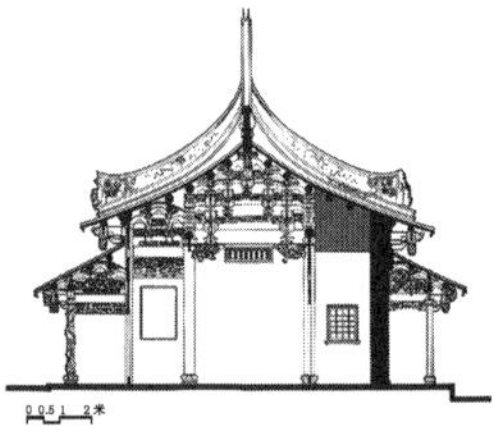	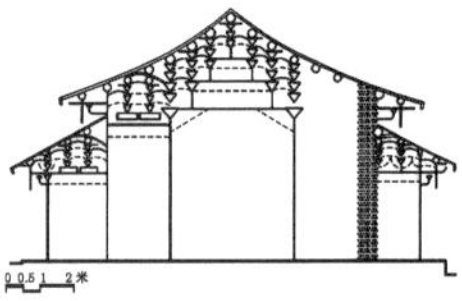
艋舺龙山寺大殿	面宽三间，进深十二椽架	殿堂式 殿身平柱略高于殿身内柱三足材	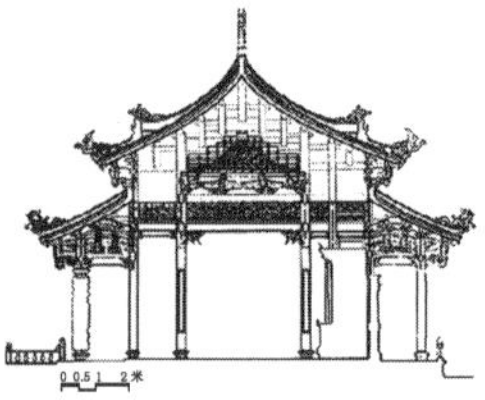	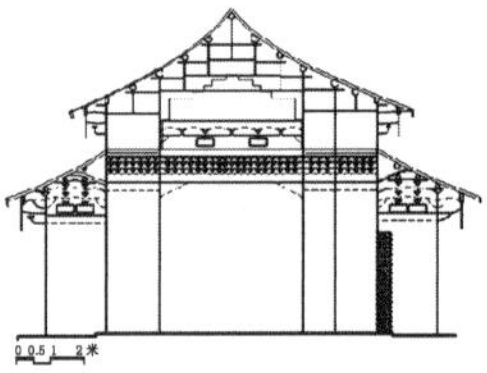
南鲲鯓代天府正殿	面宽三间，进深十椽架	叠斗式 殿身内柱柱头叠斗承梁枋	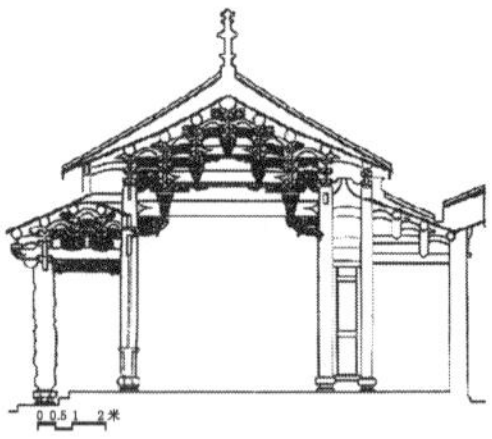	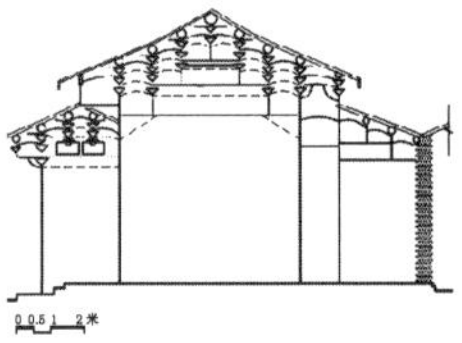
彰化南瑶宫大殿	面宽三间，进深十六椽架	叠斗式 殿身内柱直接顶桁	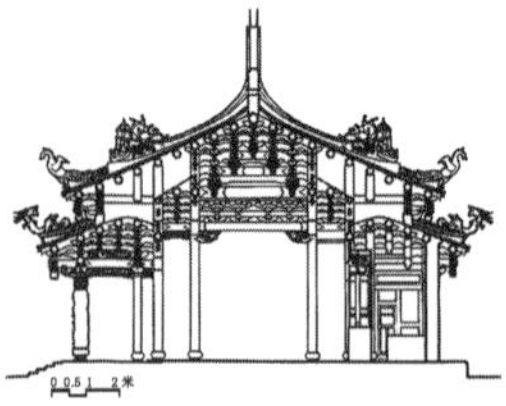	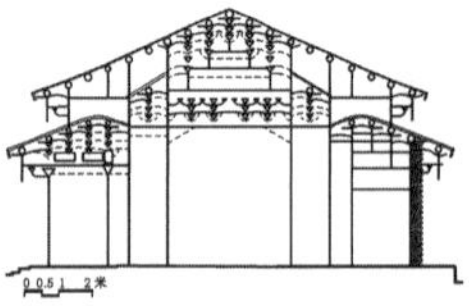
台中乐成宫正殿	面宽三间，进深十二椽架	叠斗式 殿身内柱升至桁下一个斗	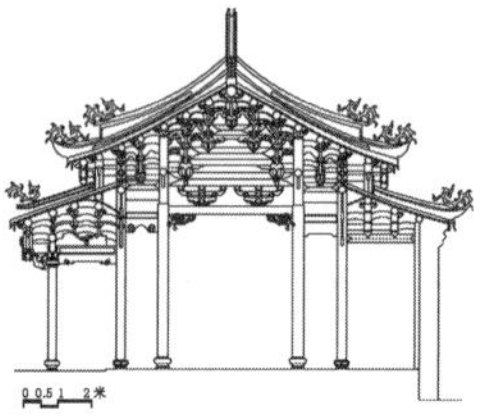	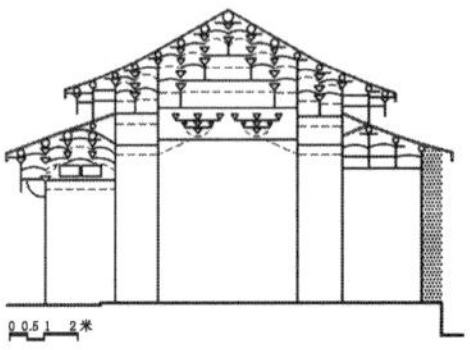

名称	规模	大木构架	剖 面 图 示
台北孔庙大成殿	面宽三间,进深十四椽架	殿堂式 殿身平柱略高于殿身内柱三足材 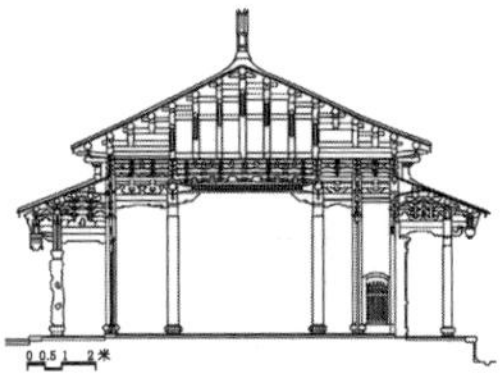 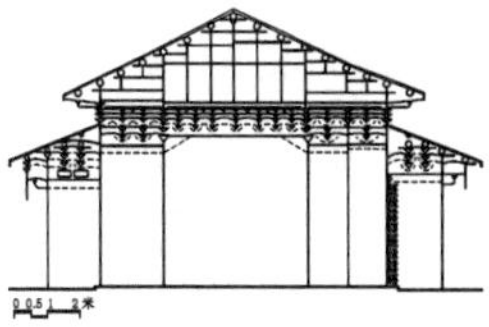	
鹿港天后宫正殿	面宽三间,进深十二椽架	叠斗式 殿身内柱升至桁下一个斗 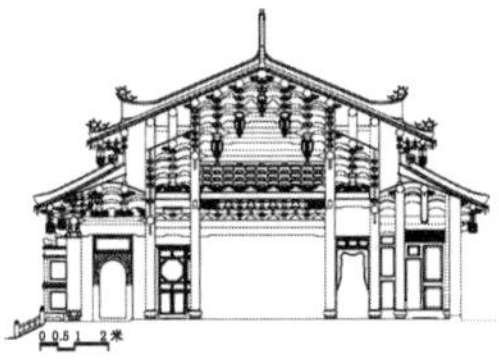 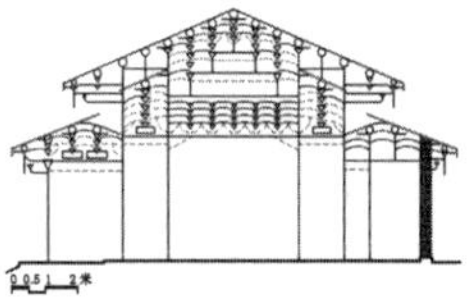	
鹿港天后宫三川殿	面宽三间,进深六椽架	殿堂式 殿身内柱升至桁下  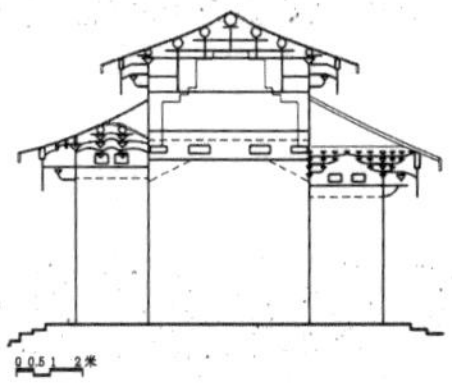	
嘉义城隍庙正殿	面宽三间,进深十椽架	叠斗式 殿身内柱直接顶桁  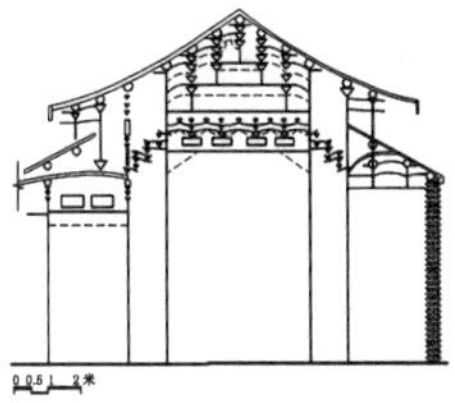	

5.2.3 构件用料变大

由构件用料的尺度来看,日本殖民统治时期以后歇山殿堂构件用料尺度有增大的趋势。以殿身内槽(四点金柱间)左右缝架最下层梁(台湾称"大通")之直径为例,清代的案例中,缝架最下层梁(大通)直径与跨距比例由道光年间兴建的彰化孔庙大成殿之 0.057 至光绪年间兴建的彰化元清观之 0.075;日治以后的案例中,除台南天坛正殿外大通直径与跨距比例均由 0.069 起跳,比值最大的大龙峒保安宫正殿甚至达 0.11 之多。此外,相同类型的建筑亦有用料增大的现象,较之台南孔庙与台北孔庙大成殿,前者架内进深 642 厘米,大通直径 37 厘米,比例为 0.058;后者架内进深 586 厘米,大通直径 45 厘米,比例为 0.077。后者架内深度小,大通直径反而较大,具体反映出日治时期构件用料尺度增大的变化(表5.7)。

表 5.7　台湾清领与日治歇山殿堂殿身内槽左右缝架最下层梁(大通)直径与进深比

清　领(单位:厘米)				日　治(单位:厘米)			
建筑名称	进深	大通径	比例	建筑名称	进深	大通径	比例
台南孔庙大成殿	642	37	0.058	台南天坛正殿	580	34	0.059
彰化孔庙大成殿	574	33	0.057	大龙峒保安宫正殿	543	60	0.110
鹿港龙山寺正殿	442	30	0.068	艋舺龙山寺大殿	577	40	0.069
金门朱子祠	521	29	0.056	南鲲鯓代天府正殿	499	37	0.074
台南祀典武庙正殿	608	40	0.066	白河大仙寺大殿	641	64	0.100
彰化元清观正殿	533	40	0.075	台北孔庙大成殿	586	45	0.077
				台中乐成宫正殿	420	41	0.098
				彰化南瑶宫大殿	455	32	0.070
				鹿港天后宫正殿	592	49	0.083
				鹿港天后宫三川殿	510	40	0.078
				嘉义城隍庙正殿	414	36	0.087

　　台湾清代殿堂建筑主要构架(柱、梁、枋等)木料是以福建进口的福州杉为主,清中期以后中部地区的鹿港龙山寺正殿、彰化元清观大殿的木料使用,除福州杉外,也局部使用台湾本地中低海拔出产的樟木、台湾榉、龙眼木等(林仁政,2003:183)。日本殖民统治以后,日本人在明治三十四年至大正六年间(1901—1917年)展开台湾地区高山珍贵林木的调查,并由台湾总督府殖产局开展官营砍伐事业,引进先进且大型的机械化搬运工具,进行高山地带(海拔1800～2400米)丰富针叶林的砍伐。台湾扁柏、台湾红桧、台湾杉、台湾肖楠、台湾榉这些强度与耐腐性高的木料,遂开始出现在市场上(表5.8)。在北港朝天宫明治四十年(1907年)至大正七年(1918年)修建时的账册资料中,所载的材种即有“杉木、台湾肖楠、桧木、樟木、楠木、乌心石……”(蔡育林,1997：17)。但观之日治时期歇山殿堂建筑中主要桁木、椽栿及乳栿(通)等横向主要构材,原则上仍是以福州杉为主。

表 5.8　台湾重要歇山殿堂木料使用之类型

项目	案例名称	福州杉	樟木	龙眼木、台湾榉	红桧、扁柏
1	台南孔庙大成殿	✓			
2	彰化孔庙大成殿	✓	✓		
3	鹿港龙山寺正殿	✓	✓	✓	
4	台南祀典武庙正殿	✓			
5	彰化元清观正殿	✓	✓		
6	台南天坛正殿	✓	✓		
7	北港朝天宫	✓	✓	✓	✓
8	大龙峒保安宫正殿	✓	✓		

项目	案例名称	福州杉	樟木	龙眼木、台湾榉	红桧、扁柏
9	艋舺龙山寺大殿	√	√		√
10	南鲲鯓代天府正殿	√	√		
11	白河大仙寺大殿	√	√		√
12	新竹城隍庙	√	√		
13	台北孔庙大成殿	√			
14	台中乐成宫正殿	√			
15	彰化南瑶宫大殿	√	√		
16	鹿港天后宫正殿	√	√		
17	嘉义城隍庙正殿	√			√

这种现象说明台湾传统歇山殿堂建筑木料,不论是清领或日治,福建进口的福州杉均为主要用材。清代中期以后,随着台湾平地与山林逐渐开发,本土性的樟木、龙眼木、台湾榉、台湾肖楠等,开始被局部应用在殿堂建筑的营建中。日治时期官方对台湾高海拔珍贵树种的开采,确实也增加殿堂建筑木料使用的多样性,但似乎都无法完全取代使用福州杉的用材习惯。在清末缝架大梁(大通)用料逐渐增大,到日治时期甚至有直径达到 60 厘米以上者,以木料均为福州杉的情况来看,显示当时台湾已有能力由原乡取得更大的木料,反映出台湾社会经济能力更为提升的事实。

5.2.4 "进架"技法的普遍应用

为解决角梁未能转过两椽的问题,原乡地区在明代以后已见"进架"作法的应用。在台湾的殿堂建筑中,清光绪十三年(1887 年)重修后之彰化元清观大殿的上檐,是目前可见最早出现"进架"作法的案例。透过"进架",元清观上檐由殿身平柱向外出檐长 5 尺。在此之前的歇山殿堂上檐,除彰化孔庙大成殿因出栱两跳且有飞椽作法而出檐长近 6 尺外,其余案例之出檐均不超过 4.5 尺(表 5.9)。

日治以后,配合升庵,进架作法亦逐渐普遍,当时两位主要建庙匠师王益顺与陈应彬均留有"进架"手法的作品。王益顺在南鲲鯓代天府大殿中使用进架,使无插栱出檐的上檐长度获得增加。陈应彬则是使用进架的能手,其歇山重檐殿堂多使用进架,使上檐出檐长度均超过当时之歇山殿堂。大龙峒保安宫出檐长度达 6 尺以上,台中乐成宫大殿出檐长度超过 5.5 尺,台南白河大仙寺大殿❶上檐长度甚至超过 8 尺,成为台湾日治时期歇山重檐殿堂出檐最长者(表 5.9)。

陈应彬惯用的"太子楼"(即"假四垂")中,亦经常使用"进架"的手法,借以调整角脊长与屋脊长的比例,创造出檐气势。其手法系将进深方向的进架短柱立在内柱与平柱的步口通上,面阔方向的进架短柱则立在桁木上,角梁尾端置于内柱上,中段由面阔方向的进架短柱支撑,向

---

❶ 台南白河大仙寺大殿的营建,"根据彬司曾孙陈朝阳先生的说法,当时仅由彬司及另一班泉州溪底师傅(姓名不详)对场……但是溪底师傅仅作了不到一半就退出……而由彬司率其班底接手完成全部工程。"(李政隆建筑师事务所,1994:43)

外出挑。如此不仅可增加角梁与角脊长度,也增加角梁的稳定。进深与面阔方向进架短柱均插栱接吊筒,上下檐间以水车堵作装饰,形成陈应彬特有的"太子楼"形貌。

表5.9　台湾清领至日治歇山殿堂出檐作法与转角出檐长度

作法	图示	案例名称		转角出檐深(厘米)
		建筑名称	建物名称	柱边到檐板外
插栱出檐	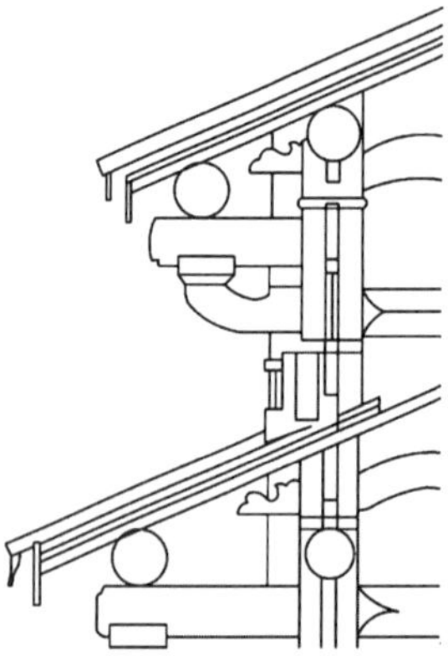 (台南孔庙大成殿为例)	台南孔庙	大成殿	111
		金门浯江书院	朱子祠	132
		彰化孔庙	大成殿	189
		鹿港龙山寺	大殿	92
		台南武庙	正殿	100
		台南天坛	正殿	127
斗栱出檐	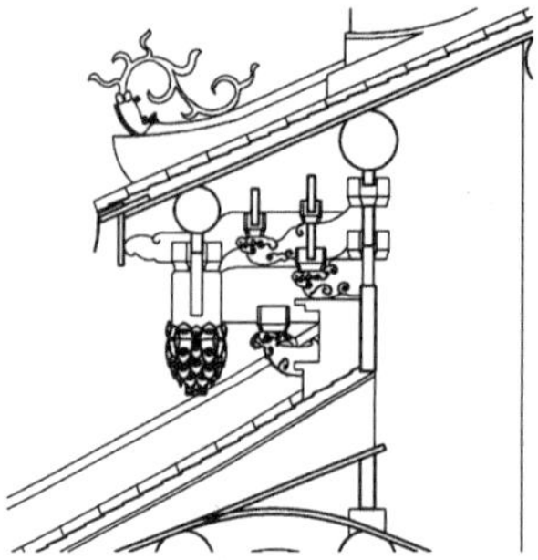 (鹿港天后宫正殿为例)	艋舺龙山寺	大殿	138
		台北孔庙	大成殿	152
		鹿港天后宫	三川殿	150
			正殿	150
		彰化南瑶宫	正殿	126
进架	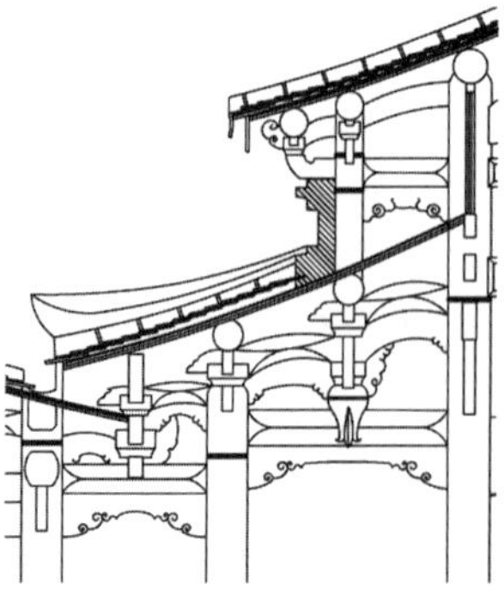 (台中乐成宫正殿为例)	彰化元清观	正殿	160
		大龙峒保安宫	正殿	201
		南鲲鯓代天府	正殿	166
		台中乐成宫	正殿	170
		白河大仙寺	大殿	266
		嘉义城隍庙	正殿	150

5.2.5　使用风嘴(风吹嘴)技法的案例增多

清代彰化孔庙大成殿使用飞椽(图5.26),其翼角角梁上方用一根宽度与角梁相同,厚度略大于板椽(台湾称"桷仔"),前端形状与角梁相同的木板条,钉在角梁上作为子角梁,是相当简朴的子角梁形式。其他案例则均无子角梁之设。一直到清末彰化元清观大殿,方出现较为成熟的子角梁作法。其使用的子角梁作法是泉州地区特有的风嘴作法,利用增加暗厝来提高翼角的起翘。

日本殖民统治时期,凡是王益顺主持施工的案场,如艋舺龙山寺、南鲲鯓代天府、新竹都城隍庙、台北孔庙大成殿均可见翼角设置风嘴。而同时期的名匠陈应彬、吴海同等匠师,翼角则仍维持无子角梁的传统作法。

为何清末彰化元清观大殿或王益顺带来的"风嘴"形式,未在台湾普遍流传,而成为仅限于泉州工匠作品才有的特征。其主要原因可能是风嘴制作具有一定的难度,加上其为暗厝形式,完工后实难从外观读出制作方法,因此成为仅流传在泉州溪底工匠间的技术,成为判定建筑匠师来源的重要特征。

5.2.6　受和洋风影响之歇山殿堂的出现

日本殖民统治时期所兴建的木构歇山殿堂主要有两类,一是台(闽)式歇山殿堂,一是日式歇山殿堂。台(闽)式歇山殿堂用于传统儒、道、佛信仰之殿堂的新建或改建,由习艺有成的本土匠师(例:陈应彬)或聘自原乡的优秀工匠(例:王益顺)主持,以中国木构传统下的闽式殿堂为形式风格的渊源。日式歇山殿堂则用于随着日本宗教信仰传播而兴建的建筑,包括神社的社殿建筑与佛教的本堂(大雄宝殿),这些建筑主要是由日人主持设计施工,以日本传统建筑式样为形式的渊源。此两类殿堂一开始似乎是两条平行线,各自使用自身特有的形式与组构技术。但在日本政权统治下,随着日本佛教势力的日益增大,台湾佛教建筑中,遂出现受日式殿堂影响的歇山大殿。此外,随着以混合着日本与西洋建筑语汇的和、洋风建筑在公共建筑、商业建筑、民宅中大量出现,传统庙宇也出现受此风潮影响下所营建的歇山殿堂。其使用取自当时流行的和洋风建筑的语汇,并加入台(闽)式殿堂的作法,形成外观与台(闽)式及日式传统殿堂有异的形貌。

日本殖民统治时期台湾佛教建筑兴修改建受日式殿堂影响的案例中,鹿港龙山寺因大火焚毁重建的后殿,使用不上彩的素木表现即是其例(图5.69),而有着日式殿堂外观的台南白河大仙寺大雄宝殿则是受日式殿堂影响最为鲜明的案例(图5.70~图5.72)。

图5.69　彰化鹿港龙山寺后殿素木作法

图5.70　台南白河大仙寺大殿和风样山墙

图 5.71　白河大仙寺大殿翼角尾棰木(角梁)　　　图 5.72　白河大仙寺大殿方椽

大仙寺原称为大仙岩寺,位于台南县白河镇关子岭。清康熙年间由福建渡海而来的参彻禅师,分身赤山岩龙湖寺的观音佛祖来台开基(吴新荣等,1977:155)。清代经多次增改建。光绪二十年(1894 年)台湾割让给日本,在台湾岛民与日军对抗过程中遭到波及,因此损坏而荒废不堪(释证授,2003:10-15)。

大正四年(1915 年),台湾龙华会会长廖炭接受委托担任大仙岩寺管理人,其为挽回大仙岩寺的寺运,亲往日本视察,并参观京都佛寺。返台后其与住持沈德融禅师配合仙草埔仕绅朱保罗、吴顺安等居士扩大募捐,计划重新改建大雄宝殿(释证授,2003:15)。在大雄宝殿改建期间,大仙岩寺一直与日本佛教在台团体维持着良好关系,初与日本曹洞宗系统交陪为主,大正五年(1916 年)后,则与日本临济宗开始密切交往。大正十二年(1923 年),廖炭聘请临济宗日僧东海宜诚为大仙岩寺的道师;大正十四年(1925 年)东海宜诚成为大仙岩寺的方丈(王见川,1999:357-382),是此段关系高峰期的见证。

由主事者廖炭为佛寺的改建而到日本京都参观佛寺,加上募捐与重建期间,与日本临济宗维持密切关系观之,大雄宝殿有日式殿堂风貌的外观是可以理解的。其平缓未起翘屋脊、日式黑熏瓦屋面、双重屋面板、方形椽木的使用,悬山山面使用悬鱼与博风,均是日式"入母屋"(即"歇山")殿堂屋顶形象之再现(图 5.70)。而翼角角梁处使用方形断面的尾棰木(图 5.71),上檐出檐斗栱使用替木托挑檐枋,则是日本"和样"木构风貌的呈现(图 5.72)。最为特别的是,大仙岩寺大雄宝殿不仅是全台首见之五开间歇山重檐殿堂,且平面使用宋代《营造法式》中的"身内金箱斗底槽"(图 5.73),此种平面布局从未出现在台湾传统殿堂中,在闽东南地区的殿堂建筑中也极为罕见❶。但其在日本,是被称为"桁行五间,梁间四间,一重裳阶付"的平面布局。也就是说,大仙岩寺大雄宝殿不仅有日式佛寺屋顶,平面布局亦受到日本的影响(图 5.74)。由此得见,经过日本二十余年的统治,台湾的汉人也开始接受日本文化,并将其应用到本土原有的文化中。

---

❶　笔者在闽东南地区田野调查期间未见此种平面形式。

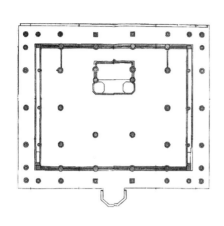

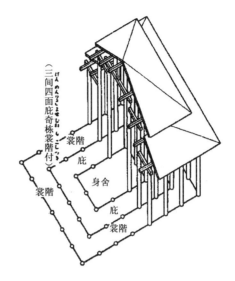

图 5.73　台南白河大仙寺大殿平面图

资料来源:李政隆建筑师事务所,1994:64-65

图 5.74　日式"桁行五间,梁间四间,一重裳阶付"布局

资料来源:浅野清,1986:24

　　有趣的是,建造此建筑的大木匠师却非来自日本,而是由当时台湾营建台(闽)式殿堂建筑极为著名的陈应彬与溪底派匠师负责兴建❶。这些人从未受过营建日本传统佛寺的训练,却建造出此建筑,其究竟如何达成的? 是看了哪些资料或参考了哪座建筑? 现因无史料的留存已不得而知,但应与主事者的期待与要求有关。由于这些匠师是传统大木技术出身,因此其木构架仍为传统叠斗与穿斗式组合(图 5.75),殿身内槽(台湾称"四点金")为"三通五瓜",殿身内柱与平柱均升至桁下距桁木一到二层斗距离,殿身平柱不落地,次间为中柱落地之穿斗架,以"进架"的手法构成"桁行五间,梁间四间,一重裳阶付"的柱网(图 5.76)。

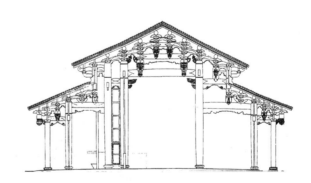

图 5.75　白河大仙寺大殿叠斗式构架

图 5.76　白河大仙寺大殿横剖图

资料来源:李政隆建筑师事务所,1994:82-83

　　日本殖民统治时期彰化南瑶宫观音殿则是传统匠师兴建的另一个不同于台(闽)式殿堂的案例,其为彰化南瑶宫日治大正年间改建过程中的作品。

❶　"根据彬司曾孙陈朝阳先生的说法,当时仅由彬司及另一班泉州溪底师傅(姓名不详)对场……但是溪底师傅仅作了不到一半就退出……而由彬司率其班底接手完成全部工程。"(李政隆建筑师事务所,1994:43)

　　彰化南瑶宫改建倡议始于大正元年(1912年),次年(1913年)正式成立改筑会,大正五年(1916年)动工,新建大殿于大正六年(1917年)夏完工。新建大殿是一栋混用着和、洋风建筑与台(闽)式殿堂语汇的歇山殿堂,殿身三间副阶周匝。砖木结构,殿身由四排穿斗式缝架架桁木,外围由50厘米左右厚度的红砖墙构成,无收山。副阶檐柱为砖砌,檐柱上作混凝土过梁,其上砌砖作栏杆,殿身与副阶间架木承下檐。屋面使用日式黑熏瓦,副阶柱列除中央明间正面为龙柱外,其余均为洋风柱式。副阶檐廊中央明间正立面设有山形墙,与殿身前坡三处西洋式老虎窗(亦类似日式破风式山墙)相呼应。室内明间内槽天花藻井未见使用斗栱,而是利用类似西洋式的托架之逐层出挑,构成具有藻井意味的洋风层叠天花,其他则使用当时流行的铜片压花天花。

　　就结构形式来看,其穿斗大木构架外围厚砖墙,仍是传统作法。但外观上却利用当时流行的洋风柱列与西洋式老虎窗,搭配日式黑熏瓦屋面(图5.77、图5.78),内部使用洋式风格的神龛与当时流行之带有洋风意味的层叠天花取代传统藻井(图5.79、图5.80),仅正面左右龙柱仍保有台(闽)式殿堂的语汇。这种想要抛开旧有传统,利用当时代最流行,代表进步象征的建筑语汇,创造新殿堂样式的企图十分明显。彰化南瑶宫观音殿是这种尝试向时代风格潮流靠拢下的实验性作品。

图5.77　彰化南瑶宫观音殿正面图

资料来源:汉光建筑师事务所,2002

图5.78　彰化南瑶宫观音殿侧立面

图5.79　彰化南瑶宫观音殿洋风神龛

图5.80　彰化南瑶宫观音殿洋风层叠天花

可惜的是,这种企图将妈祖大殿改建成"现代式殿堂"的尝试,却因以地方绅商主道的改筑委员会❶与南瑶宫妈祖会❷间的矛盾与冲突(颜娟英,2007:211-213),加上大殿建成前后的募款不顺,而宣告失败。昭和十一年(1936年)初夏,南瑶宫完成一切改建工程后,在庙口树立"沿革碑",碑文中称大正六年(1917年)完工的此座建筑为"西洋式殿",并严厉地批评它"埋立不实,砌造不牢,地坪沉塌,兼之白蚁危害,势难耐久。"以兹作为另建新的供奉妈祖大殿(即今南瑶宫正殿)之缘由说明。本殿因而由原建作为供奉妈祖的大殿,被改为观音殿,原前方兴建的拜亭也被拆除成为天井,并装上传统门扇而成今之形貌(颜娟英,2007:211-213)。一场欲将时代风格带进传统歇山殿堂形式,彻底改变传统寺庙风貌的实验,在保守势力的反扑,夺回改建主道权,以传统形式重建前殿,并兴建大殿于新建筑之前的行动中,遂宣告失败。

白河大仙寺大雄宝殿为了在插栱出檐的上檐,创造当心间中央设补间铺作的外观,遂应用类似元代以后北方角梁常用的"虚柱法"原理,将补间铺作出栱延伸入室内部分变成横梁,尾端插在由桁木垂下的虚柱上,借此使补间铺作内外达成平衡,这种作法罕见于台(闽)歇山殿堂大木结构中(图5.81)。而彰化南瑶宫观音殿将副阶横梁直接架在砖柱上的红砖砌体,也少见于台(闽)歇山殿堂大木结构(图5.82)。惟无论是覆盖着日式屋顶的白河大仙寺大雄宝殿,抑或穿着台(闽)、和、洋风外衣的彰化南瑶宫观音殿,其大木构架基本上仍维持传统叠斗与穿斗形式,日本殖民统治时期传统歇山殿堂的衍化并未改变大木构架的形式与作法。战后,钢筋混凝土开始取代木构架,惟其形式仍以模仿传统大木构架,特别是殿堂式为主。此反映出承传于福建地区的大木构架形式,于传统歇山殿堂的营建中,在结构与文化象征上所具有不可撼动的地位。

图5.81 白河大仙寺大殿室内吊柱

图5.82 彰化南瑶宫观音殿正面檐廊龙柱

---

❶ 根据昭和十一年(1936年)所立沿革碑所载,改筑委员会委员为吴汝祥、杨吉臣、吴德功、林烈堂、李崇礼。

❷ 南瑶宫拥有诸多妈祖会,其出现最初的原因是由于妈祖圣驾例来有前往笨港(今云林北港)进香的传统,由于妈祖需要护驾,随行需要费用与组织以维护治安。因此各地信徒自动组成銮班会、舆前会,会员出钱出力,轮流分摊进香工作。銮班会、舆前会现在都称为"会妈会"、妈祖会,简称妈会。参黄美英,1994,《台湾妈祖的香火与仪式》,自立晚报,台北。

表 5.10　形式受和、洋风影响的传统殿堂

建物名称	建物年代	主事匠师	风格	和、洋风特色
彰化南瑶宫观音殿	大正六年(1917 年)	陈应彬	台(闽)和洋式	屋脊平缓、日式熏瓦屋面、西洋柱廊、山形墙、老虎窗、和风天花、西洋壁饰等
艋舺龙山寺原大殿	大正十二年(1923 年)	王益顺	台(闽)式	大殿壁面贴白色釉面小口瓷砖(李乾朗,1992:30)
台中乐成宫大殿	大正十三年(1924 年)	陈应彬	台(闽)式	西洋塔次坎柱式柱头
白河大仙寺大雄宝殿	大正十四年(1925 年)	陈应彬与溪底派工匠	台(闽)和式	屋脊平缓、日式熏瓦屋面、方形椽木、两重屋面板、和样斗栱与尾槌木
台北孔庙大成殿	大正十四年(1925 年)	王益顺	台(闽)式	龙柱柱头仿西洋柯林新柱头、藻井斜格镂空顶板、西洋式木栏杆
鹿港龙山寺后殿	昭和十一年至十三年(1936—1938 年)	黄神通	台(闽)式	木构架不上彩之素木表现
新庄地藏庵正殿	昭和十二年(1937 年)	陈应彬吴海同	台(闽)和式	日式熏瓦屋面
嘉义城隍庙大殿	昭和十五年(1940 年)	王锦木	台(闽)式	龙柱及附壁柱柱头仿西洋柯林新柱头、壁面贴白色釉面小口瓷砖

5.3　台湾歇山殿堂构架中斗栱之漳泉特质

5.3.1　构架中应用斗栱的部位与类型

斗栱出现的位置,依构架形式的不同而异。在"叠斗式"中,斗栱出现在纵向柱间襻间❶、横向柱间缝架(台湾称"栋架"❷)以及出檐处。在"殿堂式"中,斗栱则出现在纵向与横向柱头与柱间以及出檐处(表 5.11)。

表 5.11　台湾歇山殿堂构架形式与斗栱位置及形式

案例名称	构架形式	部位	柱间纵向		柱间横向		
			平柱(檐柱)	内柱	出檐	平柱(檐柱)与内柱间	内柱与内柱间
台南孔庙大成殿	叠斗式	殿身	前:格扇后:砖墙	前:弯枋连栱后:弯枋连栱	插栱出一跳	立蜀柱、无斗栱	瓜筒、瓜串、斗串、栱
		副阶	无檐柱	✕	平柱插栱出二跳	无檐柱	无檐柱
金门浯江书院朱子祠	叠斗式	殿身	✕	前:弯枋连栱出斗串后:同前	插栱出一跳	✕	瓜筒、瓜串、栱
		副阶	前:弯枋后:砖墙	✕	插栱出一跳	瓜筒、瓜串、栱	✕

---

❶　台湾称"架内排楼",泉州称"看架"。其"以梁枋拉系左右栋路,通常由下而上叠起的整排木构,包括斗抱,三弯或五弯枋,一斗三升及连圭枋,最上面承枋引及桁木,宋《营造法式》称为襻间。"(李乾朗,2003:96)。
❷　"缝架"又称"梁架",台湾称"栋架"或"屋架",泉州也称"栋架"、"栋路架"、"屋架"。

案例名称	构架形式	部位	柱间纵向			柱间横向	
			平柱(檐柱)	内柱	出檐	平柱(檐柱)与内柱间	内柱与内柱间
彰化孔庙大成殿	叠斗式	殿身	前:格扇 后:砖墙	前:弯枋连栱 后:弯枋连栱	插栱 出两跳	瓜筒、斗串、栱	瓜筒、斗串及栱
		副阶	前:一斗三升 后:一斗三升	×	插栱吊筒 出两跳	瓜筒、斗串、栱	×
鹿港龙山寺正殿	叠斗式	殿身	前:弯枋连栱 后:砖墙	前:弯枋连栱 后:弯枋	插栱 出一跳	瓜筒、瓜串、栱	瓜筒、瓜串、斗串、栱
		副阶	前:弯枋连栱 后:砖墙	×	插栱 出两跳	瓜筒、栱	×
台南祀典武庙正殿	叠斗式	殿身	前:一斗三升 后:砖墙	前:弯枋连栱 后:弯枋连栱	插栱 出一跳	斗、斗串、栱	瓜筒、瓜串、斗串、栱
		副阶	无檐柱	×	插栱 出两跳	无檐柱	×
台南天坛正殿	叠斗式	殿身	×	前:弯枋连栱 后:弯枋连栱	插栱 出一跳	×	瓜筒、瓜串、斗串、栱
		副阶	前:一斗三升 后:砖墙	×	插栱吊筒 出二跳	狮座、斗、栱	×
彰化元清观正殿	叠斗式	殿身	前:无 后:隔板	前:无 后:弯枋连栱	插栱 出一跳	斗、栱、瓜柱、栱	看架斗栱、瓜筒、瓜串、斗串、栱
		副阶	前:一斗三升 后:砖墙	×	无	前:瓜柱、栱、斗 侧:看架斗栱	×
大龙峒保安宫正殿	叠斗式	殿身	前:无 后:砖墙	前:弯枋连栱 后:弯枋连栱	插栱吊筒 出二跳	螃蟹座斗、栱	瓜筒、瓜串、斗串、栱
		副阶	前:无 后:无	×	插栱吊筒 出二跳	斗、斗串、栱	×
艋舺龙山寺大殿	殿堂式	殿身	前:弯枋连栱隔斗出两跳,上置栏杆 后:同上	前:弯枋连栱隔斗出两跳,上置结网斗栱 后:同上	出一跳、网目斗栱	弯枋连栱隔斗出两跳,上置栏杆	弯枋连栱隔斗出一跳,上置结网斗栱
		副阶	前:无 后:无	×	插栱吊筒 出二跳	狮座、斗串、栱	×
南鲲鯓代天府正殿	叠斗式	殿身	×	前:弯枋连栱 后:弯枋连栱	无出跳	×	瓜筒、瓜串、斗串、栱
		副阶	前:一斗三升 后:砖墙	×	无出跳	狮座、人物斗座、斗串	×
彰化南瑶宫大殿	叠斗式	殿身	前:一斗三升 后:弯枋连栱	前:弯枋连栱 后:弯枋连栱	插栱吊筒 出二跳	斗、斗串、栱	弯枋连栱、瓜筒、瓜串、斗串、栱
		副阶	前:弯枋连栱 后:弯枋连栱	×	插栱吊筒 出二跳	螃蟹座斗、栱	×
台中乐成宫正殿	叠斗式	殿身	外:弯枋连栱 内:弯枋连栱	外:无 内:看架斗栱	插栱吊筒 出二跳	瓜筒、瓜串、斗串、栱	斗串、副栱、正栱
		副阶	外:一斗三升 内:一斗三升	×	插栱吊筒 出二跳	狮座、象座、斗串、栱	×

续表5.11

案例名称	构架形式	部位	柱间纵向		柱间横向		
			平柱(檐柱)	内柱	出檐	平柱(檐柱)与内柱间	内柱与内柱间
台北孔庙大成殿	殿堂式	殿身	前:弯枋连栱隔斗出两跳,上置栏杆 后:同上	前:弯枋连栱隔斗出两跳,上置结网斗栱 后:同上	出一跳、网目斗栱	弯枋连栱隔斗出两跳,上置栏杆	弯枋连栱隔斗出一跳,上置结网斗栱
		副阶	前:无 后:无	×	插栱吊筒出二跳	狮座、斗串、栱	×
鹿港天后宫正殿	叠斗式	殿身	前:弯枋连栱 后:弯枋连栱	前:无 后:弯枋连栱	插栱吊筒出二跳	斗、斗串、栱	弯枋连栱、瓜筒、瓜串、斗串、栱
		副阶	前:看架斗栱 侧:看架斗栱	×	插栱吊筒出二跳	狮座、象座、斗串、栱	×
鹿港天后宫三川殿	殿堂式	殿身	×	前:弯枋连栱及结网斗栱 后:同上	插栱吊筒出二跳	×	结网斗栱
		副阶	前:网目斗栱 后:看架斗栱	×	插栱吊筒出二跳	前:网目斗栱 后:看架斗栱、狮座、象座、斗串、栱	×
嘉义城隍庙正殿	叠斗式	殿身	前:看架斗栱 后:看架斗栱	前:看架斗栱 后:看架斗栱	插栱吊筒出一跳	斗、斗串、栱	弯枋连栱用狮座 瓜筒、瓜串、斗串、栱
		副阶	前:网目斗栱 侧:看架斗栱 后:砖墙	×	无	前:网目斗栱 侧:看架斗栱	×

　　"叠斗式"在纵向柱间襻间斗栱组形式以"一斗三升","弯枋与一斗三升组合"、"弯枋连栱"❶三种为主(图5.83);横向柱间缝架各层椽栿之间的支撑与交接斗栱,主要由瓜筒、斗、瓜串(瓜筒上的涡卷或雕花形栱)、斗串(叠斗上的涡卷或雕花形栱)及栱所组成(图5.84)。出檐多以插栱出檐为主,通常是上檐两层栱出一跳,下檐三层栱出两跳,或无补间铺作,或设"网目斗栱"。

　　清领时期殿堂构架斗栱以偷心造或插栱为主,均有结构功能(图5.85)。清末彰化元清观正殿开始出现作为装饰之用的计心造斗栱,称为"看架斗栱"❷,其位于殿身左右副阶处的内槽与前后槽间,向中轴线与外檐墙出跳。前叠五层栱,出两跳,后叠两层栱,出一跳(图5.86)。"看架斗栱"系属补间铺作,并无结构承重作用,故亦被称为是"虚架"❸。

---

　　❶ "这种左右柱之间的纵架上的柱间构架,闽南称为弯栱连枋,若用在门楣之上,则称为'牌楼面'"(曹春平,2005:48)。

　　❷ "看架是寿梁或大楣上之斗栱组合,约等于宋《营造法式》补间铺作,《清式营造则例》称为平身科,较考究的作法是前后皆层层出挑,分别顶住上下架的槫梁,是闽南木结构中出计心造的部分,庙宇多用之……泉州开元寺清代遗留的墨迹则称之为'虚架'。"(李乾朗,2003:96)。

　　❸ "这种左右柱之间的纵架上的柱间构架,闽南称为弯栱连枋,若用在门楣之上,则称为'牌楼面'"(曹春平,2005:48)。

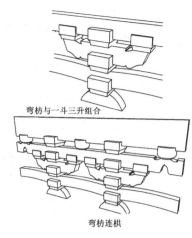

弯枋与一斗三升组合

弯枋连栱

图 5.83　叠斗式纵向襻间斗栱组

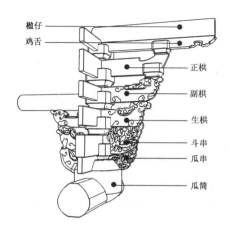

图 5.84　叠斗式栋架斗栱组

图 5.85　台南孔庙大成殿上檐插栱

图 5.86　彰化元清观大殿副阶的看架斗栱

　　日本殖民统治以后随着构架的"殿堂化"，看架斗栱在形构铺作层意象企图下，被普遍的使用。北港朝天宫前殿内柱上补间铺作的斜栱是现存最早实例(图 5.87)，嘉义城隍庙正殿殿身前平柱与后内柱襻间的"看架斗栱"则是最为繁复的(图 5.88)。由于纵向襻间看架斗栱的出现，使台湾叠斗式构架摆脱穿斗架意味，接近"殿式厅堂式"转变为"叠斗式"之初的构架，包含更多"殿式"层叠手法。以明代莆田兴化府城隍庙大殿与日本殖民统治初北港朝天宫前殿相较，两者屋架构成关系几乎相同，仅尺度、斗栱组与构件形状不同之差异(图 5.89)，这在清领时期桁木直升至桁下，襻间无计心造斗栱的实例中，是无法看到的。

图 5.87　北港朝天宫前殿补间铺作的斜栱

图 5.88　嘉义城隍庙正殿后内柱看架斗栱

图 5.89　莆田兴化府城隍庙大殿构架与北港朝天宫前殿构架之比较

　　"叠斗式"的缝架(台湾称"栋架")各层楹枋间斗栱,以"蜀柱"(台湾称"瓜柱"或"瓜筒")为楹枋间支撑的主要构件。日本殖民统治以后,与楹枋以包覆接合的"趖瓜筒",全面取代立在楹枋上的"坐瓜筒",此作法强化了瓜筒与楹枋的接合,且由于瓜筒的加大,装饰性的表现更强。瓜筒上的瓜串、斗串雕饰题材则由简单的花草题材朝向更为复杂的人物题材表现。而前槽乳栿以上则以更多的狮座、象座以及人物题材之斗座取代蜀柱作法,反映出日本殖民统治以后大木构架更趋装饰之表现。

　　此外,日本殖民统治时期构架内槽乳栿下往往多增一层枋木,以加强缝架的稳定。枋木与楹枋之间因此也有斗栱之设,形式以"一斗三升"、"弯枋连栱"为主。

　　在"殿堂化"的趋势下,柱头上除应用"看架斗栱"外,亦使用"网目斗栱"、"蜘蛛结网"。"网目斗栱"与"蜘蛛结网"是在计心造的斗栱中又加入斜栱,故较计心造"看架斗栱"更为繁复。王益顺设计的艋舺龙山寺正殿、台北孔庙大成殿即应用"网目斗栱"丰富出檐,其将艋舺龙山寺前殿檐柱向内出跳的"网目斗栱"(图 5.90)与门柱向外出跳的"网目斗栱"相连,加上顶盖板,便形成类似井口天花的表现。其亦使用"蜘蛛结网"置于当心间前后柱内槽看架斗栱上,形成八卦或圆形的藻井(图 5.91)。王益顺主要助手王树发在承造鹿港天后宫前殿时,亦有类似的作法。

图 5.90　艋舺龙山寺前殿步口网目斗栱　　　　图 5.91　台北孔庙大成殿看架斗栱与藻井

5.3.2　与原乡斗栱形式的关连

1）弯枋连栱

弯枋连栱包括斗、栱、斗抱、枋木等,其主要使用在襻间,源头为扶壁栱,在五代福州华林寺大殿与北宋莆田玄妙观三清殿中即可见到。两者之扶壁栱以一单栱托一柱头枋为一组,逐层重叠,直抵榑下。此法在盛唐以前北方亦得见之,但之后北方均采用泥道栱上用多层柱头枋构成井干式的槽,在枋上隐刻出栱身之作法,故此法为盛唐以前旧法在南方的遗存(傅熹年,1998:275)(图5.92)。依现存案例来看,弯枋连栱的构成中,除斗栱外,斗抱出现的时间较早,在五代福州华林寺大殿与莆田玄妙观三清殿中就已见斗抱的使用。弯枋则为其次,明代(甚至是南宋)案例中已有弯枋。弯枋的弯曲方向与栱木相反,由构造观点来看,其出现应与借由枋木弯曲下凹曲线来固定架于其上的斗栱有关。

连栱在唐代南禅寺大殿转角铺作即可见之,宋《营造法式》称其为"鸳鸯交首栱"。在闽东南,明万历年间莆田兴建的大宗伯第是最早使用连栱于襻间的案例,但其并未与斗抱及弯枋结合成弯枋连栱(图5.93)。泉州明末的承天寺大殿中,有斗抱与连栱结合的作法,但其仅为柱头铺作与相邻补间铺作栱的相连,并未形成整个襻间补间铺作的连栱(图5.94)。清以后,随着外檐补间铺的增多,襻间内的补间铺作数亦随之增加,栱木彼此靠近的结果促使相连状况的发生,因而形成"弯枋连栱"。由现存实例来看,泉州清中期重建的安海龙山寺大殿,设有四组补间铺作,在各组斗栱之间距变小下,栱木遂两两相连而成连栱(但中轴线上左右两组斗栱并未相连)(图5.95)。其后的安溪文庙大成殿、泉州洪姓大宗祠、惠安文庙大成殿襻间则已成为标准的弯枋连栱作法。厦门与漳州明代并未见弯枋连栱的案例。清代以后,随着补间铺作的增多或有连栱,但实例不多,多数案例仍以缩短栱长的未连栱方式来解决间距变小的问题(图5.96)。莆田地区明代案例襻间内有弯枋,但未与连栱搭配使用,清代以后"弯枋连栱"的使用才较为普遍(图5.97)。

图 5.92　莆田元妙观三清殿的扶壁栱

图 5.93　莆田大宗伯第入口门额上连栱

在襻间斗栱的栱木形式中,泉州明代以后的诸多案例均使用葫芦平栱。清代以后,配合连栱的使用,两个葫芦平栱对接,形成特殊的葫芦连栱造型。对照漳州或莆田出现连栱的案例,均未见葫芦连栱造型的使用,足见此连栱造型极可能是泉州所特有,为泉州匠师所熟用。观之台湾的歇山殿堂建筑,日本殖民统治时期王益顺在台北孔庙大成殿与台南南鲲鲔代天府(图5.98),其副手王树发在鹿港天后宫前殿,均见葫芦连栱的使用。其形式与清代泉州安海龙山寺或泉州承天寺等使用葫芦连栱的案例相比,仅出现线条略为平直化的变化。近年,同为泉州溪底派的匠师王双谋,在泉州惠安尧帝庙前殿亦使用葫芦连栱(图5.99),其造型与王益顺及王树发在台湾的作品几乎相同,让人不禁有此连栱作法与泉州溪底匠派应有深厚渊源的联想。

图5.94　泉州承天寺大殿的连栱

图5.95　安海龙山寺大殿的连栱

图5.96　漳州康长史祠的襻间斗栱

图5.97　莆田广化寺大殿的连栱

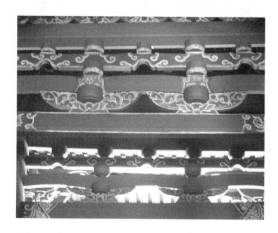

图5.98　王益顺作品中弯枋连栱之葫芦平栱连栱

图5.99　王双谋作品中弯枋连栱之葫芦平栱连栱

　　台湾清领时期台南孔庙大成殿、金门朱子祠襻间有弯枋但未连栱,鹿港龙山寺大殿、彰化孔庙大成殿、台南祀典武庙大殿、彰化元清观大殿则为弯枋连栱的作法。现存日治以后的歇山殿堂案例,襻间则几乎都是弯枋连栱。然与溪底派匠师王益顺、王树发等同时期的匠师(例如:陈应彬、吴海同等),则未出现使用葫芦连栱的案例。陈应彬常用的连栱为螭虎栱相连的螭虎连栱(图5.100),吴海同使用较多的是承继于其潮州派师傅曾文珍的象鼻连栱(图5.101)。足见连栱造型可作为匠派手法特征表现的验证,特别是葫芦连栱与泉州匠派的特殊关系。

　　由此来看,清领时期鹿港龙山寺大殿、彰化孔庙大成殿、台南祀典武庙大殿、元清观大殿的连栱,均使用葫芦连拱的造型,似乎说明着营建匠师或与泉州溪底派间可能存在的关连。

图 5.100　陈应彬作品之弯枋连栱以螭虎连栱表现　　　图 5.101　吴海同作品之弯枋连栱以象鼻连栱表现

表 5.12　闽东南殿堂襻间形式

案例名称	年代	有无弯枋	当心间斗栱数	有无连栱	图　　　示
福州华林寺大殿	五代	无	1	无	
莆田玄妙观三清殿	南宋	无	2	无	
罗源陈太尉宫正殿	宋	无	3	无	
泉州府文庙大殿	南宋或明初	有	2	无	

案例名称	年代	有无弯枋	当心间斗栱数	有无连栱	图　　示
泉州开元寺大殿	明	有	2	无	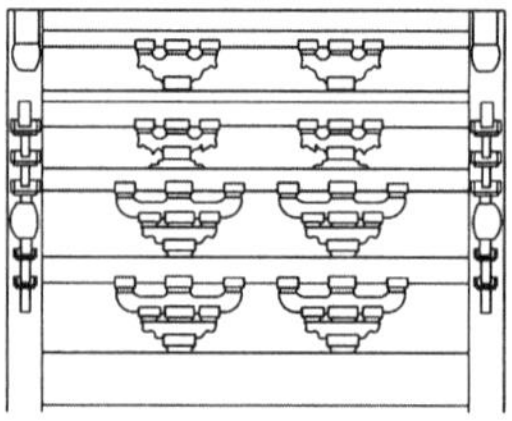
漳州文庙大成殿	明	有	2	无	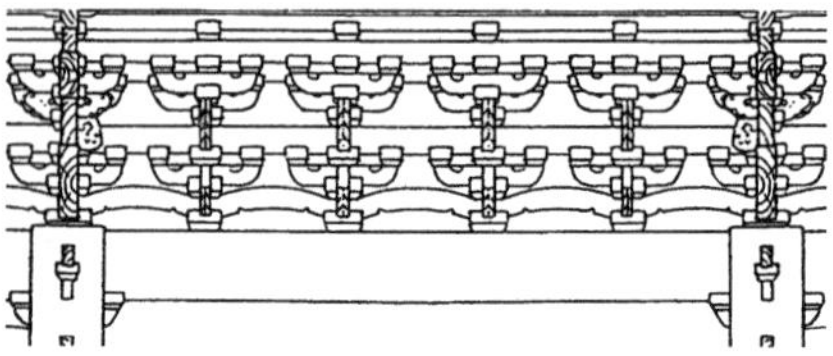
漳浦文庙大成殿	明	有	2	无	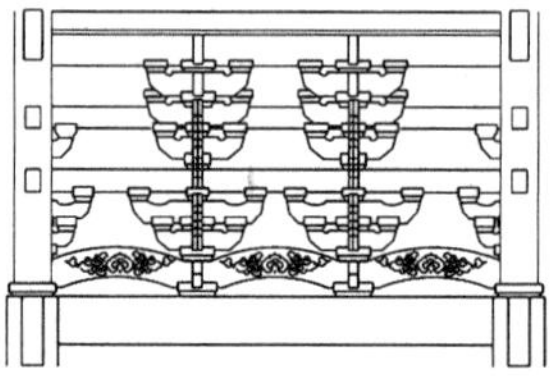
莆田县城隍庙大殿	明	有	2	无	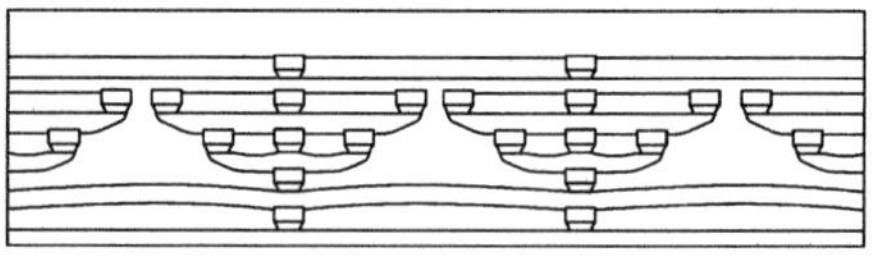
泉州承天寺大殿	明末	有	2	局部	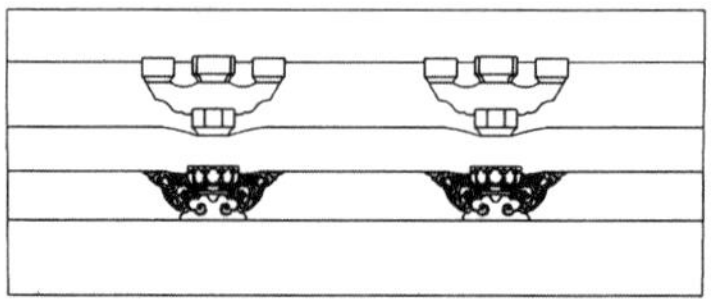
泉州县城隍庙	清	有	2	无	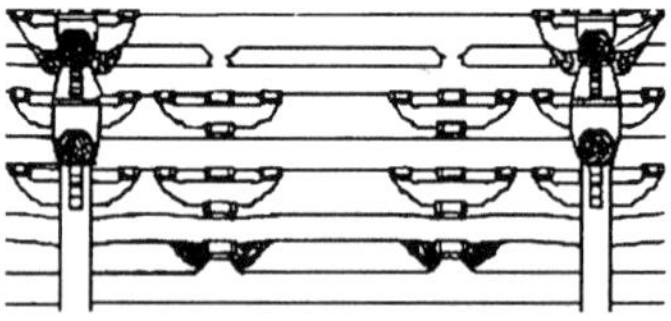
安海龙山寺大殿	清	有	4	有	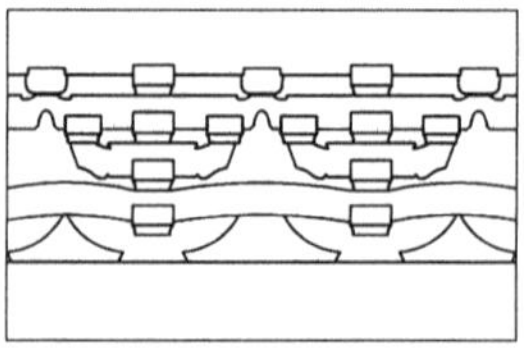
安溪文庙大成殿	清	有	4	有	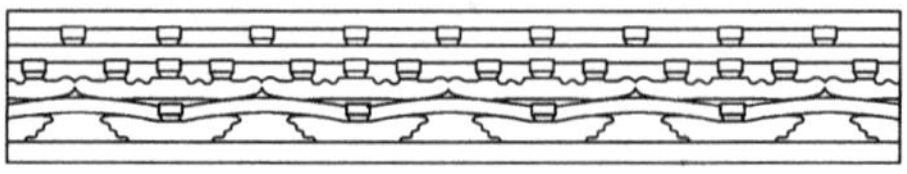
漳州白礁慈济宫正殿	清	有	4	有	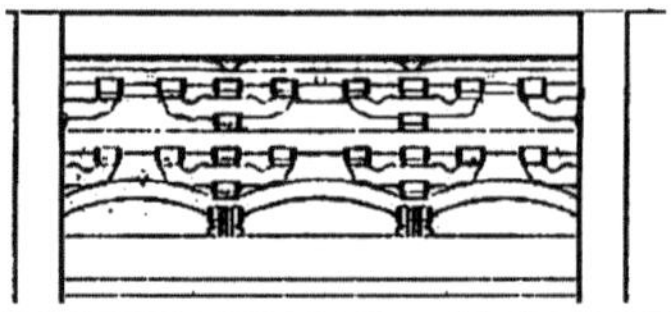

续表 5.12

案例名称	年代	有无弯枋	当心间斗栱数	有无连栱	图 示
漳州赤岭关帝庙	清	有	4	无	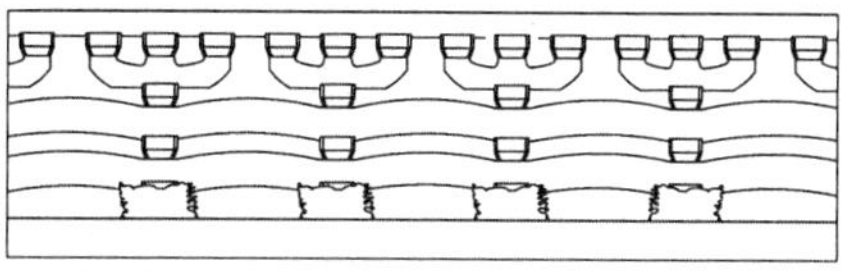

表 5.13 台湾歇山殿堂襻间形式

案例名称	年代	有无弯枋	当心间斗栱数	有无连栱	图 示
台南孔庙大成殿	康熙	有	2	无	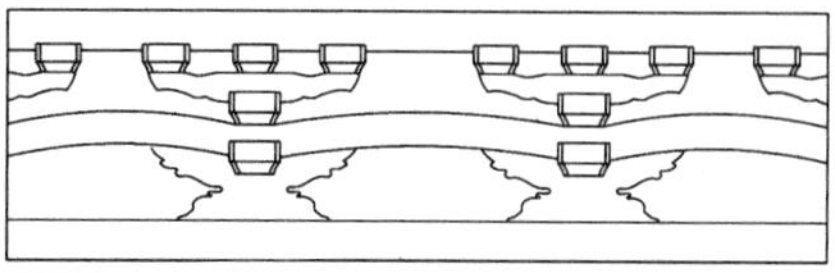
金门朱子祠大殿	乾隆	有	4	无	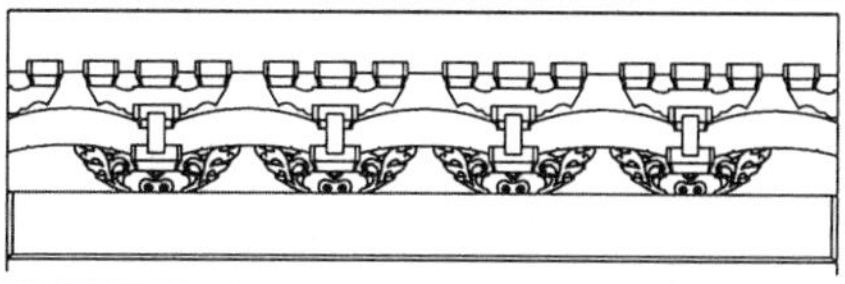
彰化孔庙大成殿	道光	有	4	有	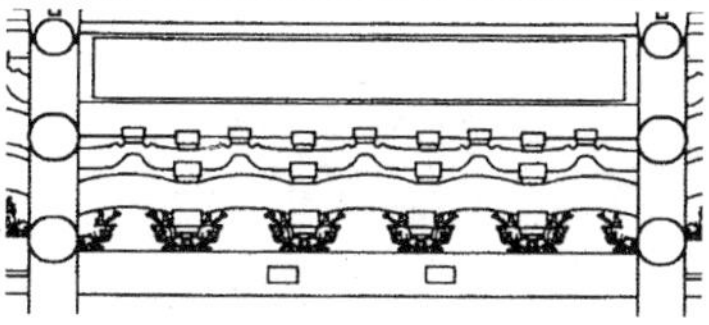
鹿港龙山寺大殿	道光	有	4	有	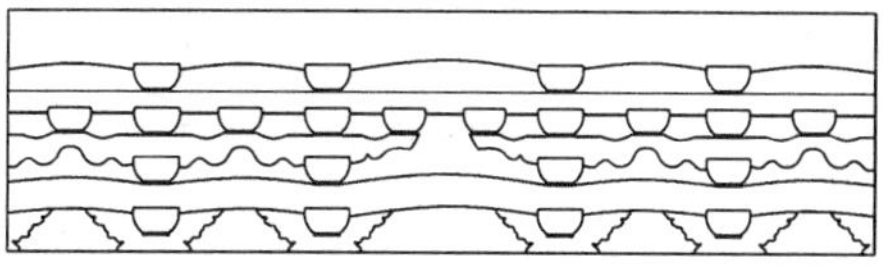
台南武庙大殿	道光	有	2	有	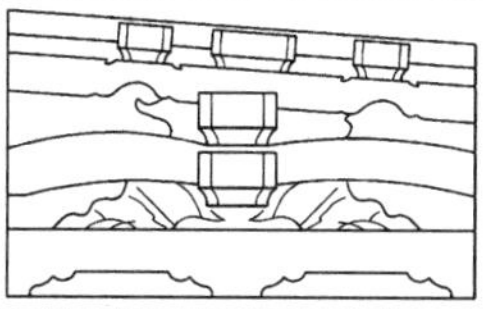
台北孔庙大成殿（王益顺）	大正	有	4	有	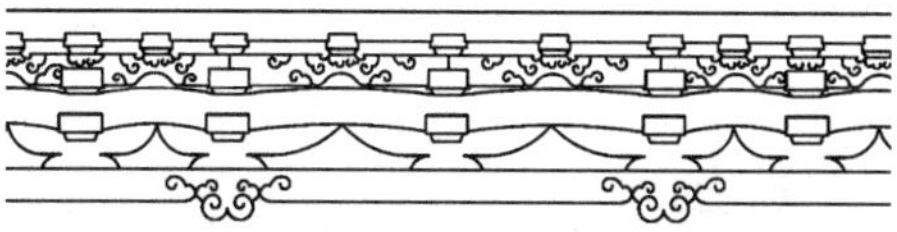
南鲲鯓代天府大殿（王益顺）	大正	有	2	有	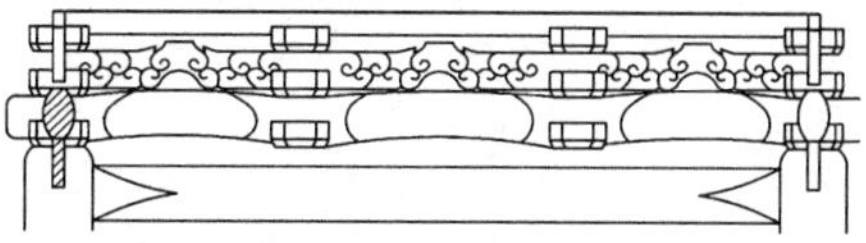
台中乐成宫大殿（陈应彬）	大正	有	4	有	
鹿港天后宫正殿（吴海同）	昭和	有	5	有	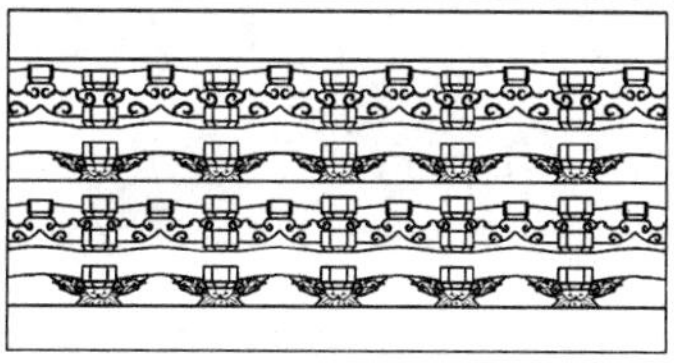

续表 5.13

案例名称	年代	有无弯枋	当心间斗栱数	有无连栱	图　　示
鹿港天后宫前殿（王树发）	昭和	有	5	有	

2）看架斗栱

"看架"是连系左右两缝架的纵架,即阑额、内额上的构架(曹春平,2005:44)。看架斗栱是施于门楣、寿梁、枋上的计心造斗栱,即补间铺作。闽东南地区五代与宋之看架斗栱作平顺圆弧的处理,形式单纯(图 5.102)。明代以后,看架斗栱之出栱造型开始有更多变化,除宋代即有的葫芦平栱外,出现以涡卷纹为造型变化基准,产生各种不同出栱或"耍头"(泉州称"栱头")造型栱。以泉州开元寺大殿为例,其副阶看架斗栱有三种涡卷纹构成的造型出栱层叠(图 5.103)。明末泉州承天寺大殿,栱端施以涡卷构成的如意栱头,甚至进一步发展成后世常见的象鼻栱(图 5.104)。漳州地区虽少见葫芦栱,但亦有卷草造型栱。卷草造型应用在铺作层极为普遍,甚至连漳州文庙大成殿与漳浦文庙大成殿的上昂亦以卷草造型处理(图5.105)(表 5.14)。

图 5.102　福州华林寺大殿看架斗栱造型

图 5.103　泉州开元寺大殿檐口卷草栱

图 5.104　泉州承天寺大殿象鼻栱

图 5.105　漳浦文庙大成殿上昂的卷草

表 5.14　闽东南歇山殿堂看架斗栱栱木的造型

案例名称	年代	上檐铺作	栱的造型	图　示
福州华林寺大殿	五代	外七铺作双抄双下昂 内六铺作三抄	下端圆弧卷杀之圆栱	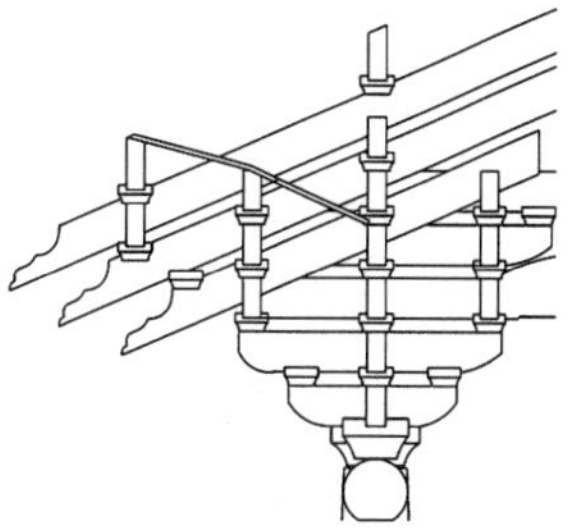
泉州开元寺石塔	宋	外五铺作双抄	下端圆弧卷杀之圆栱	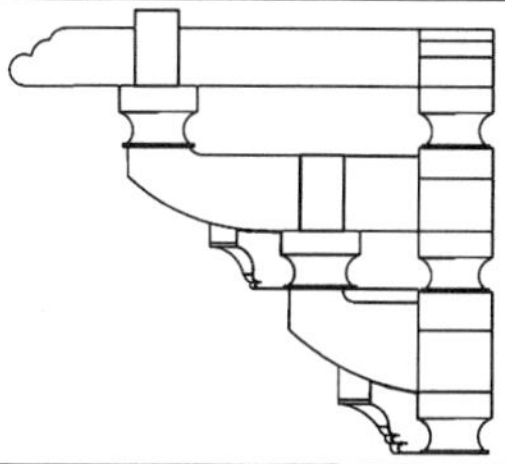
泉州府文庙大殿	南宋或 明初	外四铺作单昂	葫芦平栱 草仔栱	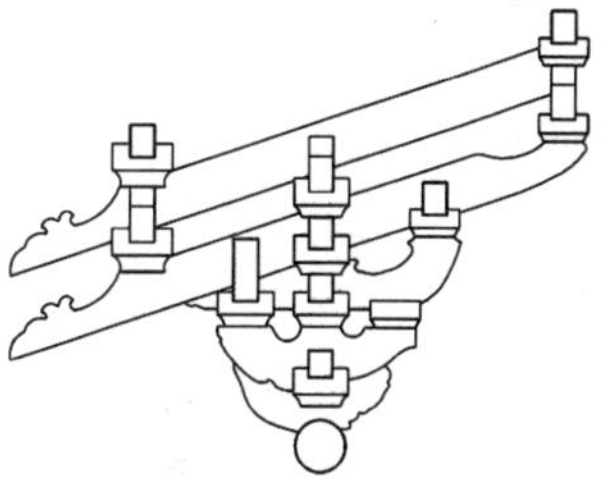
泉州开元寺大殿	明	外七铺作四抄 内七铺作四抄	葫芦平栱 草仔栱	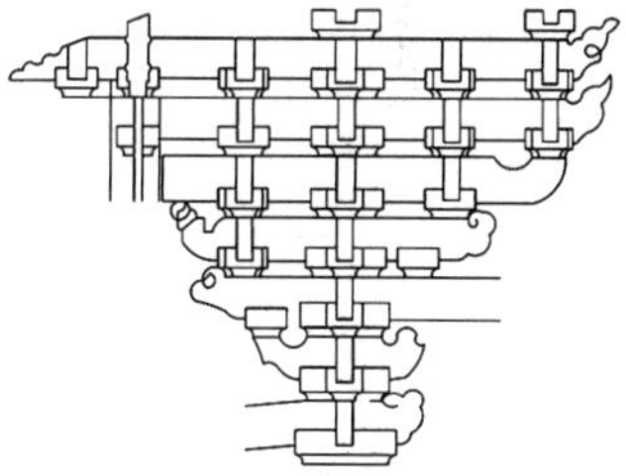
漳州文庙大成殿	明	上檐五铺作	关刀栱 卷草栱	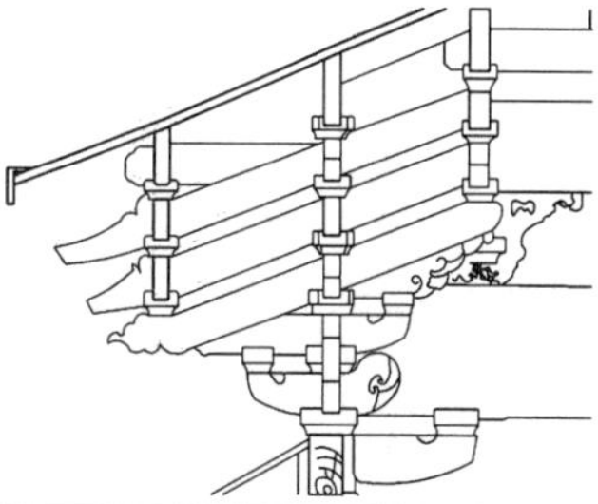
漳浦文庙大成殿	明	上檐五铺作	关刀栱 卷草栱	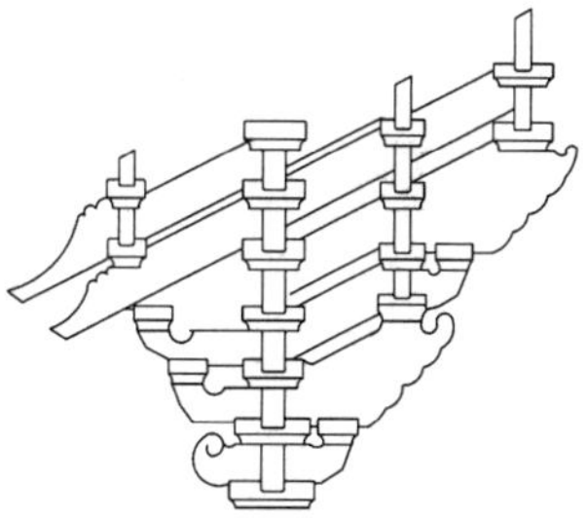

案例名称	年代	上檐铺作	栱的造型	图　示
泉州承天寺大殿	明末	外六铺作三抄 内七铺作四抄	葫芦平栱 端头作卷草栱 象鼻如意栱	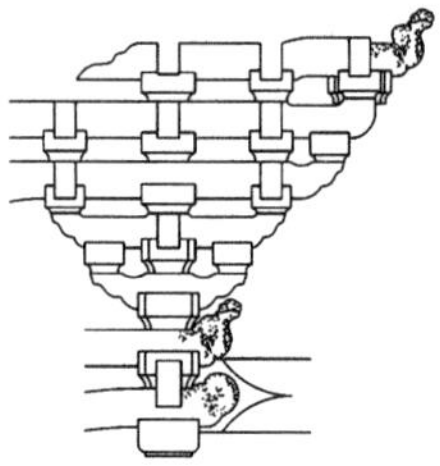
泉州天后宫大殿	清	外五铺作双抄 内六铺作三抄	葫芦平栱 端头作卷草栱 关刀栱	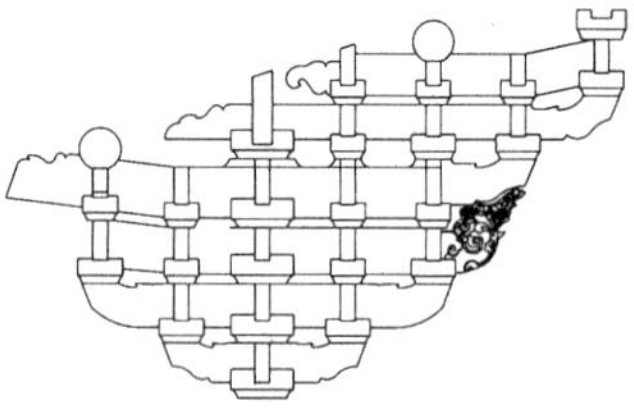
安海龙山寺大殿	清	外五铺作双抄 内六铺作三抄	葫芦平栱 端头作卷草栱 草仔栱	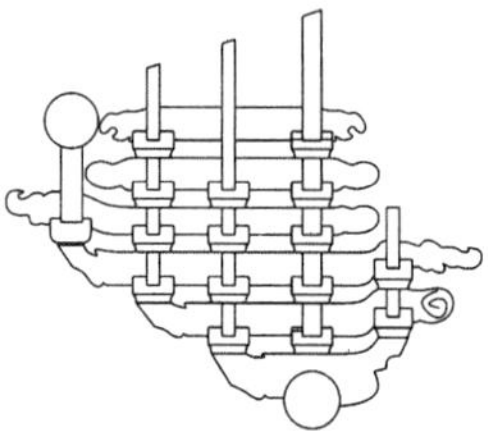
漳州白礁慈济宫正殿	清	外六铺作	圆栱 关刀栱 卷草栱	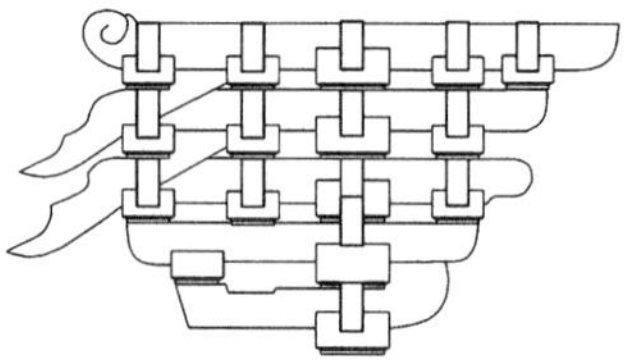

表 5.15　台湾歇山殿堂看架斗栱栱木的造型

案例名称	年代	上檐铺作	栱的造型	图　示
台南孔庙大成殿	康熙	无补间铺作、插栱出檐	关刀栱	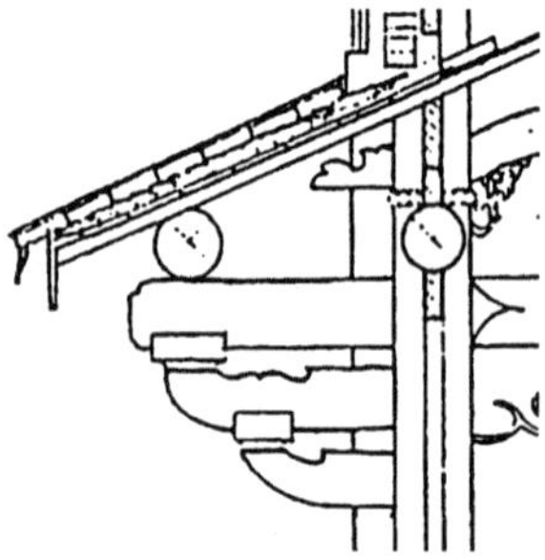
金门朱子祠大殿	乾隆	无补间铺作、插栱出檐	关刀栱	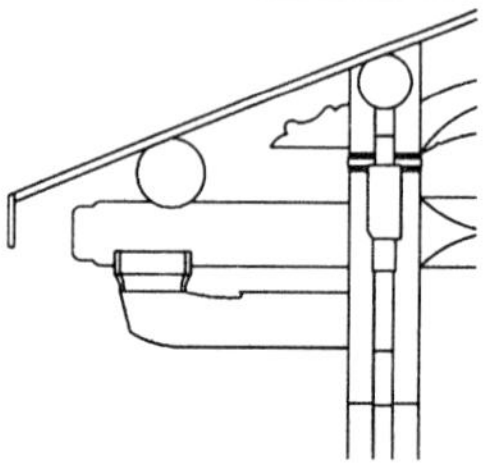

案例名称	年代	上檐铺作	栱的造型	图　示
鹿港龙山寺大殿拜亭	道光	无补间铺作、插栱出檐	葫芦平栱 草仔栱	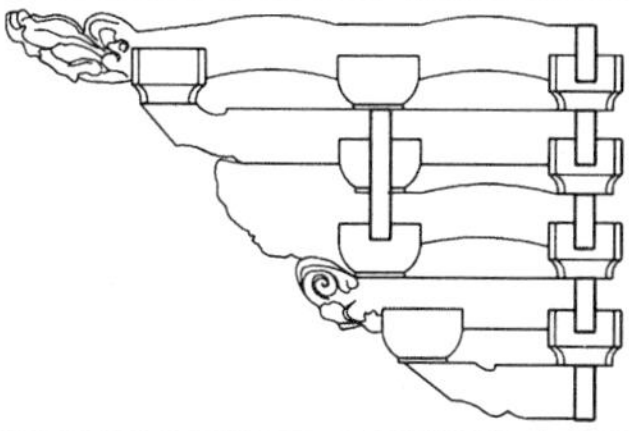
彰化孔庙大成殿	道光	无补间铺作、插栱出檐	葫芦平栱 草仔栱	无看架斗栱
台南武庙大殿	道光	无补间铺作、插栱出檐	葫芦平栱　关刀栱 卷草栱	无看架斗栱
彰化元清观大殿	光绪	无补间铺作、插栱出檐	葫芦平栱 关刀栱 卷草栱	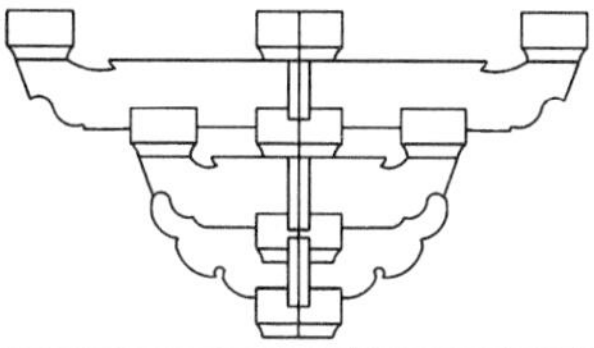
台北孔庙大成殿	大正	外六铺作三抄 内七铺作四抄	葫芦平栱 端头作卷草栱 象鼻如意栱	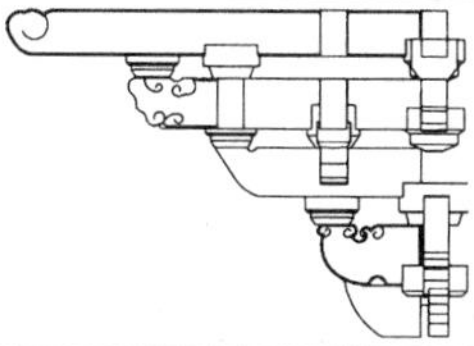
南鲲鯓代天府前殿 （大殿无看架斗栱）	大正	外五铺作双抄 内六铺作三抄	螭虎栱 螭虎吐草栱 端头作卷草栱	
台中乐成宫大殿	大正	外五铺作双抄 内六铺作三抄	端头作卷草栱	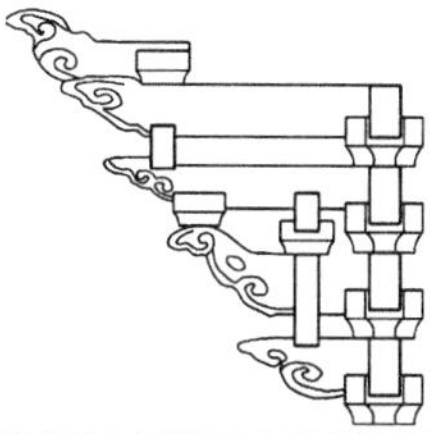
鹿港天后宫正殿	昭和	外六铺作	螭虎栱	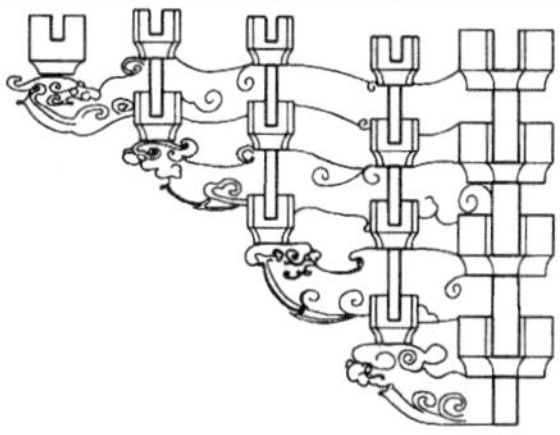
鹿港天后宫前殿	昭和	五铺作	螭虎栱	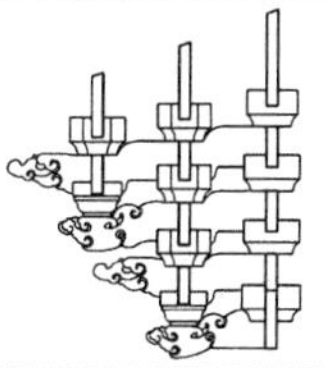

台湾清领时期的案例,鹿港龙山寺大殿前的拜亭与彰化元清观大殿的副阶皆设有看架斗栱,其形式均为葫芦平栱、涡卷纹构成的卷草栱与象鼻栱等,形式与泉州地区作法相同,反映两者间的密切关系。

日治以后,溪底匠师王益顺在艋舺龙山寺前殿、南鲲鯓代天府前殿、台北孔庙大成殿中所使用的看架斗栱,基本仍延续泉州葫芦平栱与各种涡卷纹构成的栱头的组合应用,其中又以形似大象举鼻的象鼻栱最为普遍。来台首建的艋舺龙山寺,其前殿外檐的网目斗栱,即有象鼻栱之设。栱头大象造型明显,甚至可见象牙。然其后的南鲲鯓代天府前殿的看架斗栱中,类似轮廓造型,却设计成螭虎嘴中吐如意头的"螭虎如意栱"。其后,王益顺设计的新竹都城隍庙与台北孔庙大成殿,网目斗栱均是螭虎如意头栱与象鼻栱同时并陈。王益顺的副手王树发设计的鹿港天后宫前殿网目斗栱,亦是象鼻栱与螭虎如意头栱并用的情形,且因历经多场的施作与调整,螭虎如意头栱形已较初次出现的南鲲鯓代天府之螭虎如意头栱表现更为洗练。

这种由象鼻栱向象鼻栱与螭虎栱并用的发展,反映出螭虎栱在当时受重视的现象。从明治四十一年(1908年)北港朝天宫大修时,陈应彬便将螭虎栱应用在看架斗栱、弯枋连栱以及藻井的出栱。其后其所设计的案场,包括:大正元年(1912年)的嘉义朴子配天宫、大正二年(1913年)的澳底仁和宫、大正四年(1915年)的桃园龟山顶泰山岩、大正五年(1916年)的板桥接云寺、大正六年(1917年)的大龙峒保安宫、大正七年(1918年)的台南白河大仙寺大殿等,螭虎栱均是看架斗栱与藻井的主要构件。当时另一位重要建庙匠师吴海同,在大正元年(1912年)与陈应彬对场的嘉义朴子配天宫,大正六年(1917年)的嘉义新港奉天宫,大正六年(1917年)与陈应彬对场的大龙峒保安宫等,亦均出现螭虎栱运用在看架斗栱或藻井的作法。因此,当大正八年(1919年)王益顺来台时,台湾寺庙的营建,实处于螭虎栱流行的风潮中。故而,王益顺不可免俗的在艋舺龙山寺前殿外檐的网目斗栱中加入螭虎栱与象鼻栱并陈表现,进而在南鲲鯓代天府前殿网目斗栱中又将象鼻栱在不动栱形的情况下,改成"螭虎吐如意头"的图样。其后案例则均为两者并陈,以符合当时的流行。足见在台湾螭虎栱流行风潮的影响下,王益顺对原乡形式进行了调整与创造。

陈应彬北港朝天宫的改建,带动了台湾庙宇使用螭虎栱的风潮,九年后王益顺来到台湾,也受到这股风潮的影响,调整了原乡的传统作法。两位一代匠师彼此作品间的影响,诚如李乾朗所说的"陈应彬的网目斗栱及断檐式屋顶受到王益顺的影响,而王益顺的螭虎栱及看架斗栱受到陈应彬之影响,两人的建筑语汇互有交流,且相互吸收了对方的某些特色。就同时代的艺术家而言,这种结果似乎也是必然的。"(李乾朗,2005:84)。

3) 瓜筒

瓜筒来自蜀柱,且由立在梿栱上的坐瓜筒,演变出套住梿栱的趖瓜筒(图5.106)。观之原乡现存案例之瓜筒形式,泉州与漳州两地区在瓜筒外形比例的表现上不同,泉州从明代以后的瓜筒案例,其柱径与柱高比较小,外形修长,成筒状形式。漳州清代瓜筒的柱径与柱高比较大,外形较为短胖且近球状。这两种不同外观比例的瓜筒,台湾将其以蔬果为比拟命名,泉州修长的瓜筒称为"木瓜筒"(图5.107),漳州短胖且近球状瓜筒称为"金瓜筒"(图5.108)。

图 5.106　趄瓜筒　　　　　　图 5.107　木瓜筒　　　　　　图 5.108　金瓜筒

　　清领时期的台南孔庙大成殿、金门朱子祠大殿的瓜筒都是较为矮胖的金瓜筒。鹿港龙山寺大殿、台南武庙大殿则使用木瓜筒,且采趄瓜筒形式。彰化孔庙大成殿则是平梁(台湾称"三通")、四椽栿(台湾称"二通")使用金瓜筒,六椽栿(台湾称"大通")使用木瓜筒形式的趄瓜筒。彰化元清观大殿使用金瓜筒,但前殿、拜亭、后殿均使用木瓜筒,出现两种瓜筒混用的状况(表5.16)。

表 5.16　瓜筒的形式

案例名称	年代	图　示	案例名称	年代	图　示
台南孔庙大成殿 (金瓜坐瓜)	康熙		南鲲鯓代天府大殿 (木瓜趄瓜)	大正	
金门朱子祠大殿 (金瓜坐瓜)	乾隆		台南白河大仙寺 正殿(木瓜趄瓜)	大正	
彰化孔庙大成殿 (金瓜趄瓜)	道光		新竹都城隍庙正殿 (木瓜趄瓜)	大正	

案例名称	年代	图　示	案例名称	年代	图　示
彰化孔庙大成殿 （木瓜趖瓜）	道光	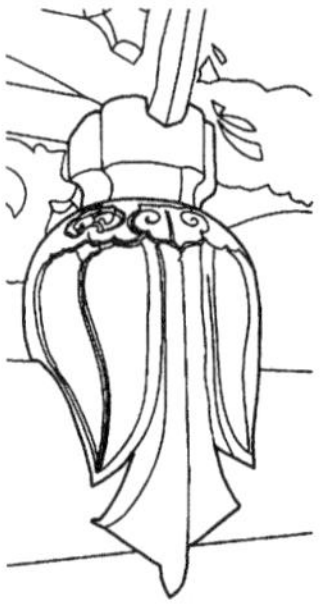	台北大龙峒保安宫 大殿（金瓜趖瓜）	大正	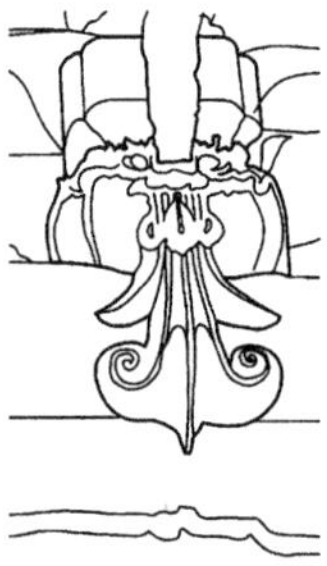
鹿港龙山寺正殿 （木瓜趖瓜）	道光	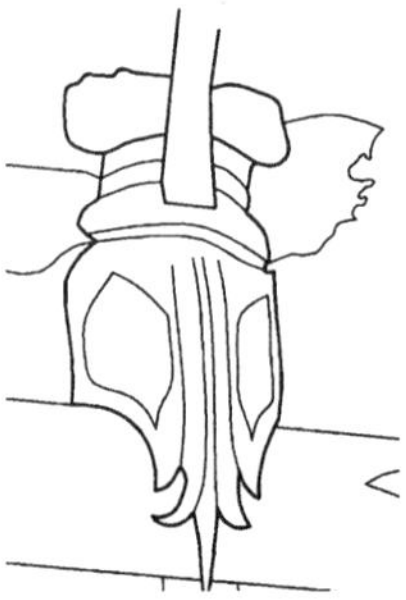	台中乐成宫大殿 （金瓜趖瓜）	大正	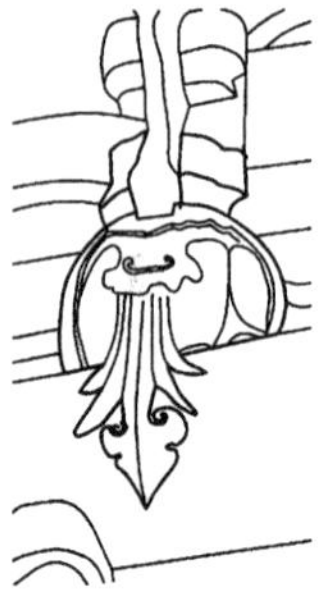
台南武庙大殿 （金瓜坐瓜）	道光	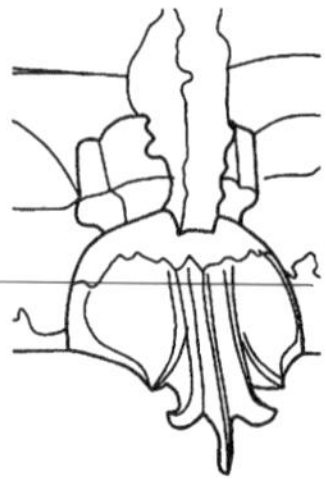	鹿港天后宫正殿 （木瓜趖瓜）	昭和	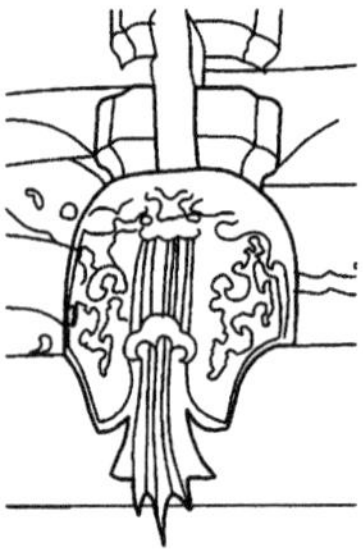
彰化元清观大殿 （金瓜坐瓜）	光绪		嘉义城隍庙正殿 （金瓜趖瓜）	昭和	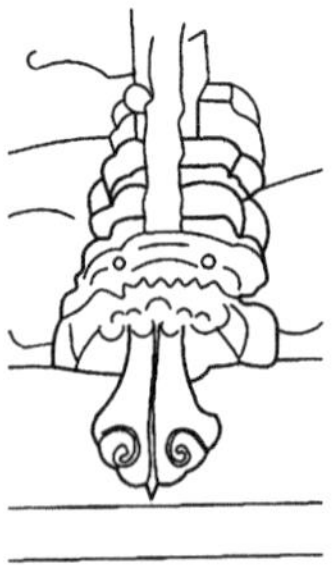
彰化元清观前殿 （木瓜趖瓜）	光绪	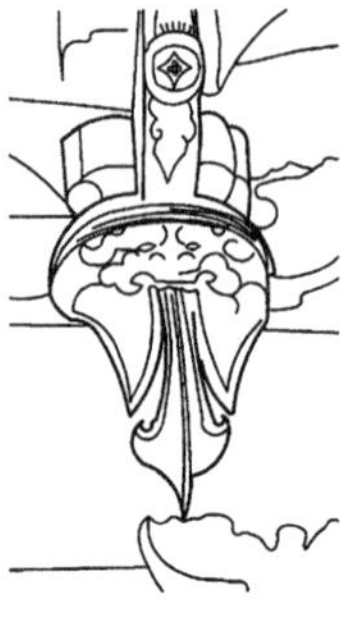			

日治以后的案例,则几乎都以趖瓜筒为主。王益顺等溪底派匠师所营建的案例,均使用木瓜筒形状的趖瓜筒,且表面雕饰极为华丽。陈应彬使用金瓜筒,利用瓜爪延长包住椽栿,形成趖瓜筒的形式。吴海同的趖瓜筒形状多变,多数案例为金瓜筒的瓜爪延长成为趖瓜筒,与陈应彬类似,但在鹿港天后宫与溪底派匠师王树发的前后殿对场中,其刻意拉长瓜筒比例,形成木瓜趖瓜筒造型。李乾朗曾将来自泉州之王益顺等溪底派匠师称为"泉州派",陈应彬及其门徒称为"漳州派",若由所使用的瓜筒造型来看,系有其造型渊源的根据。

5.3.3　由斗栱特色看台湾清领时期歇山殿堂构架形式的原乡

由鹿港龙山寺、台南祀典武庙存在葫芦半栱、葫芦半栱连栱、草仔的栱头以及木瓜趖瓜筒观之,其与泉州歇山殿堂及日本殖民统治时期台湾溪底派匠师作法相同,匠师应有同源关系。而彰化元清观大殿使用泉州地区特有的翼角风嘴,襻间与出栱造型与泉州相似,也应是泉州匠师的作品。惟其却出现瓜筒形式为金瓜筒,非泉州常见之木瓜筒作法? 究其缘由,此现象之可能性有四:一为其非泉州匠师的作品,但此说法无法解释为何殿堂中存在这么多溪底匠师的手法;二为泉州存在着金瓜筒的作法,但由现存泉州歇山殿堂案例来看,并未发现使用金瓜筒者;三为该庙重建过程甚长,可能有不同地区或派别匠师的介入;四为泉州匠师重建大殿时保留或参考原有瓜筒形式,因为此种瓜筒在邻近更早兴建的漳州孔庙大成殿四椽栿以上亦得见之。然无论真实原因为何,彰化元清观清光绪年间重修主要匠师来自泉州应是毋庸置疑的。彰化孔庙大成殿翼角无风嘴,襻间与出栱却又带有泉州风格,再加上缝架瓜筒却为金瓜筒与木瓜筒并用,乍看之下很难判定其渊源。惟若参考彰化孔庙崇圣祠之使用属漳、潮风格之斗座立蜀柱的作法及金瓜筒,大殿襻间与出栱以及六椽栿上的瓜筒却有着与泉州殿堂相同作法来看,彰化孔庙为漳泉匠师共同合作的作品之可能性极高,此也符合彰化县为泉州人与漳州人共处之县城的移民特质。而台南孔庙大成殿、金门朱子祠大殿等,由襻间、出栱及瓜筒形式研判,主事匠师来自厦门(同安)或漳州地区的可能性极高。金门临近厦门(同安),匠师来自厦门地区自属必然。为何彰化与鹿港地区受泉州匠师影响较大? 又台南孔庙与台南祀典武庙这二处清初与清中期的作品,为何有厦门(同安)与泉州风格之别? 此或与殿堂营建或重修当时,台湾与原乡间的交通条件限制有关。

清康熙年间清政府将台湾收入版图后,即制定渡台禁令,严禁未取得渡台证照者来台。其并开厦门、澎湖、鹿耳门(台南)为单口对渡港口,台南因此成为当时台湾对原乡惟一的正式进出口,与厦门建构起密切的交通关系。康熙五十八年(1719年)台南孔庙改建,当时正处于渡台禁令执行阶段,因此欲聘请"唐山师傅"(台湾对来自原乡匠师的称谓)来台营建此重要殿堂,由常情来看,自是由厦门或邻近厦门的漳州地区寻找名匠,避免因舍近求远,而增加匠师舟车劳顿与渡台证照办理的麻烦,因此,台南孔庙表现出厦门(同安)或漳州风格自是必然。鹿港在清乾隆四十九年(1784年)开为对渡正口,与泉州蚶江对渡,两地遂因交通建构出密切的关系。清道光年间鹿港龙山寺的改建,由泉州聘请匠师(极可能是溪底匠师)来鹿港自是合理,鹿港龙山寺自然是泉州风格的表现。台南祀典武庙重建于清道光二十一年(1841年),台南当时因海禁政策的解除与对渡口岸的开放,已可直接由海丰(五条港)与原乡的厦门、泉州蚶江及福州五虎门对渡(表5.17)。聘请当时名声较为响亮的泉州匠师来台南重建祀典武庙自非难事。台湾清代不同时期、不同地区重要殿堂建筑风格的差异,反映出台湾清代与闽东南对渡关系的发展。

表 5.17 清代闽东南与台湾对渡口岸

清康熙二十三年(1684 年)至乾隆四十九年(1784 年)	鹿耳门(台南)与厦门单口对渡
乾隆四十九年(1784 年)	鹿耳门(台南)与厦门单口对渡 鹿港与泉州蚶江对渡
清乾隆五十五年(1790 年)	鹿耳门(台南)与厦门单口对渡 鹿港与泉州蚶江对渡 台湾淡水厅八里坌对渡(福州)五虎门
清嘉庆十五年(1810 年)	厦门、蚶江、五虎门通行台湾三口
清道光四年(1824 年)	厦门、蚶江、五虎门通行台湾三口 开台湾海丰(台南五条港)、乌石(噶玛兰)两港为正口
清道光年间	邻省(浙江等)可直航台湾

资料来源:黄国盛,2004

5.4 小结

台湾清领时期歇山殿堂案例,使用原乡地区穿斗架意味浓厚的将平柱与内柱升高至桁下的叠斗式构架,外檐包覆厚度远大于原乡的砖墙,呈现出较简朴的殿堂大木构架,以及对多台风地震地理条件的反映。日治以后,经济力的提升,在本土优秀匠师与由原乡聘请之一流工匠的推动下,台湾殿堂大木构架开始朝向繁复的"殿堂式"发展,也提供陈应彬饱满丰厚的木构架创造的条件。王益顺在艋舺龙山寺中所带进诸多源于原乡"殿堂式"构架之手法,影响了当时匠师,并成为其后殿堂建筑营建时之参考与模仿对象,其影响力一直延续到钢筋混凝土结构取代木结构之后。

借由斗栱形式的比对,反映出清领时期殿堂营建匠师来源的可能性,更进一步带出清初及清中期,殿堂建筑木构形式主道因素是建立在与原乡的交通及人群组成的关系上。清代初期台南府城殿堂建筑风格来自同安的影响。清中期以后,泉州匠师影响力逐渐加大,鹿港龙山寺、彰化元清观大殿等,均为清领时期泉州匠师在台湾留下之精彩歇山殿堂作品。即便在日治时期,透过泉州溪底派匠师的来台执业,泉州风格仍对台湾歇山殿堂建筑产生巨大影响。清初之彰化孔庙大成殿中即存在着漳州风格,日治时期以陈应彬为首的本土匠团,透过金瓜筒、螭虎栱等之应用,延续歇山殿堂建筑中漳州风格的表现。

6 结论

闽东南歇山殿堂木构中部分保存着中原已不复见之盛唐以前的古法,并遵循着历代官式作法的发展脉络,再加上地方原有穿斗技艺的融入,故有着极为丰富的内涵。台湾作为汉民族建立的移民社会,其殿堂建筑有承传于原乡的手法与在地化表现的独特性,两者均有重要的研究价值。本研究受限于时间与空间,无法针对其作全面性的探讨,仅就其大木构架形式之发展与承传,以及在地化的调整,以现有的史料进行铺陈与排比的研究。结论是前几章论述主题成果的综合。

6.1 本研究的主要成果

本研究是以技术史发展的角度,局部辅以文化现象的佐证,全面检视歇山顶形式的源起、在中国木构源流中的发展历程、闽东南的衍化以及在台湾的承继与转化等问题。所得成果如下:

1. 歇山顶形式源起问题的讨论上,跳脱过往建筑史的视点,聚焦于新石器时代的半穴居窝棚,提出歇山顶源起脉络存在着来自新石器时代因应对排烟口防雨雪的需求所产生的人字顶与四注顶组合的窝棚,在由柱及板壁顶起成地面或干阑建筑时所形成之可能性说法。

2. 借由中国历代歇山顶案例的收集整理分析,归纳出歇山顶木构架作法的发展脉络。在其中,可见历代匠师在满足歇山顶外观、外檐斗栱的表现与对于向上反翘屋顶的审美需求下,在转角木构架作法上不断的调整改进过程的具体呈现。

3. 对闽东南歇山殿堂形式与作法进行收集、整理、图示,充实地方性研究基础史料。同时,透过归纳、比对与研究,将闽东南地区歇山殿堂大木构架类型、形式源起与发展、转角作法的特色,斗栱的地域性表现进行剖析。借此铺陈官式建筑形式与地方技艺源流之互动与彼此消长下,所呈现之独特性衍化脉络。

4. 对台湾歇山殿堂形式与作法进行收集、整理及图示,以充实地方性研究基本史料。并由闽东南殿堂建筑的形式特色与衍化脉络,探讨台湾歇山殿堂建筑的形式渊源、承传于原乡的特质以及在地化调整的内容。继之借由两地间斗栱特色的比较,厘清台湾清领时期几座重要殿堂的形式来源,并以清领时期清政府对台"海禁"政策的执行验证之。呈现"海禁"政策在原乡歇山殿堂木构文化传播上所扮演的重要角色。

5. 对中国木构源流的发展、闽东南的衍化以及台湾的承继与转化等主题进行讨论与整理,建构中国、闽东南、台湾歇山殿堂建筑断代研究的基础资料库。

6. 由中国到闽东南到台湾的讨论模式,呈现闽东南与台湾歇山殿堂之特质,并为其在中国建筑史中的角色定位提供研究的基础。

7. 由台湾歇山殿堂建筑"在地化"研究中,解析出台湾承袭原乡穿斗架意味最为浓厚的

"叠斗式",并发展出厚实的外檐砖墙,多櫺板与断面粗大的椽桥所形成密实的横向缝架,以及金柱间增加多层横向穿枋等手法,借以因应多台风及强震的特殊地理环境。

8. 由闽台歇山殿堂的比较研究中,可看见文化是形式的主道因子,而文化移动所需交通则是其关键。原乡文化在历史发展中所产生的多样性,提供移民社会适合环境条件形式的选择,并在适应环境条件的技术性调整,以及具天赋匠师的时代性风格创作中,逐渐累积而形成不同于原乡形式的"在地化"风格。

6.2　本研究的价值与未来研究展望

本书研究创新之处有三:一是在歇山顶源起的研究上,将建筑研究与考古研究进行结合,开拓新的研究视野与范畴。二是为两岸建筑的研究提供新的研究方向,过往碍于时空背景的阻隔,原乡少见对两岸间木构形式进行系统研究之论述,而台湾对原乡的研究又多限于在特定时空范围的取样与比对,缺乏宏观的角度来看两岸的文化承传与发展。本研究在厘清原乡发展脉络基础上,探究台湾歇山殿堂的源起与变化,在两岸文化交流与发展逐渐密切的今日,开拓新的研究视野与思路。三是以两地殿堂大木构架形式比较作为木构文化研究主题,过往针对木构的研究,多将民宅与殿堂混谈,其结果自然是混淆而模糊;殿堂大木构架作为官式作法与地方技艺精华的凝缩,实最能反映时代风格与地域特性,以其为对象,对台湾与原乡间大木结构技术及文化承传关系与发展的厘清,能有提纲挈领的成果。

在研究成果的价值上,本研究基础资料丰富,具足够研究广度与深度,是相关研究中位于前列的。研究成果丰富两岸建筑史的内容,也完善中国建筑史的不足,除可充实两地传统歇山殿堂建筑文化资产讯息库,并为实质保护行动开展提供指导与参考。

在未来研究的展望上,针对歇山殿堂,除可加强官式作法与地方技艺间更技术性主题,如构架组合方式与节点之处理手法的研究外,尚可透过殿堂建筑追踪其背后匠师团体的发展与互动,借以明了区域特色形成的主因。而针对闽东南木构的认识上则可进行相邻区域的比对研究,将闽东南与潮汕、闽东南与浙闽、闽东南与闽西等地进行比对,了解其与其他区域建筑的亲缘关系,以更大范围与更高的视角来看待闽东南的建筑。再者,台湾在原乡木构文化承传与调整上所呈现的特质与代表的意义,则可扩大研究范围,针对明末以后福建、广东地区对台湾及东南亚移民汉人在新环境中所兴建殿堂建筑的木构形式,进行比较研究,借此探索中国木构文化对台湾及东南亚传播过程中变与不变的规律。

参考文献

北京科学出版社主编.1993.中国古代建筑技术史[M].台北:博远出版有限公司.

蔡育林.1997.台湾地区传统建筑木结构材质之调查研究[D].台中:中兴大学森林学研究所硕
　　士学位论文.

曹春平.2006.闽南传统建筑[M].厦门:厦门大学出版社.

曹永和.1991.台湾早期历史研究[M].台北:联经出版有限公司.

柴泽俊.1999.柴泽俊古建筑文集[M].北京:文物出版社.

陈明达.1987.中国古代木结构建筑技术:战国—北宋[M]影印本.北京:文物出版社.

陈明达.1998.古建筑与雕塑史论[M].北京:文物出版社.

陈鹏鹏主编.2000.泉洲文物手册[M].泉州:泉州市文物管理委员会.

陈仕贤.2003.宝殿篆烟 鹿港天后宫[M].彰化:鹿水文史工作室.

陈仕贤.2004.龙山听呗 鹿港龙山寺[M].彰化:鹿水文史工作室.

程建军.1997.广东古代殿堂建筑大木构架研究[D].广州:华南理工大学工学博士学位论文.

程建军.2002.岭南古代殿堂建筑架构研究[M].北京:中国建筑工业出版社.

大仙寺住持传证大师.2004.火山大仙寺[M].台南:财团法人大仙寺.

杜牧注.1989.考工记·轮人[M].台北:新文丰.

傅朝卿.2001.台南市古迹与历史建筑总览[M].台南:台湾建筑与文化资产出版社.

傅熹年.2004.中国古代建筑概说[M].上海:复旦大学出版社.

傅熹年主编.1999.中国古代建筑史:两晋、南北朝、隋唐、五代建筑[M].北京:中国建筑工业出
　　版社.

古建园林技术编辑部.1991.古建园林技术第一～六册[M].北京:古建园林技术编辑部.

古建园林技术编辑部.1991.古建园林技术总30期[M].北京:古建园林技术编辑部.

郭黛姮.1999.中国古代建筑史(第3卷):宋、辽、金、西夏建筑[M].北京:建筑工业出版社.

郭黛姮.2003.东来第一山:保国寺[M].北京:文物出版社.

国家文化局主编.2007.中国文化地图集·福建分册(上)(下)[M].福州:福建省地图出版社.

台湾大学土木工程学研究所都市计划室.1983.澎湖天后宫保存计画[M].台北:"行政院"文化
　　建设委员会.

汉宝德.1972.明、清建筑二论[M].台中:东海大学.

汉宝德.1976.孔庙的研究与修复计画[M].台北:境与象出版社.

汉宝德,洪文雄.1973.板桥林宅调查研究及修复计画[M].台中:东海大学建筑系.

汉光建筑师事务所.2002.第三级古迹彰化县南瑶宫调查研究暨修复计画报告书[M].彰化:彰
　　化县政府.

何肇喜建筑事务所.2000.台中市第三级古迹台中乐成宫调查研究与修护计画[M].台中:台中

市政府.

河北省正定县文物保管所编.1992.隆兴寺[M].北京:文物出版社.

贺大龙.2008.长治五代建筑新考[M].北京:文物出版社.

洪文雄.1983.从现存实例及台湾工匠的体验探讨中国传统穿斗式屋架的演变[J].东海学报,24.

洪文雄.1993.台闽地区传统工匠之调查研究[M].台中:东海大学建筑研究中心.

后藤久著.2009.西洋住居史:石的文化和木的文化[M].林铮顗译.台北:博雅书屋有限公司.

黄国盛.2004.清代初期的台湾贸易[J].福建师范大学学报.

黄建盛.2004.台湾鹿港龙山寺屋顶构成之历时性研探[D].台中:东海大学建筑学系硕士学位论文.

惠安县文物志编委会.2003.惠安县文物志[M].惠安:惠安县文化体育局.

蒋高宸.1997.云南民族住屋文化[M].云南:云南大学出版社.

蒋元枢.1970.重修台郡各建筑图说[M].台北:省文献会重印版.

康锘锡.2005.桃园景福宫大庙建筑艺术与历史[M].桃园:财团法人桃园景福宫社会福利慈善事业基金会.

赖意升.2008.台湾地区古迹与历史建筑木构造原用树种木材之替代木材[D].中坜:中原大学文化资产研究所硕士学位论文.

蓝达居.1999.喧闹的海市:闽东南港市兴衰与海洋人文[M].江西:江西高校出版社.

李乾朗.1979.台湾建筑史[M].台北:雄狮图书股份有限公司.

李乾朗.1983.王益顺匠师在台湾之庙宇建筑之研究[J].台湾大学建筑与城乡研究学报,2(1):87-122.

李乾朗.1988.传统营造匠师派别之调查研究[M].台北:"行政院"文化建设委员会.

李乾朗.1991.台湾地区传统建筑术语集录[M].台北:李乾朗古建筑研究室.

李乾朗.1992.艋舺龙山寺调查研究[M].台北:"内政部".

李乾朗.2001.台湾传统建筑匠艺四辑[M].台北:燕楼古建筑出版社.

李乾朗.2003.台湾古建筑图解事典[M].台北:远流出版公司.

李乾朗.2005.第三级古迹新竹城隍庙调查研究暨修复计画[M].新竹:新竹市政府.

李乾朗.2005.台湾寺庙建筑大师陈应彬传[M].台北:燕楼古建筑出版社.

李乾朗,康锘锡,俞怡萍.1997.大龙峒保安宫建筑与装饰艺术[M].台北:财团法人台北保安宫.

李乾朗,阎亚宁,徐裕健.1996.清末民初福建大木匠师王益顺所持营造资料重刊及研究[M].台北:"内政部".

李诫编修,王云五主编.1956a.营造法式(一)[M].台北:台湾商务印书馆.

李诫编修,王云五主编.1956b.营造法式(二)[M].台北:台湾商务印书馆.

李诫编修,王云五主编.1956c.营造法式(三)[M].台北:台湾商务印书馆.

李诫编修,王云五主编.1956d.营造法式(四)[M].台北:台湾商务印书馆.

李诫编修,王云五主编.1956e.营造法式(五)[M].台北:台湾商务印书馆.

李诫编修,王云五主编.1956f.营造法式(六)[M].台北:台湾商务印书馆.

李诫编修,王云五主编.1956g.营造法式(七)[M].台北:台湾商务印书馆.

李诫编修,王云五主编.1956h.营造法式(八)[M].台北:台湾商务印书馆.

李哲阳.2005.潮汕传统建筑大木构架研究[D].广州:华南理工大学建筑学院建筑学系博士学位论文.

李政隆建筑师事务所.1994.第二级古迹台南县南鲲鯓代天府研究及修复计画[M].台南:台南县政府.

力园工程顾问有限公司.2009.金门县第二级古迹朱子祠修复工程工作报告书[M].金门:金门县政府.

梁从诫编.2000.林徽音建筑文集[M].台北:艺术家出版社.

梁思成.1991.图说中国建筑史[M].台北:都市改革出版社策划,崇智国际文化事业有限公司发行.

梁思成.1996.清式营造则例及算例[M].台北:文海学术思想研究发展文教基金会.

梁思成.1996.新订清式营造则例及算例[M].台北:明文书局股份有限公司.

梁思成.2001a.梁思成全集第一卷[M].北京:中国建筑工业出版社.

梁思成.2001b.梁思成全集第二卷[M].北京:中国建筑工业出版社.

梁思成.2001c.梁思成全集第四卷[M].北京:中国建筑工业出版社.

梁思成.2001d.梁思成全集第八卷[M].北京:中国建筑工业出版社.

廖武治.2004.大龙峒保安宫古迹保存经验[M].台北:财团法人台北保安宫.

林春晖.1992.中国古建筑之美:宫殿建筑末代皇都[M].北京:中国建筑工业出版社.

林会承.1987.传统建筑手册:形式与作法篇[M].台北:艺术家出版社.

林仁政.2003.台湾传统古建筑木质材料使用沿革分析[J].台湾文献,54(2).

林义傑.1998.台湾传统庙宇屋顶形构之分析——一个形式方法论的初探[D].台南:成功大学建筑研究所硕士论文.

刘敦桢.1987.中国古代建筑史[M].台北:明文书局.

刘杰.2009.江南木构[M].上海:上海交通大学出版社.

柳肃.2008.千年家园湘西民居[M].北京:中国建筑工业出版社.

卢圆华,孙全文.1995.台闽地区第一级古迹赤崁楼修复工程工作过程记录暨施工报告书[M].台南:台南市政府.

马炳坚.2003.中国古建筑木作营造技术[M].北京:科学出版社.

马端临.1986.文献通考卷一百四[M].上海:中华书局.

欧阳修.1975.新唐书卷二十四[M].上海:中华书局.

潘德华.2004.斗栱上册、下册[M].南京:东南大学出版社.

潘谷西等编著.1994.中国建筑史(新1版)[M].台北:六合出版社.

潘谷西主编.2001.中国古代建筑史:第四卷元明建筑[M].北京:中国建筑工业出版社.

潘谷西主编.2009.中国建筑史(第6版)[M].北京:中国建筑工业出版社.

清华大学建筑学院.2003.纪念宋《营造法式》刊行900周年暨宁波保国寺大殿建成990周年学术研讨会论文集[C].北京:清华大学建筑学院.

泉州开元寺编委会.1999.泉州开元寺[M].北京:宗教文化出版.

泉州历史文化中心.1991.泉州古建筑[M].天津:天津科学技术出版社.

施添福.1987.清代在台汉人的祖籍分布和原乡生活方式[M].台北:台湾师范大学地理学系.

施忠贤,张嘉祥.2010.传统寺庙木栋架附壁柱震损变形探讨[J].建筑学报(72)增刊:1-24.

石万寿.1992.康熙以前台南孔子庙的建筑[J].台湾史田野研究通讯.

释元贤.1994.开元寺志[M].台北:明文出版.

树德科技大学建筑与古迹维护系.2007.澎湖县历史建筑魁星楼调查研究暨修护规划计画[M].澎湖:澎湖县文化局.

苏玲香.1991.台闽地区第一级古迹台南市"全台首学"孔子庙第三十七次修复工程工作过程记录与施工报告书(图集)[M].台南:台南市政府.

孙全文.1996.台闽地区第一级古迹祀典武庙修复工程施工过程记录报告书[M].台南:台南市政府.

台北艋舺龙山寺全志编纂委员会编辑.1951.艋舺龙山寺全志[M].台北:台北艋舺龙山寺全志编纂委员会.

陶振民.2002.中国历代建筑文萃[M].武汉:湖北教育出版社.

王天.1990.古代大木作静力初探[M].北京:文物出版社.

王伯扬.1992.中国古建筑之美 2:帝王陵寝建筑地下宫殿[M].台北:光复书局.

王贵祥.1986.关于唐宋建筑外檐铺作的几点初步探讨(一)～(三)[J].古建园林技术.

王见川.1999.略论日僧东海宜诚及其在台之佛教事业[J].圆光佛学学报(3):357-382.

王建舜.2003.云冈石窟双窟论[M].北京:中央文献出版社.

王其亨.1991.歇山沿革试析——探骊折札之一[J],古建园林技术(30):29-32.

王瑛曾.1993.台湾历史文献丛刊:重修凤山县志[M].南投:台湾省文献委员会.

吴奕德.1993.澎湖庙宇建筑形式衍化现象之研究[D].中坜:中原大学建筑研究所(硕士学位论文).

吴玉敏,张景堂,陈祖坪.1996,殿堂型建筑木构架体系的构造方式与抗震机理[J].古建园林技术,(4):32-36.

厦门市文物管理委员会、厦门市文化局.2003.厦门文物志[M].厦门:文物出版社.

萧子显撰.1983.南齐书[M].台北:台湾商务.

徐明福.1988.传统建筑研究系列(二):中国传统大式木构单体建筑比例之研究[M].台南:成功大学建筑研究所.

徐明福,蔡明哲,陈启仁.2002.彰化县第一级古迹鹿港龙山寺"山门、五门、戏台"大木构建损坏调查报告书[M].彰化:财团法人裕元教育基金会龙山寺修复工程委员会.

徐明福,李万秋.1988.传统建筑研究系列(一):宋清传统建筑斗栱结构行为定量分析之初探[M].台南:成功大学建筑研究所.

徐裕建建筑事务所.2004.第三级古迹台中乐成宫修复工程工作报告书[M].台中:台中市政府.

徐裕健.2002.台闽地区第一级古迹彰化孔庙调查研究及修复计画[M].彰化:彰化县政府.

徐镇江.1988.清式建筑与宋代建筑名词对照[J].古建园林技术,(3).

阎亚宁.1996.台湾传统建筑的基型与衍化现象[D].南京:东南大学博士学位论文.

颜娟英.2007.日治时期寺庙建筑的新旧冲突:1917年彰化南瑶宫的改筑事件[J].美术史研究集刊(22).

杨昌鸣.2004.东南亚与中国西南少数民族建筑文化探析[M].天津:天津大学出版社.

杨鸿勋.1984.建筑考古学论文集[M].北京:中国社会科学院考古研究所.

园工程顾问有限公司.1996.第三级古迹鹿港天后宫研究规划报告书[M].彰化:彰化县政府.

曾国恩建筑师事务所.2005.台南县第二级古迹南鲲鯓代天府局部解体调查工程工作报告书[M].台南:台南县政府.

曾文吉建筑师事务所.2002.彰化县第二级古迹元清观调查研究暨修护计划[M].彰化:彰化县政府.

张十庆.2002.中国江南禅宗寺院建筑[M].武汉:湖北教育出版社.

张十庆.2004.中日古代建筑大木技术源流与变迁[M].天津:天津大学出版社.

张廷玉等撰.2008.明史卷六十八[M].台北:台湾商务印书馆.

张宪卿.1999.浅谈台湾历史上的大地震[J].地球科学园地(10).

张揖撰.1983.广雅·释宫[M].台北:台湾商务.

张玉瑜.2000.福建民居区系研究[D].南京:东南大学硕士学位论文.

郑玄注,陆德明释文.2005.周礼·职方[M].北京:北京图书馆出版社.

指南宫管理委员会.1998.台北指南宫[M].台北:指南宫管理委员会.

中国技术学院.2002.彰化县第三级古迹关帝庙调查研究[M].彰化:彰化县政府.

中国民族建筑编委会.1998.中国民族建筑第一卷[M].南京:江苏科学技术出版社.

朱光亚.1981.江南明代建筑大木作法分析[M].南京:南京工学院研究生毕业论文.

朱光亚.2002.中国古代建筑区划与谱系研究初探[J].人力资源管理.

庄敏信.1996.第三级古迹鹿港天后宫研究规划报告书[M].彰化:彰化县政府.

川端俊一郎.2004.法隆寺のものさし[M].日本:ミネルヴァ书房.

鹑功.1993.图解社寺建筑[M].日本:理工学社.

村田健一.2006.传统木造建筑[M].日本:学艺出版社.

岛连太郎.1940.台湾产主要木材写真 台湾总督府林业试验所报告第二号[M].台北:台湾"总督府"林业试验所.

法隆寺昭和资财账编纂委员会 监修.1998.法隆寺[M].日本:法隆寺.

富樫新三.1997.木造建筑屋根工法墨付け图解[M].东京:理工学社.

关野克.1951.登吕の住居址による原始住家の想像复原[J].建筑杂志,66(774):7-11.

近藤丰.1972.古建筑の细部意匠[M].大河出版

平山育男.1995.近畿农村の住まい[M].东京:INAX.

浅野 清.1986.No.245《日本建筑の构造》《日本の美术10》[M].日本:文化厅,东京国立博物馆,京都国立博物馆,奈良国立博物馆.

桥场信雄.1970.建筑用语图解辞典[M].东京:理工学社.

山本三生.1930.日本地理大系台湾篇[M].日本:日本东京改造社.

田中大作.2005.台湾岛建筑之研究[M].台北:台北科技大学.

田中淡.1975.重源と大佛再建[J].月刊文化财(7).

伊东忠太.1940.法隆寺[M].日本:创元社.

中川 武编.1990.日本建筑みどころ事典[M].东京:东京堂.

中西 章.1989.朝显半岛的建筑[M].东京:理工学社.

TJAHJONO G. 1998. Architecture (Indonesian Heritage vol. 6). Singapore: Archipelago Press.

LAUGIER M. 1977. An Essay on Architecture. Los Angeles: Hennessey & Ingalls, Inc.

NORWICH J J. 1984. The World Atlas of Architecture. New York: Crescent Books.

图表目录

图片目录

表格目录

后 记

由于台湾移民社会的特质,传统建筑工艺与技术并非从零开始,而是源于母文化的移入与在地生根,要理解其全貌,仅由台湾现存案例的研究是无法竟功的。特别是传统建筑基本构成的木构,其为中国建筑中极具特色的部分,台湾为其长远的发展脉络中,在17至20世纪间部分分支的表现,故要釐清其渊源、演变,对其价值进行评定,就需有全面性的历史视野及跨地域的研究。过去,在政治问题的藩篱阻隔下,海峡两岸间的互动受限,不仅资讯交流不易,跨海峡的研究更是不可能。近二十馀年来,随著改革开放及建筑遗产受到重视,两岸的学术互动为之频仍,为台湾传统木构寻求定位与价值变得可能。在此契机下,本人于公元2002年报考中国建筑史研究夙负盛名的南京东南大学,为这段中国建筑木结构研究历程揭开序幕。

在东南大学求学期间,深为师长以学术为志业的热情及严谨治学态度所感动,而同侪的优秀能力与认真态度亦令人印象深刻。尤为难忘者,是在古建考察与田野调查中,立于古老殿堂前,望著那历经风霜的木构件,仍在其位扮演著建筑营建之初被赋予的任务,记录著创建匠人的技艺与智慧,不管人世沧海桑田,千百年如一日,内心的悸动是无法言喻的。

感谢道师朱光亚教授的谆谆教诲,由其身上,不仅习得了治学的严谨态度,更感受到其戮力不懈的研究热诚与使命感,这是一生受益无穷的。感谢东南大学建筑学院陈薇教授与张十庆教授,在研究过程中的指道与协助,他们的治学风范与态度亦给我带来重要的启发。感谢南京工业大学建筑学院汪永平教授、华南理工大学建筑学院程建军教授、同济大学建筑与城市规划学院李浈教授,在研究论点上提供了极佳的建议。此外,尚要感谢田野调查期间诸多匠师的倾囊相授,以及漳州市文管办杨丽华主任、泉州姚洪峰先生的协助,让研究得以顺利进行。最后,要感谢内人宇彤的一路相随,陪我跑遍田野,成了最好的精神支柱。人生能得一志业全心投入,夫复何求!

林世超
2014年5月26日于高雄

内容提要

歇山顶是传统建筑屋顶中被最普遍且灵活应用的屋顶,它不仅与庑殿顶同为尊贵建筑屋顶之选项,也以"厦两头"的风貌应用在一般民宅中,极具特色的"十字脊"顶亦以歇山顶为构成基础。作为中国南方地区尊贵建筑普遍应用之屋顶形式,歇山顶的形式与结构实反映了诸多地域特色与历史文化内涵。

本书以歇山顶为题,关注其木构架形式发展,探讨焦点包括:歇山顶形式的源起、中国历代歇山顶殿堂构架发展、中国福建闽东南地区五代以后实例所呈现歇山顶殿堂构架之演变以及台湾清代以后歇山顶殿堂实例所呈现的原乡母文化承继与在地衍化之特色。

本书适合高等院校建筑专业师生、建筑史学、科学技术史学以及建筑遗产保护专业工作者阅读参考。

图书在版编目(CIP)数据

台湾与闽东南歇山殿堂大木构架之研究/林世超著.
—南京:东南大学出版社,2014.9
(建筑遗产保护丛书/朱光亚主编)
ISBN 978-7-5641-4934-5

Ⅰ.①台… Ⅱ.①林… Ⅲ.①宫殿—古建筑—木结构—研究—台湾省 ②宫殿—古建筑—研究—福建省
Ⅳ.①TU092

中国版本图书馆 CIP 数据核字(2014)第 095274 号

出版发行	东南大学出版社
出 版 人	江建中
网 址	http://www.seupress.com
电子邮箱	press@seupress.com
社 址	南京市四牌楼 2 号
邮 编	210096
电 话	025-83793191(发行)　025-57711295(传真)
经 销	全国各地新华书店
印 刷	南京玉河印刷厂
开 本	787m×1092mm　1/16
印 张	14.5
字 数	362 千
版 次	2014 年 9 月第 1 版
印 次	2014 年 9 月第 1 次印刷
书 号	ISBN 978-7-5641-4934-5
印 数	1~2 000 册
定 价	48.00 元

本社图书若有印装质量问题,请直接与营销部联系。电话(传真):025-83791830